CAD/CAM/CAE 系列
入门与提高 丛书

U0156563

AutoCAD 2022 中文版
入门与提高

环境工程设计

CAD/CAM/CAE技术联盟◎编著

清华大学出版社
北京

内 容 简 介

本书结合建筑环境设计的基础知识,讲述了利用 AutoCAD 2022 进行建筑环境工程设计的方法和过程。全书分为两篇:第 1 篇为第 1～7 章,主要讲述了 AutoCAD 2022 的基本操作方法、建筑环境工程施工图的具体绘图规定及绘制方法和步骤;第 2 篇为第 8 章和第 9 章,主要讲述了垃圾转运站的建筑环境工程设计过程、绘制方法以及化工厂废水循环水综合治理工程,终端废水处理工程施工设计过程及绘制方法。

本书可用作环境工程专业本科和高职院校学生的专业学习辅导教材,也可以作为各种建筑环境工程设计工程人员的自学参考书。

图书在版编目(CIP)数据

AutoCAD 2022 中文版入门与提高. 环境工程设计/CAD/CAM/CAE 技术联盟编著.—北京:清华大学出版社,2022.8
  (CAD/CAM/CAE 入门与提高系列丛书)
  ISBN 978-7-302-61436-4

  Ⅰ. ①A… Ⅱ. ①C… Ⅲ. ①环境工程－计算机辅助设计－AutoCAD 软件 Ⅳ. ①TP391.72 ②X5-39

中国版本图书馆 CIP 数据核字(2022)第 136177 号

责任编辑:秦 娜 王 华
封面设计:李召霞
责任校对:王淑云
责任印制:丛怀宇

出版发行:清华大学出版社
  网   址:http://www.tup.com.cn,http://www.wqbook.com
  地   址:北京清华大学学研大厦 A 座   邮   编:100084
  社 总 机:010-83470000   邮   购:010-62786544
  投稿与读者服务:010-62776969,c-service@tup.tsinghua.edu.cn
  质量反馈:010-62772015,zhiliang@tup.tsinghua.edu.cn
印 装 者:北京同文印刷有限责任公司
经   销:全国新华书店
开   本:185mm×260mm   印   张:24.5   字   数:563 千字
版   次:2022 年 10 月第 1 版   印   次:2022 年 10 月第 1 次印刷
定   价:99.80 元

产品编号:097123-01

前　言

Preface

　　环境行业是 AutoCAD 的主要应用领域之一。AutoCAD 也是我国环境工程设计领域接受最早、应用最广泛的 CAD 软件,它几乎是环境绘图的默认软件,在国内拥有广泛的用户群体。AutoCAD 的教学还是我国环境工程类专业和相关专业 CAD 教学的重要组成部分。就现状来看,AutoCAD 主要用于绘制二维建筑图形(如平面图、立面图、剖面图、详图等),这些图形是环境工程设计文件的主要组成部分。利用其三维功能也可以进行建模、协助方案设计和推敲等,利用其矢量图形处理功能还可以进行一些技术参数的求解,如日照分析、地形分析、距离或面积的求解等。而且,其他一些二维或三维效果图制作软件(如 3ds Max、Photoshop 等)也往往有赖于 AutoCAD 的设计成果。此外,AutoCAD 还为用户提供了良好的二次开发平台,便于自行定制适于本专业的绘图格式和附加功能。

　　由此看来,学好用好 AutoCAD 软件是环境行业从业人员的必备业务技能。使用 AutoCAD 绘制环境施工图,不仅可以利用人机交互界面实时进行修改,快速把个人意见反映到设计中去,而且可以感受修改后的效果,从多个角度任意进行观察,它是环境设计的得力工具。

一、本书特色

　　AutoCAD 环境工程设计学习书籍比较多,但读者要挑选一本自己中意的书却很困难,真是"乱花渐欲迷人眼"。那么,本书为什么能够在您"众里寻她千百度"之际,使您于"灯火阑珊"中"蓦然回首"呢?那是因为它有以下五大特色。

☑ 作者权威

　　本书执笔者同时是 Autodesk 中国认证考试中心首席专家,全面负责 Autodesk 中国认证考试大纲制定和题库建设工作。本书由作者总结多年的设计经验以及教学的心得体会,精心编写而成,力求全面、细致地展现出 AutoCAD 2022 在环境工程设计应用领域的各种功能和使用方法。

☑ 实例专业

　　本书实例取材典型,工程应用性强。有些读者就算熟练地掌握了 AutoCAD 的各种功能,可以娴熟地绘制各种图形,但是绘制出的图纸往往与实际工程应用有很大差距,为什么呢?这就是"制图"与"设计"的差距。设计不仅要考虑到图形视图学或几何学范畴的正确性,更要考虑环境工程各学科,比如建筑美学、建筑材料等的合理性。本书围绕 AutoCAD 以环境工程设计专业的实际应用背景展开讲述,示例取材于第一设计现场,合理真实,具有真正的应用功能,而不是课堂上的示意功能。

☑ 提升技能

　　本书从全面提升环境工程设计与 AutoCAD 应用能力的角度出发,结合具体的案例来讲解如何利用 AutoCAD 2022 进行环境工程设计,力求让读者掌握计算机辅助环

0-1

境工程设计的技巧,从而可以独立地完成各种设计。

☑ **内容全面**

本书完整地介绍 AutoCAD 软件在环境工程设计中应用的各种结构设计形式,这些知识共同组成 AutoCAD 环境工程设计的完整体系,既通过实例对 AutoCAD 的功能进行了透彻的讲解,也阐释了环境工程设计中各种典型结构设计的基本方法。前后两篇,分工明确,逐步深入。第 1 篇主要对一些基本方法和理论进行必要的准备,包括 AutoCAD 基本操作和环境工程设计图例绘制等知识,第 2 篇则通过环境工程设计的具体实例对前面的知识进行综合性的应用和深化。前后紧密联系,又独成体系,共同组成全书这一有机整体。

只要有本书在手,读者便会精通 AutoCAD 环境工程设计知识。本书不仅有透彻的讲解,还有非常典型的工程实例。通过实例的演练,能够帮助读者找到一条学习 AutoCAD 环境工程设计的捷径。

☑ **认证通过率高**

本书参照 Autodesk 中国认证考试中心 AutoCAD 工程师认证考试大纲编写,每章的同步练习题和上机操作题均来自考试题库原题。以本书作为教材,不仅可以学到 AutoCAD 环境工程专业技能,必要时,还有利于读者通过 Autodesk 官方认证考试。

二、本书的组织结构和主要内容

本书以最新的 AutoCAD 2022 版本为演示平台,全面介绍 AutoCAD 环境工程设计从基础到实例的全部知识,希望帮助读者从入门走向精通。全书分为两篇,共 9 章。

第 1 篇　基础知识——介绍必要的基本操作方法和技巧

第 1 章主要介绍 AutoCAD 2022 入门。

第 2 章主要介绍二维图形命令。

第 3 章主要介绍基本绘图工具。

第 4 章主要介绍二维编辑命令。

第 5 章主要介绍文字与表格。

第 6 章主要介绍尺寸标注。

第 7 章主要介绍模块化绘图。

第 2 篇　工程案例——围绕某垃圾转运站和某化工厂终端废水处理设计,深入讲解环境设计中各种图形的设计方法

第 8 章主要介绍垃圾转运站工程图的绘制。

第 9 章主要介绍化工厂废水处理施工图的绘制。

三、本书的配套资源

本书通过二维码扫码下载提供极为丰富的学习配套资源,期望读者在最短的时间内学会并精通这门技术。

1. 配套教学视频

本书专门制作了 32 个经典中小型案例,7 个大型综合工程应用案例,86 节教材实例同步微视频,读者可以先看视频,像看电影一样轻松愉悦地学习本书内容,然后对照课本加以实践和练习,这样可以大大提高学习效率。

2. AutoCAD 应用技巧、疑难问题解答等资源

(1) AutoCAD 应用技巧大全:汇集了 AutoCAD 绘图的各类技巧,对提高作图效率很有帮助。

(2) AutoCAD 疑难问题解答汇总:疑难问题解答的汇总,对入门者来讲非常有用,可以扫除学习障碍,让学习少走弯路。

(3) AutoCAD 经典练习题:额外精选了不同类型的练习,读者只要认真去练,到一定程度就可以实现从量变到质变的飞跃。

(4) AutoCAD 常用图库:作者经过多年工作积累了内容丰富的图库,读者可以拿来就用,或者稍作修改就可以使用,对于提高作图效率极为重要。

(5) AutoCAD 快捷命令速查手册:汇集了 AutoCAD 常用快捷命令,熟记可以提高作图效率。

(6) AutoCAD 快捷键速查手册:汇集了 AutoCAD 常用快捷键,绘图高手通常会直接用快捷键。

(7) AutoCAD 常用工具按钮速查手册:熟练掌握 AutoCAD 工具按钮的使用方法也是提高作图效率的方法之一。

(8) 软件安装过程详细说明文本和教学视频:此说明文本和教学视频可以帮助读者解决令人烦恼的软件安装问题。

(9) AutoCAD 官方认证考试大纲和模拟考试试题:本书完全参照官方认证考试大纲编写,模拟试题利用作者独家掌握的考试题库编写而成。

3. 10 套大型图纸设计方案及长达 12 小时的同步教学视频

为了帮助读者拓展视野,特意赠送 10 套设计图纸集,以及图纸源文件,视频教学录像(动画演示,总长 12 小时)。

4. 全书实例的源文件和素材

本书附带了很多实例,包含正文中实例和练习实例的源文件和素材,读者可以安装 AutoCAD 2022 软件,打开并使用它们。

四、关于本书的服务

1. 本书的技术问题或有关本书信息的发布

读者如遇到有关本书的技术问题,可以将问题发到邮箱 714491436@qq.com,我们将及时回复。

2. 安装软件的获取

按照书中的实例进行操作练习,以及使用 AutoCAD 进行工程设计与制图时,需要事先在计算机上安装相应的软件。读者可从网络中下载相应软件,或者从当地电脑城、软件经销商处购买。QQ 交流群也会提供下载地址和安装方法教学视频,需要的读者可以关注。

本书由 CAD/CAM/CAE 技术联盟编著。CAD/CAM/CAE 技术联盟是一个集 CAD/CAM/CAE 技术研讨、工程开发、培训咨询和图书创作于一体的工程技术人员协作联盟,包含 20 多位专职和众多兼职 CAD/CAM/CAE 工程技术专家。

　　CAD/CAM/CAE 技术联盟负责人由 Autodesk 中国认证考试中心首席专家担任,全面负责 Autodesk 中国官方认证考试大纲制定、题库建设、技术咨询和师资力量培训工作,成员精通 Autodesk 系列软件。其创作的很多教材成为国内具有领导性的旗帜作品,在国内相关专业方向图书创作领域具有举足轻重的地位。

　　书中主要内容来自作者几年来使用 AutoCAD 的经验总结,也有部分内容取自国内外有关文献资料。虽然笔者几易其稿,但由于时间仓促,加之水平有限,书中疏漏与失误在所难免,恳请广大读者批评指正。

作　者

2022 年 1 月

目　录

Contents

第1篇　基础知识

第1章　AutoCAD 2022 入门 ·· 3

1.1　操作界面 ·· 4
  1.1.1　绘图区 ··· 5
  1.1.2　菜单栏 ··· 6
  1.1.3　工具栏 ··· 8
  1.1.4　命令行窗口 ··· 9
  1.1.5　布局选项卡 ·· 10
  1.1.6　状态栏 ·· 10
1.2　基本操作命令 ··· 11
  1.2.1　命令输入方式 ·· 11
  1.2.2　命令的重复、撤销和重做 ································ 12
  1.2.3　坐标系统与数据的输入方法 ······························ 13
  1.2.4　上机练习——绘制线段 ··································· 14
1.3　配置绘图系统 ··· 15
1.4　文件管理 ··· 16
  1.4.1　新建文件 ·· 16
  1.4.2　打开文件 ·· 17
  1.4.3　保存文件 ·· 18
  1.4.4　另存文件 ·· 19
  1.4.5　关闭文件 ·· 19
1.5　上机实验 ··· 20

第2章　二维图形命令 ·· 22

2.1　点与直线命令 ··· 23
  2.1.1　点 ·· 23
  2.1.2　直线 ·· 23
  2.1.3　上机练习——标高符号 ··································· 25
2.2　圆类图形命令 ··· 26
  2.2.1　圆 ·· 26
  2.2.2　上机练习——喷泉水池 ··································· 27
  2.2.3　圆弧 ·· 28

2.2.4 上机练习——绘制管道 ································· 30

   2.2.5 圆环 ································· 30

   2.2.6 椭圆与椭圆弧 ································· 31

   2.2.7 上机练习——马桶 ································· 32

  2.3 平面图形命令 ································· 33

   2.3.1 矩形 ································· 33

   2.3.2 上机练习——风机符号 ································· 35

   2.3.3 正多边形 ································· 36

  2.4 高级绘图命令 ································· 37

   2.4.1 图案填充 ································· 37

   2.4.2 上机练习——公园一角 ································· 40

   2.4.3 多段线 ································· 43

   2.4.4 上机练习——弯管 ································· 44

   2.4.5 样条曲线 ································· 45

   2.4.6 上机练习——街头盆景 ································· 46

   2.4.7 多线 ································· 48

   2.4.8 上机练习——墙体 ································· 50

  2.5 实例精讲——绘制小屋 ································· 52

  2.6 上机实验 ································· 54

第3章 基本绘图工具 ································· 55

  3.1 精确定位工具 ································· 56

   3.1.1 正交模式 ································· 56

   3.1.2 栅格工具 ································· 56

   3.1.3 捕捉工具 ································· 57

  3.2 对象捕捉 ································· 58

   3.2.1 特殊位置点捕捉 ································· 58

   3.2.2 对象捕捉设置 ································· 59

   3.2.3 基点捕捉 ································· 61

   3.2.4 上机练习——按基点绘制线段 ································· 61

   3.2.5 点过滤器捕捉 ································· 61

   3.2.6 上机练习——通过过滤器绘制线段 ································· 62

  3.3 对象追踪 ································· 62

   3.3.1 自动追踪 ································· 62

   3.3.2 上机练习——特殊位置线段的绘制 ································· 64

   3.3.3 临时追踪 ································· 65

   3.3.4 上机练习——通过临时追踪绘制线段 ································· 65

  3.4 设置图层 ································· 66

   3.4.1 利用选项板设置图层 ································· 66

3.4.2 利用面板设置图层 ……………………………………………… 71
3.5 设置颜色 …………………………………………………………… 71
3.5.1 "索引颜色"选项卡 ………………………………………… 72
3.5.2 "真彩色"选项卡 …………………………………………… 72
3.5.3 "配色系统"选项卡 ………………………………………… 73
3.6 图层的线型 ………………………………………………………… 74
3.6.1 在"图层特性管理器"选项板中设置线型 ………………… 74
3.6.2 直接设置线型 ……………………………………………… 75
3.7 查询工具 …………………………………………………………… 75
3.7.1 距离查询 …………………………………………………… 75
3.7.2 面积查询 …………………………………………………… 76
3.8 对象约束 …………………………………………………………… 76
3.8.1 几何约束 …………………………………………………… 77
3.8.2 尺寸约束 …………………………………………………… 79
3.8.3 自动约束 …………………………………………………… 81
3.9 实例精讲——路灯杆 ……………………………………………… 82
3.10 上机实验 ………………………………………………………… 83

第4章 二维编辑命令 …………………………………………………… 85
4.1 选择对象 …………………………………………………………… 86
4.2 删除及恢复类命令 ………………………………………………… 88
4.2.1 删除命令 …………………………………………………… 88
4.2.2 恢复命令 …………………………………………………… 89
4.3 对象编辑 …………………………………………………………… 89
4.3.1 钳夹功能 …………………………………………………… 89
4.3.2 修改对象属性 ……………………………………………… 90
4.3.3 特性匹配 …………………………………………………… 90
4.4 复制类命令 ………………………………………………………… 91
4.4.1 复制命令 …………………………………………………… 91
4.4.2 上机练习——绘制液面报警器符号 ……………………… 92
4.4.3 镜像命令 …………………………………………………… 93
4.4.4 上机练习——绘制旋涡泵符号 …………………………… 93
4.4.5 偏移命令 …………………………………………………… 94
4.4.6 上机练习——绘制方形散流器符号 ……………………… 96
4.4.7 阵列命令 …………………………………………………… 96
4.4.8 上机练习——绘制轴流通风机符号 ……………………… 97
4.5 改变位置类命令 …………………………………………………… 98
4.5.1 旋转命令 …………………………………………………… 98
4.5.2 上机练习——绘制弹簧安全阀符号 ……………………… 99

4.5.3　移动命令 ·· 100

　　4.5.4　上机练习——绘制离心水泵符号 ···················· 101

　　4.5.5　缩放命令 ·· 102

4.6　改变几何特性类命令 ··· 103

　　4.6.1　圆角命令 ·· 103

　　4.6.2　上机练习——绘制道路平面图 ······················· 104

　　4.6.3　倒角命令 ·· 105

　　4.6.4　上机练习——绘制路缘石立面 ······················· 106

　　4.6.5　修剪命令 ·· 107

　　4.6.6　延伸命令 ·· 108

　　4.6.7　上机练习——绘制除污器符号 ······················· 110

　　4.6.8　拉伸命令 ·· 111

　　4.6.9　拉长命令 ·· 111

　　4.6.10　打断命令 ··· 112

　　4.6.11　打断于点 ··· 112

　　4.6.12　上机练习——绘制变更管径套管接头 ·············· 113

　　4.6.13　分解命令 ··· 116

　　4.6.14　合并命令 ··· 116

4.7　实例精讲——桥中墩墩身及底板钢筋图 ················· 117

4.8　上机实验 ·· 121

第5章　文字与表格 ··· 122

5.1　文字样式 ·· 123

5.2　文字标注 ·· 125

　　5.2.1　单行文字标注 ·· 125

　　5.2.2　多行文字标注 ·· 128

　　5.2.3　文字编辑 ·· 131

　　5.2.4　上机练习——绘制坡口平焊的钢筋接头 ············ 133

5.3　表格 ·· 134

　　5.3.1　定义表格样式 ·· 134

　　5.3.2　创建表格 ·· 137

　　5.3.3　表格文字编辑 ·· 139

5.4　实例精讲——绘制A3样板图 ······························· 140

5.5　上机实验 ·· 149

第6章　尺寸标注 ·· 151

6.1　尺寸样式 ·· 152

　　6.1.1　新建或修改尺寸样式 ····································· 152

　　6.1.2　线 ·· 155

6.1.3 符号和箭头 ··· 156

6.1.4 文本 ··· 158

6.2 标注尺寸 ·· 160

6.2.1 线性标注 ·· 160

6.2.2 对齐标注 ·· 162

6.2.3 基线标注 ·· 162

6.2.4 连续标注 ·· 163

6.2.5 半径标注 ·· 163

6.2.6 标注打断 ·· 164

6.3 引线标注 ·· 165

6.3.1 利用 LEADER 命令进行引线标注 ································ 165

6.3.2 利用 QLEADER 命令进行引线标注 ····························· 166

6.4 实例精讲——卫生间给水管道平面图 ··································· 168

6.4.1 设置绘图环境 ·· 169

6.4.2 给水管道平面图的绘制 ··· 170

6.4.3 给水管道尺寸标注与文字说明 ····································· 173

6.5 上机实验 ·· 177

第 7 章 模块化绘图 ··· 178

7.1 图块的操作 ·· 179

7.1.1 定义图块 ·· 179

7.1.2 图块的保存 ·· 180

7.1.3 图块的插入 ·· 181

7.1.4 动态块 ·· 183

7.1.5 上机练习——绘制指北针图块 ····································· 187

7.2 图块的属性 ·· 188

7.2.1 定义图块属性 ·· 188

7.2.2 修改属性的定义 ··· 190

7.2.3 图块属性编辑 ·· 190

7.2.4 上机练习——标注标高符号 ······································· 192

7.3 设计中心 ·· 194

7.3.1 启动设计中心 ·· 195

7.3.2 显示图形信息 ·· 195

7.3.3 查找内容 ·· 198

7.3.4 插入图块 ·· 198

7.3.5 图形复制 ·· 199

7.4 工具选项板 ·· 199

7.4.1 打开工具选项板 ··· 199

7.4.2 工具选项板的显示控制 ··· 200

7.4.3 新建工具选项板 ·································· 200

7.4.4 向工具选项板添加内容 ······················ 202

7.5 实例精讲——建立图框集 ······················ 202

7.5.1 建立文件 ······································· 203

7.5.2 绘制图框 ······································· 204

7.6 上机实验 ··· 207

第2篇 工程案例

第8章 垃圾转运站设计综合实例 ························ 211

8.1 垃圾转运站一层平面图绘制 ···················· 212

8.1.1 设置绘图环境 ································· 212

8.1.2 绘制轴线 ······································· 215

8.1.3 绘制墙体和柱子 ······························ 218

8.1.4 绘制门窗 ······································· 223

8.1.5 绘制楼梯和台阶 ······························ 225

8.1.6 绘制卫生间 ···································· 232

8.1.7 绘制设备 ······································· 236

8.1.8 平面标注 ······································· 242

8.1.9 绘制指北针和剖切符号 ····················· 257

8.1.10 插入图框 ····································· 259

8.2 垃圾转运站立面图绘制 ·························· 262

8.2.1 设置绘图环境 ································· 262

8.2.2 绘制定位辅助线 ······························ 263

8.2.3 绘制立面图 ···································· 265

8.2.4 绘制装饰部分 ································· 272

8.2.5 添加文字说明 ································· 273

8.2.6 标注尺寸 ······································· 274

8.2.7 绘制标高 ······································· 278

8.2.8 插入图框 ······································· 278

8.3 垃圾转运站剖面图绘制 ·························· 280

8.3.1 设置绘图环境 ································· 280

8.3.2 图形整理 ······································· 280

8.3.3 绘制辅助线 ···································· 282

8.3.4 绘制墙线 ······································· 283

8.3.5 绘制楼板 ······································· 285

8.3.6 绘制门窗 ······································· 286

8.3.7 绘制楼梯和台阶 ······························ 291

8.3.8 绘制屋顶 ······································· 292

8.3.9　绘制剩余图形 ································· 295

8.3.10　添加文字说明 ······························· 296

8.3.11　标注尺寸 ·································· 296

8.3.12　绘制标高符号 ······························· 302

8.3.13　插入图框 ·································· 302

8.4　垃圾转运站部分建筑详图绘制 ······················ 304

8.4.1　排水沟样图 ································· 304

8.4.2　楼梯甲大样图 ······························· 308

8.5　上机实验 ······································ 312

第9章　化工厂终端废水处理施工图设计综合实例 ··············· 314

9.1　终端废水处理工程工艺流程框图 ····················· 315

9.1.1　设置绘图环境 ······························· 315

9.1.2　绘制图框 ·································· 316

9.1.3　绘制连接线 ································· 317

9.1.4　绘制剩余图形 ······························· 318

9.1.5　插入图框 ·································· 320

9.2　设备平面布置图绘制 ···························· 320

9.2.1　配置绘图环境 ······························· 320

9.2.2　绘制墙体 ·································· 325

9.2.3　绘制门 ···································· 327

9.2.4　绘制设备 ·································· 328

9.2.5　布置设备 ·································· 334

9.2.6　绘制钢梯 ·································· 339

9.2.7　绘制剩余图形 ······························· 340

9.2.8　添加文字说明 ······························· 343

9.2.9　标注尺寸 ·································· 344

9.2.10　绘制标高和剖切符号 ························· 347

9.2.11　插入图框 ·································· 348

9.2.12　绘制设备表 ································ 349

9.3　A—A 剖面图绘制 ······························ 351

9.3.1　配置绘图环境 ······························· 352

9.3.2　图形整理 ·································· 357

9.3.3　绘制辅助线 ································· 357

9.3.4　绘制墙线和板 ······························· 357

9.3.5　绘制钢梯 ·································· 361

9.3.6　绘制设备 ·································· 361

9.3.7　绘制剩余图形 ······························· 364

9.3.8　绘制标高 ·································· 366

9.3.9 添加文字说明 ··· 367

9.3.10 标注尺寸 ·· 367

9.3.11 标注轴线标号 ·· 369

9.3.12 添加图名 ·· 370

9.3.13 插入图框 ·· 370

9.4 上机实验 ··· 372

二维码索引 ·· 374

1

本篇导读:

本篇主要介绍环境工程设计的基本理论和AutoCAD 2022的基础知识。

对环境工程设计基本理论进行介绍的目的是使读者对环境工程设计的各种基本概念、基本规则有一个感性的认识,帮助读者进行一个全景式的知识扫描。

对AutoCAD 2022的基础知识进行介绍的目的是为下一步环境工程设计案例讲解作必要的知识准备。这一部分内容主要介绍AutoCAD 2022的基本绘图方法、辅助绘图工具的使用。

内容要点:

◆ AutoCAD 2022入门　　　◆ 文字与表格

◆ 二维图形命令　　　　　　◆ 尺寸标注

◆ 基本绘图工具　　　　　　◆ 模块化绘图

◆ 二维编辑命令

第1篇　基础知识

第 1 章

AutoCAD 2022入门

在本章中，我们开始循序渐进地学习 AutoCAD 2022 绘图的基础知识。了解如何设置图形的系统参数、样板图，熟悉建立新的图形文件、打开已有文件的方法等。本章内容主要包括绘图环境设置、操作界面、绘图系统配置、文件管理和基本输入操作等。

学 习 要 点

◆ 操作界面
◆ 基本操作命令
◆ 配置绘图系统
◆ 文件管理

1.1 操作界面

AutoCAD 的操作界面是 AutoCAD 显示、编辑图形的区域。一个完整的 AutoCAD 2022 中文版的操作界面如图 1-1 所示,包括标题栏、功能区、绘图区、十字光标、坐标系图标、命令行窗口、状态栏、布局选项卡、导航栏和快速访问工具栏等。

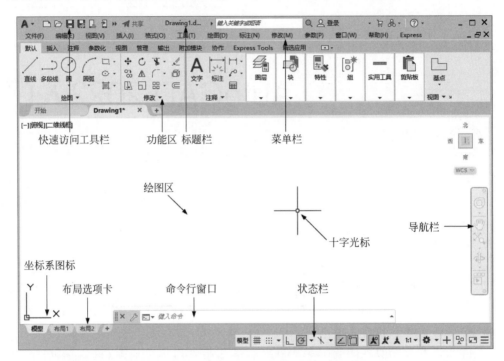

图 1-1 AutoCAD 2022 中文版的操作界面

📖 **注意**:需要将 AutoCAD 的工作空间切换到"草图与注释"模式下(单击操作界面右下角中的"切换工作空间"按钮,在打开的菜单中选择"草图与注释"命令),才能显示如图 1-1 所示的操作界面。本书中的所有操作均在"草图与注释"模式下进行。

📖 **注意**:安装 AutoCAD 2022 后,在绘图区中右击,打开快捷菜单,如图 1-2 所示,❶选择"选项"命令,打开"选项"对话框。切换到"显示"选项卡,❷将窗口元素对应的"颜色主题"设置为"明",如图 1-3 所示。❸继续单击"窗口元素"选项组中的"颜色"按钮,将打开如图 1-4 所示的"图形窗口颜色"对话框,❹在"颜色"下拉列表框中选择白色,❺然后单击"应用并关闭"按钮,继续单击"确定"按钮,退出对话框,其界面如图 1-1 所示。

图 1-2 快捷菜单

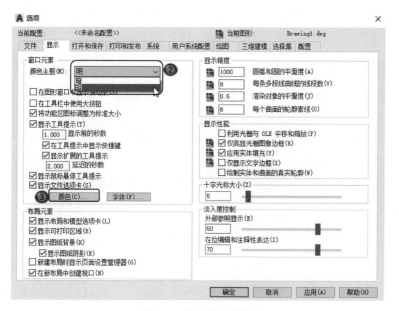

图 1-3 "选项"对话框

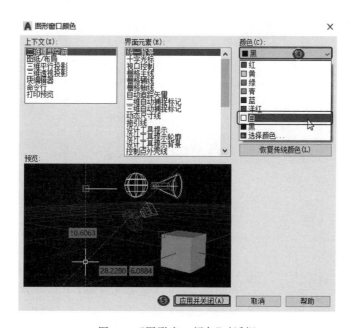

图 1-4 "图形窗口颜色"对话框

1.1.1 绘图区

绘图区是指标题栏下方的大片空白区域,是用户使用 AutoCAD 2022 绘制图形的区域,用户完成一幅设计图形的主要工作都是在绘图区中进行的。

在绘图区中,还有一个作用类似于光标的十字线,其交点反映了光标在当前坐标系中的位置。在 AutoCAD 2022 中,将该十字线称为十字光标,AutoCAD 通过十字光标显示当前点的位置。十字线的方向与当前用户坐标系的 X 轴、Y 轴方向平行,系统预设十字线的长度为屏幕大小的 5%,如图 1-1 所示。

1.1.2 菜单栏

①单击快速访问工具栏右侧的下三角按钮 ,②在下拉菜单中选择"显示菜单栏"命令,如图 1-5 所示,调出的菜单栏如图 1-6 所示。它在 AutoCAD 2022 绘图窗口标题栏的下方,是 AutoCAD 2022 的菜单栏。与其他 Windows 程序一样,AutoCAD 2022 的菜单也是下拉式的,并在菜单中包含子菜单。AutoCAD 2022 的菜单栏中包含 13 个菜单:"文件""编辑""视图""插入""格式""工具""绘图""标注""修改""参数""窗口""帮助"和"Express"。这些菜单中几乎包含了 AutoCAD 2022 的所有绘图命令,后面的章节将围绕这些菜单展开讲述。一般来讲,AutoCAD 2022 下拉菜单中的命令有以下 3 种。

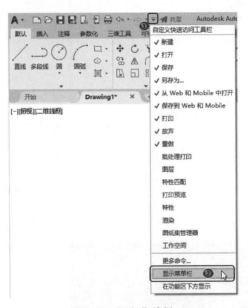

图 1-5　调出菜单栏

图 1-6　菜单栏显示界面

1. 带有小三角形的菜单命令

这种类型的命令后面带有子菜单。例如,选择菜单栏中的"绘图"菜单,指向其下拉菜单中的"圆"命令,屏幕上就会进一步下拉出"圆"子菜单中所包含的命令,如图 1-7 所示。

2. 打开对话框的菜单命令

这种类型的命令后面带有省略号。例如,选择菜单栏中的"格式"菜单,并选择其下拉菜单中的"表格样式"命令,如图 1-8 所示,屏幕上就会打开对应的"表格样式"对话框,如图1-9所示。

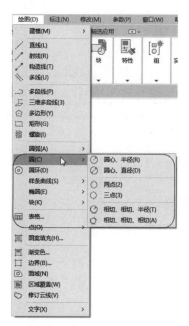

图1-7　带有子菜单的菜单命令　　　　图1-8　激活相应对话框的菜单命令

3. 直接操作的菜单命令

选择这种类型的命令,将直接进行相应的绘图或其他操作。例如,选择"视图"菜单中的"重画"命令,如图1-10所示,系统将直接对屏幕图形进行重画。

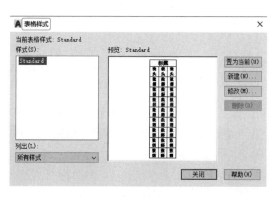

图1-9　"表格样式"对话框　　　　　图1-10　直接执行菜单命令

1.1.3 工具栏

选择菜单栏中的 ①"工具"→ ②"工具栏"→ ③ AutoCAD 命令,调出所需要的工具栏,如图 1-11 所示。单击某个未在界面显示的工具栏名,系统自动在界面中打开该工具栏;反之,则关闭该工具栏。工具栏是一组图标型工具的集合,把光标移动到某个图标,稍停片刻即在该图标一侧显示相应的工具提示,同时在状态栏中显示对应的说明和命令名。此时,单击图标即可启动相应命令。

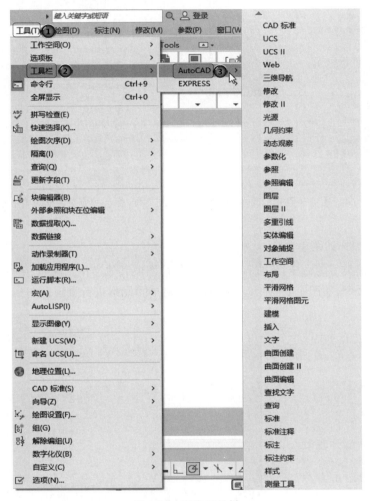

图 1-11　调出工具栏

用鼠标可以拖动"浮动"工具栏到图形区边界,使它变为"固定"工具栏,此时该工具栏标题隐藏。也可以把"固定"工具栏拖出,使它成为"浮动"工具栏,如图 1-12 所示。

在有些图标的右下角有一个小三角,单击这些小三角会打开相应的工具栏,如图 1-13 所示,按住鼠标左键,将光标移动到某一图标上然后松手,该图标就成为当前图标。单击当前图标,则执行相应命令。

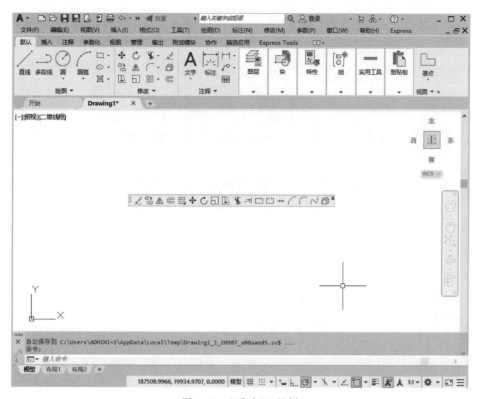

图 1-12 "浮动"工具栏

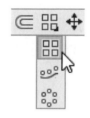

图 1-13 下拉工具栏

1.1.4 命令行窗口

命令行窗口是输入命令名和显示命令提示的区域,默认的命令行窗口位于绘图区下方,是若干文本行。对命令行窗口有以下几点需要说明。

(1)移动拆分条可以扩大或缩小命令行窗口。

(2)可以拖动命令行窗口,将其布置在屏幕上的其他位置。默认情况下它布置在图形窗口的下方。

(3)对当前命令行窗口中输入的内容,可以按 F2 键,用文字编辑的方法进行编辑,如图 1-14 所示。AutoCAD 文本窗口和命令行窗口相似,它可以显示当前 AutoCAD 进程中命令的输入和执行过程,在执行某些 AutoCAD 命令时,它会自动切换到文本窗口,列出相关信息。

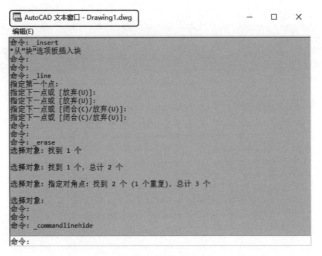

图 1-14　命令行窗口

（4）AutoCAD 通过命令行窗口反馈各种信息，包括出错信息等。因此，用户要时刻关注在命令行窗口中出现的信息。

1.1.5　布局选项卡

AutoCAD 2022 系统默认设定一个"模型"空间和"布局 1""布局 2"两个图纸空间布局选项卡。

1．布局

布局是系统为绘图设置的一种环境，包括图纸大小、尺寸单位、角度设定、数值精确度等，在系统预设的 3 个标签中，这些环境变量都保留默认设置。用户根据实际需要改变这些变量的值。例如，默认的尺寸单位是 mm，如果绘制的图形的单位是英寸，就可以改变尺寸单位环境变量的设置，具体方法将在后面章节介绍。用户也可以根据需要设置符合自己要求的新选项卡。

2．模型

AutoCAD 的空间分模型空间和图纸空间。模型空间通常是用户绘图的环境，而在图纸空间中，用户可以创建称为"浮动视口"的区域，以不同视图显示所绘图形。用户可以在图纸空间中调整浮动视口并决定所包含视图的缩放比例。如果选择图纸空间，则可打印多个视图，用户可以打印任意布局的视图。在后面的章节中，将专门详细介绍有关模型空间与图纸空间的知识，读者应注意学习体会。

AutoCAD 2022 系统默认打开模型空间，用户可以通过单击选择需要的布局。

1.1.6　状态栏

状态栏在操作界面的底部，依次有"坐标""模型空间""栅格""捕捉模式"等 30 个功能按钮，如图 1-15 所示。单击这些开关按钮，可以实现这些功能的开和关，也可以通过部分按钮控制图形或绘图区的状态。

注意：默认情况下，不会显示所有工具，可以通过状态栏上最右侧的按钮，选择要从"自定义"菜单显示的工具。状态栏上显示的工具可能会发生变化，具体取决于当前的工作空间以及当前显示的是"模型"选项卡还是"布局"选项卡。

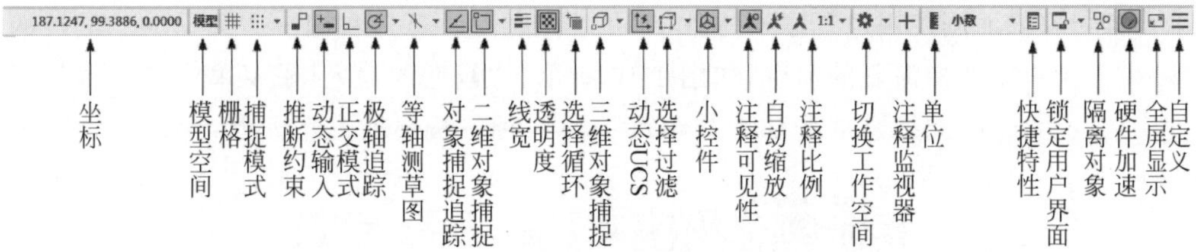

图 1-15　状态栏

1.2　基本操作命令

本节介绍一些常用的操作命令，引导读者掌握一些最基本的操作知识。

1.2.1　命令输入方式

AutoCAD 交互绘图必须输入必要的指令和参数。有多种 AutoCAD 命令输入方式(以画直线为例)，介绍如下。

1. 在命令行窗口输入命令名

命令字符可不区分大小写。例如，命令 LINE 在执行时，在命令行提示中经常会出现命令选项。如输入绘制直线命令 LINE 后，命令行中的提示为：

```
命令：LINE↙
指定第一个点：(在屏幕上指定一点或输入一个点的坐标)
```

指定第一点后，命令行会继续提示：

```
指定下一点或 [放弃(U)]：
```

选项中不带括号的提示为默认选项，因此可以直接输入直线段的起点坐标或在屏幕上指定一点，如果要选择其他选项，则应该首先输入该选项的标识字符，如"放弃"选项的标识字符为 U，然后按系统提示输入数据即可。在命令选项的后面有时候还带有尖括号，尖括号内的数值为默认数值。

2. 在命令行窗口输入命令缩写

如 L(Line)、C(Circle)、A(Arc)、Z(Zoom)、R(Redraw)、M(Move)、CO(Copy)、PL(Pline)、E(Erase)等。

3. 选择"绘图"菜单中的"直线"选项

选择该选项后，在状态栏中可以看到对应的命令说明及命令名。

Note

4. 选择工具栏中的对应图标

选择工具栏中的图标后,在状态栏中也可以看到对应的命令说明及命令名。

5. 在绘图区打开右键快捷菜单

如果在前面刚使用过要输入的命令,可以在绘图区打开右键快捷菜单,在"最近的输入"子菜单中选择需要的命令,如图 1-16 所示。"最近的输入"子菜单中储存着最近使用的几个命令,如果经常重复使用某个命令,这种方法比较快速简捷。

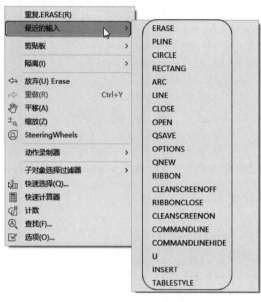

图 1-16　绘图区右键快捷菜单

6. 在命令行直接按 Enter 键

如果用户要重复使用上次使用的命令,可以直接在命令行按 Enter 键,这样系统会立即重复执行上次使用的命令。这种方法适用于重复执行某个命令。

1.2.2　命令的重复、撤销和重做

1. 命令的重复

在命令行窗口中按 Enter 键可重复利用上一个命令,而不管该命令是否已经完成。

2. 命令的撤销

在命令执行的任何时刻,用户都可以取消和终止命令的执行。该命令的执行方式如下。

命令行:UNDO。

菜单栏:选择菜单栏中的"编辑"→"放弃"命令。

快捷键:Esc。

3. 命令的重做

已被撤销的命令还可以恢复重做,可以恢复撤销的最后一个命令。该命令的执行方式如下。

命令行:REDO。

菜单栏:选择菜单栏中的"编辑"→"重做"命令。

快捷键:Ctrl+Y。

AutoCAD 2022可以一次执行多重放弃和重做操作。单击 ⟵ 或 ⟶ 项,可以选择要放弃或重做的操作,如图1-17所示。

图1-17　多重放弃或重做

1.2.3　坐标系统与数据的输入方法

1. 坐标系

AutoCAD采用两种坐标系:世界坐标系(WCS)与用户坐标系(UCS)。用户刚进入AutoCAD时的坐标系统就是世界坐标系,它是固定的坐标系统。世界坐标系也是坐标系统中的基准,绘制图形时大多都是在这个坐标系统下进行的。进入用户坐标系的执行方式如下。

命令行:UCS。

菜单栏:选择菜单栏中的"工具"→"新建UCS"子菜单中相应的命令。

工具栏:单击UCS工具栏中的相应按钮。

AutoCAD有两种视图显示方式:模型空间和图纸空间。模型空间是指单一视图显示法,通常使用的都是这种显示方式;图纸空间是指在绘图区域创建图形的多视图,用户可以对其中每一个视图进行单独操作。在默认情况下,当前UCS与WCS重合。图1-18(a)所示为模型空间下的UCS坐标系图标,通常放在绘图区左下角;也可以指定它放在当前UCS的实际坐标原点位置,如图1-18(b)所示。图1-18(c)所示为图纸空间下的坐标系图标。

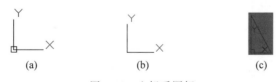

(a)　　　　　　(b)　　　　　　(c)

图1-18　坐标系图标

2. 数据输入方法

在AutoCAD 2022中,点的坐标可以用直角坐标、极坐标、球面坐标和柱面坐标表示,每一种坐标又分别具有两种坐标输入方式:绝对坐标和相对坐标。其中直角坐标和极坐标最为常用,下面主要介绍它们的数据输入方法。

1) 直角坐标法

直角坐标是用点的X、Y坐标值表示的坐标。

在命令行中输入点的坐标,如输入"15,18",表示输入了一个X、Y的坐标值分别为

Note

15、18 的点,此为绝对坐标输入方式,表示该点的坐标是相对于当前坐标原点的坐标值,如图 1-19(a)所示。如果输入"@10,20",则为相对坐标输入方式,表示该点的坐标是相对于前一点的坐标值,如图 1-19(b)所示。

注意:一定要在西文状态下输入逗号,否则输入的坐标是错误的。

2)极坐标法

极坐标是用长度和角度表示的坐标,它只能用来表示二维点的坐标。

在绝对坐标输入方式下,表示为"长度＜角度",如"25＜50",其中长度表示该点到坐标原点的距离,角度为该点至原点的连线与 X 轴正向的夹角,如图 1-19(c)所示。

在相对坐标输入方式下,表示为"@长度＜角度",如"@25＜45",其中长度为该点到前一点的距离,角度为该点至前一点的连线与 X 轴正向的夹角,如图 1-19(d)所示。

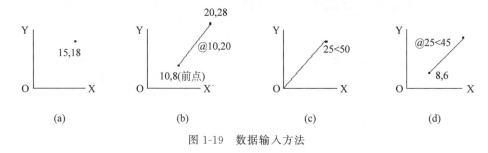

图 1-19　数据输入方法

3．动态数据输入

单击状态栏上的"动态输入"按钮,系统打开动态输入功能,可以在屏幕上动态地输入某些参数数据。例如,绘制直线时,在光标附近会动态地显示"指定第一个点"以及后面的坐标框,表示当前显示的是光标所在位置,可以输入数据,两个数据之间以逗号隔开,如图 1-20 所示。指定第一点后,系统动态显示直线的角度,同时要求输入线段长度值,如图 1-21 所示,其输入效果与"@长度＜角度"方式相同。

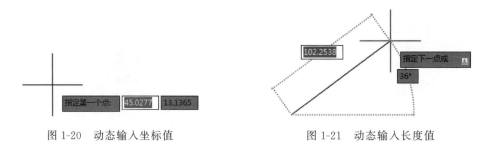

图 1-20　动态输入坐标值　　　　　图 1-21　动态输入长度值

1.2.4　上机练习——绘制线段

绘制一条 20mm 长的线段。

```
命令:LINE↙
指定第一个点:(在屏幕上指定一点)
指定下一点或 [放弃(U)]:
```

这时在屏幕上移动鼠标指明线段的方向,但不要单击确认,如图 1-22 所示,然后在命令行输入 20,这样就在指定方向上准确地绘制了长度为 20mm 的线段。

图 1-22　绘制直线

1.3　配置绘图系统

由于每台计算机所使用的显示器、输入设备和输出设备的类型不同,用户喜好的风格及计算机的目录设置也是不同的。一般情况下,使用 AutoCAD 2022 的默认配置就可以绘图,但为了使用用户的定点设备或打印机并提高绘图的效率,AutoCAD 推荐用户在开始作图前先进行必要的配置。

1. 执行方式

命令行:PREFERENCES。

菜单栏:选择菜单栏中的"工具"→"选项"命令。

右键菜单:选项(右击,系统打开快捷菜单,其中包括一些最常用的命令)。

2. 操作步骤

命令:PREFERENCES↙

执行上述命令后,系统自动打开"选项"对话框。用户可以在该对话框中选择有关选项,对系统进行配置。下面只对其中的"显示"选项卡进行说明,其他配置选项在后面用到时再作具体说明。

在"选项"对话框中的第二个选项卡为"显示",该选项卡控制 AutoCAD 窗口的外观,如图 1-23 所示。该选项卡用于设定屏幕菜单、屏幕颜色、光标大小,滚动条显示与

图 1-23　"显示"选项卡

否，固定命令行窗口中文字行数，AutoCAD 的版面布局设置，各实体的显示分辨率以及 AutoCAD 运行时的其他各项性能参数的设定等。有关选项的设置，读者可参照"帮助"文件学习。

说明：在设置实体显示分辨率时，分辨率越高，显示质量越高，计算机计算的时间就越长，不应将其设置得太高。显示质量设定在一个合理的程度上是很重要的。

在默认情况下，AutoCAD 2022 的绘图窗口是白色背景、黑色线条，有时需要修改绘图窗口颜色。

1.4　文件管理

本节将介绍有关文件管理的一些基本操作方法，包括新建文件、打开已有文件、保存文件、删除文件等，这些都是进行 AutoCAD 2022 操作最基本的知识。

1.4.1　新建文件

1．执行方式

命令行：NEW。

菜单栏：选择菜单栏中的"文件"→"新建"命令。

工具栏：单击"标准"工具栏中的"新建"按钮 。

2．操作步骤

命令：NEW↙

执行上述命令后，系统打开如图 1-24 所示的"选择样板"对话框。

图 1-24　"选择样板"对话框

在执行快速创建图形功能之前必须进行如下设置。

（1）在命令行中，将 FILEDIA 系统变量设置为 1；将 STARTUP 系统变量设置为 0。

（2）选择菜单栏中的"工具"→"选项"命令，选择默认图形样板文件。具体方法是：❶ 在"文件"选项卡中，❷ 单击标记为"样板设置"的节点下的 ❸ "快速新建的默认样板文件名"分节点，❹ 再选中其下的"无"节点，如图 1-25 所示。 ❺ 单击"浏览"按钮，打开"选择文件"对话框，然后选择需要的样板文件。

图 1-25　"文件"选项卡

1.4.2　打开文件

1. 执行方式

命令行：OPEN。

菜单栏：选择菜单栏中的"文件"→"打开"命令。

工具栏：单击"标准"工具栏中的"打开"按钮 或单击快速访问工具栏中的"打开"按钮 。

2. 操作步骤

命令：OPEN↙

执行上述命令后，打开"选择文件"对话框，如图 1-26 所示。在"文件类型"下拉列表框中用户可选择 dwg 文件、dwt 文件、dxf 文件和 dws 文件。其中，dws 文件是包含标准图层、标注样式、线型和文字样式的样板文件；dxf 文件是用文本形式存储的图形文件，能够被其他程序读取，许多第三方应用软件都支持 dxf 格式。

图 1-26 "选择文件"对话框

1.4.3 保存文件

1. 执行方式

命令名：QSAVE 或 SAVE。

菜单栏：选择菜单栏中的"文件"→"保存"命令。

工具栏：单击"标准"工具栏中的"保存"按钮 ▯ 或单击快速访问工具栏中的"保存"按钮 ▯。

2. 操作步骤

命令：QSAVE(或 SAVE)↙

执行上述命令后，若文件已命名，则 AutoCAD 自动保存；若文件未命名（即为默认名 Drawing1.dwg），则系统会打开"图形另存为"对话框，如图 1-27 所示，用户可以将其命名后保存。在"保存于"下拉列表框中可以指定保存文件的路径；在"文件类型"下拉列表框中可以指定保存文件的类型。

为了防止因意外操作或计算机系统故障导致正在绘制的图形文件丢失，可以对当前图形文件设置自动保存，说明如下。

（1）利用系统变量 SAVEFILEPATH 设置所有"自动保存"文件的位置，如 C:\HU\。

（2）利用系统变量 SAVEFILE 存储"自动保存"文件的文件名。该系统变量存储的文件是只读文件，用户可以从中查询自动保存的文件名。

（3）利用系统变量 SAVETIME 指定在使用"自动保存"时多长时间保存一次图形，单位是分钟。

图 1-27　"图形另存为"对话框

1.4.4　另存文件

1．执行方式

命令行：SAVEAS。

菜单栏：选择菜单栏中的"文件"→"另存为"命令。

工具栏：单击快速访问工具栏中的"另存为"按钮 📁 。

2．操作步骤

命令：SAVEAS↙

执行上述命令后，打开"图形另存为"对话框，如图 1-27 所示，AutoCAD 用另存名保存，并把当前图形更名。

1.4.5　关闭文件

1．执行方式

命令行：QUIT 或 EXIT。

菜单栏：选择菜单栏中的"文件"→"关闭"命令。

按钮：单击 AutoCAD 操作界面右上角的"关闭"按钮 ✕ 。

2．操作步骤

命令：QUIT(或 EXIT)↙

执行上述命令后,若用户对图形所作的修改尚未保存,则会出现如图 1-28 所示的系统提示对话框。单击"是"按钮,系统将保存文件,然后退出;单击"否"按钮,则系统将不保存文件而直接退出。若用户对图形所作的修改已经保存,则直接退出。

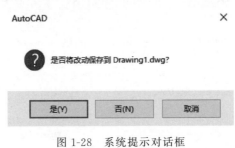

图 1-28　系统提示对话框

1.5　上机实验

实验 1　设置绘图环境。

1.目的要求

任何一个图形文件都有一个特定的绘图环境,包括图形边界、绘图单位和角度等。设置绘图环境通常有两种方法,即设置向导与单独的命令设置方法。通过学习设置绘图环境,可以促进读者对图形总体环境的认识。

2.操作提示

(1)单击"快速访问"工具栏中的"新建"按钮 ,打开"选择样板图"对话框。

(2)选择合适的样板图,打开一个新图形文件。

(3)选择菜单栏中的"格式"→"单位"命令,打开"图形单位"对话框。

(4)分别逐项选择:类型为"小数",精度为"0.00";角度为"度/分/秒",精度为"0d00′00″";选中"顺时针"复选框,插入时的缩放单位"毫米"。然后单击"确定"按钮。

实验 2　熟悉操作界面。

1.目的要求

操作界面是用户绘制图形的平台,操作界面的各个部分都有其独特的功能,熟悉操作界面有助于用户方便快速地进行绘图。本实验要求读者了解操作界面各部分的功能,掌握改变绘图窗口颜色和光标大小的方法,能够熟练地打开、移动、关闭工具栏。

2.操作提示

(1)启动 AutoCAD 2022,进入绘图界面。

(2)调整操作界面大小。

(3)设置绘图窗口颜色与光标大小。

(4)打开、移动、关闭工具栏。

(5)尝试同时利用命令行、下拉菜单和工具栏绘制一条线段。

实验 3　管理图形文件。

1. 目的要求

图形文件管理包括文件的新建、打开、保存、加密和退出等。本实验要求读者熟练掌握 DWG 文件的保存、自动保存、加密以及打开的方法。

2. 操作提示

（1）启动 AutoCAD 2022,进入绘图界面。

（2）打开一幅已经保存过的图形。

（3）进行自动保存设置。

（4）进行加密设置。

（5）将图形以新的名字保存。

（6）尝试在图形上绘制任意图形。

（7）退出该图形文件。

（8）尝试重新打开按新名称保存的原图形文件。

第 2 章

二维图形命令

本章导读

    二维图形是指在二维平面空间绘制的图形,主要由一些基本图形元素组成,如点、直线、圆弧、圆、椭圆、矩形和多边形等几何元素。AutoCAD 提供了大量的绘图工具,可以帮助用户完成二维图形的绘制。

学 习 要 点

◆ 点与直线命令
◆ 圆类图形命令
◆ 平面图形命令
◆ 高级绘图命令

2.1　点与直线命令

直线类命令包括"直线""射线"和"构造线"命令,这几个命令是 AutoCAD 中最简单的绘图命令。

2.1.1　点

点在 AutoCAD 中有多种不同的表示方式,用户可以根据需要进行设置。

1. 执行方式

命令行：POINT(快捷命令：PO)。

菜单栏：选择菜单栏中的"绘图"→"点"命令。

工具栏：单击"绘图"工具栏中的"多点"按钮 。

功能区：单击"默认"选项卡"绘图"面板中的"多点"按钮 。

2. 操作步骤

```
命令：POINT↙
当前点模式：PDMODE = 0 PDSIZE = 0.0000
指定点：(指定点所在的位置)
```

3. 选项说明

"点"命令各选项的含义如表 2-1 所示。

表 2-1　"点"命令各选项含义

选　　项	含　　义
单点	通过菜单方法操作时(图 2-1),"单点"选项表示只输入一个点,"多点"选项表示可输入多个点
对象捕捉	可以打开状态栏中的"对象捕捉"开关,设置点捕捉模式,以便拾取点
格式	点在图形中的表示样式共有 20 种。选择菜单栏中的"格式"→"点样式"命令,打开"点样式"对话框来设置,如图 2-2 所示

2.1.2　直线

1. 执行方式

命令行：LINE(快捷命令：L)。

菜单栏：选择菜单栏中的"绘图"→"直线"命令。

工具栏：单击"绘图"工具栏中的"直线"按钮 。

功能区：单击"默认"选项卡"绘图"面板中的"直线"按钮 。

图 2-1 "点"子菜单

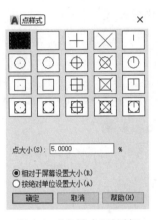

图 2-2 "点样式"对话框

2. 操作步骤

命令：LINE↙
指定第一个点：(输入直线段的起点，用鼠标指定点或者给定点的坐标)
指定下一点或 [放弃(U)]：(输入直线段的端点)
指定下一点或 [放弃(U)]：(输入下一直线段的端点．输入选项 U 表示放弃前面的输入；右击或按 Enter 键，结束命令)
指定下一点或 [闭合(C)/放弃(U)]：(输入下一直线段的端点，或输入选项 C 使图形闭合，结束命令)

3. 选项说明

"直线"命令各选项的含义如表 2-2 所示。

表 2-2 "直线"命令各选项含义

选 项	含 义
指定第一个点	若按 Enter 键响应"指定第一个点"提示，系统会把上次绘线(或弧)的终点作为本次操作的起始点。若上次操作为绘制圆弧，按 Enter 键响应后则绘出通过圆弧终点与该圆弧相切的直线段，该线段的长度由鼠标在屏幕上指定的一点与切点之间线段的长度确定

续表

选 项	含 义
指定下一点	在"指定下一点"提示下,用户可以指定多个端点,从而绘出多条直线段。但是,每一段直线是一个独立的对象,可以进行单独的编辑操作
	绘制两条以上直线段后,若用 C 响应"指定下一点"提示,系统会自动连接起始点和最后一个端点,从而绘出封闭的图形
	若用 U 响应提示,则擦除最近一次绘制的直线段
正交	若设置正交方式(单击状态栏上的"正交"按钮),只能绘制水平直线或垂直线段
动态输入	若设置动态数据输入方式(单击状态栏上的"动态输入"按钮),则可以动态输入坐标或长度值。下面的命令同样可以设置动态数据输入方式,效果与非动态数据输入方式类似。除了特别需要,以后不再强调,而只按非动态数据输入方式输入相关数据

2.1.3 上机练习——标高符号

 练习目标

绘制如图 2-3 所示的标高符号。

 设计思路

利用直线命令,并结合状态栏中的动态输入功能绘制标高符号。

图 2-3 标高符号

 **操作步骤**

首先关闭状态栏上的"动态输入"按钮 和"正交模式"按钮 ,然后执行下面操作:

```
命令:_LINE
指定第一个点:100,100↙(1 点)
指定下一点或 [放弃(U)]:@40,−135↙
指定下一点或 [放弃(U)]:U↙(输入错误,取消上次操作)
指定下一点或 [放弃(U)]:@40<−135↙(2 点,也可以单击状态栏上的"动态输入"按钮 ,
在鼠标位置为 135°时,动态输入 40,如图 2−4 所示,下同)
指定下一点或 [放弃(U)]:@40<135↙(3 点,相对极坐标数值输入方法,此方法便于控制线段
长度)
指定下一点或 [闭合(C)/放弃(U)]:@180,0↙(4 点,相对直角坐标数值输入方法,此方法便于
控制坐标点之间的正交距离)
指定下一点或 [闭合(C)/放弃(U)]:↙(按 Enter 键结束"直线"命令)
```

结果如图 2-3 所示。

 说明:

(1) 输入坐标时,逗号必须在西文状态下输入,否则会出现错误。

(2) 一般每个命令有 4 种执行方式,这里只给出了命令行执行方式,其他 3 种执行方式的操作方法与命令行执行方式相同。

Note

图 2-4 动态输入

2.2 圆类图形命令

圆类命令主要包括"圆""圆弧""椭圆""椭圆弧"以及"圆
环"等命令,这几个命令是 AutoCAD 中最简单的曲线命令。

2.2.1 圆

1. 执行方式

命令行:CIRCLE(快捷命令:C)。
菜单栏:选择菜单栏中的"绘图"→"圆"命令。
工具栏:单击"绘图"工具栏中的"圆"按钮 。
功能区:单击"默认"选项卡"绘图"面板中的"圆"下
拉菜单(图 2-5)。

图 2-5 "圆"下拉菜单

2. 操作步骤

```
命令:CIRCLE↙
指定圆的圆心或 [三点(3P)/两点(2P)/切点、切点、半径(T)]:(指定圆心)
指定圆的半径或 [直径(D)]:(直接输入半径数值或用鼠标指定半径长度)
指定圆的直径 <默认值>:(输入直径数值或用鼠标指定直径长度)
```

3. 选项说明

"圆"命令各选项的含义如表 2-3 所示。

表 2-3 "圆"命令各选项含义

选 项	含 义
三点(3P)	用指定圆周上 3 点的方法画圆
两点(2P)	指定直径的两端点画圆
切点、切点、半径(T)	按先指定两个相切对象,后给出半径的方法画圆。如图 2-6 所示为以"切点、切点、半径"方式绘制圆的各种情形(其中加黑的圆为最后绘制的圆)。 选择功能区中的"相切、相切、相切"的绘制方法(图 2-7),命令行提示与操作如下:

续表

选　　项	含　　义
切点、切点、半径（T）	指定圆上的第一个点：_TAN 到：（指定相切的第 1 个圆弧） 指定圆上的第二个点：_TAN 到：（指定相切的第 2 个圆弧） 指定圆上的第三个点：_TAN 到：（指定相切的第 3 个圆弧）
直径（D）	指定圆的直径值

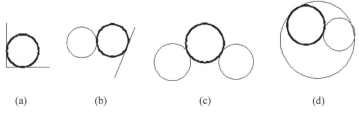

(a)　　　　　　(b)　　　　　　(c)　　　　　　(d)

图 2-6　圆与另外两个对象相切的各种情形

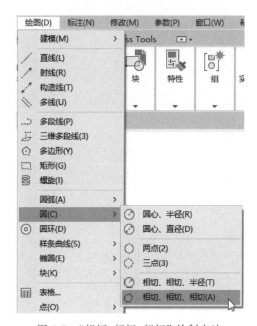

图 2-7　"相切、相切、相切"绘制方法

2.2.2　上机练习——喷泉水池

**练习目标**

绘制如图 2-8 所示的喷泉水池。

设计思路

首先利用直线命令绘制十字交叉中心线，然后利用圆命令绘制多个同心圆，最终完成对喷泉水池图形的绘制。

2-2

操作步骤

（1）单击"默认"选项卡"绘图"面板中的"直线"按钮 ╱，绘制一条长为 8000^① 的水平直线。重复"直线"命令，以大约中点位置为起点向上绘制一条长为 4000 的垂直直线；重复"直线"命令，以中点为起点向下绘制一条长为 4000 的垂直直线，并设置线型为 CENTER，线型比例为 20，如图 2-9 所示。

图 2-8　喷泉水池　　　　　　　　图 2-9　喷泉顶视图定位中心线绘制

（2）单击"默认"选项卡"绘图"面板中的"圆"按钮 ⊘，绘制圆，命令行提示与操作如下：

```
命令：CIRCLE
指定圆的圆心或 [三点(3P)/两点(2P)/切点、切点、半径(T)]：(指定中心线交点)
指定圆的半径或 [直径(D)]：120
```

（3）重复"圆"命令，绘制同心圆，圆的半径分别为 200、280、650、800、1250、1400、3600、4000。最终结果如图 2-8 所示。

2.2.3　圆弧

1. 执行方式

命令行：ARC(快捷命令：A)。
菜单栏：选择菜单栏中的"绘图"→"圆弧"命令。
工具栏：单击"绘图"工具栏中的"圆弧"按钮 ╱。
功能区：单击"默认"选项卡"绘图"面板中的"圆弧"下拉菜单(图 2-10)。

2. 操作步骤

```
命令：ARC↙
指定圆弧的起点或 [圆心(C)]：(指定起点)
指定圆弧的第二个点或 [圆心(C)/端点(E)]：(指定第 2 点)
指定圆弧的端点：(指定端点)
```

3. 选项说明

"圆弧"命令各选项的含义如表 2-4 所示。

---

① 本书中未注出的长度单位均为 mm。

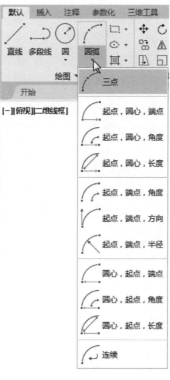

图 2-10 "圆弧"下拉菜单

表 2-4 "圆弧"命令各选项含义

选 项	含 义
绘图	用命令行方式画圆弧时,可以根据系统提示选择不同的选项,具体功能和"绘图"菜单的"圆弧"子菜单提供的 11 种方式相似。这 11 种方式如图 2-11 所示
连续	需要强调的是"连续"方式,绘制的圆弧与上一线段或圆弧相切,因为是连续绘制圆弧段,因此提供端点即可

(a) 三点

(b) 起点、圆心、
端点

(c) 起点、圆心、
角度

(d) 起点、圆心、
长度

(e) 起点、端点、
角度

(f) 起点、端点、
方向

(g) 起点、端点、
半径

(h) 圆心、起点、
端点

(i) 圆心、起点、
角度

(j) 圆心、起点、
长度

(k) 连续

图 2-11 11 种画圆弧的方法

2.2.4 上机练习——绘制管道

练习目标

绘制如图2-12所示的管道(忽略线型)。

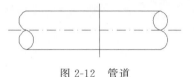

图2-12 管道

设计思路

利用直线命令绘制水平和竖直中心线,然后利用圆弧命令绘制管道。

操作步骤

(1) 单击"默认"选项卡"绘图"面板中的"直线"按钮 ∕,绘制竖直和水平的中心线,如图2-13所示。

(2) 单击"默认"选项卡"绘图"面板中的"直线"按钮 ∕,绘制水平的两条直线,如图2-14所示。

(3) 单击"默认"选项卡"绘图"面板中的"圆弧"按钮 ╭,绘制圆弧。命令行提示与操作如下:

图2-13 绘制中心线

图2-14 绘制直线

命令: _ARC ↙
指定圆弧的起点或 [圆心(C)]: ↙ (以中心线上边的直线左端点为起点)
指定圆弧的第二个点或 [圆心(C)/端点(E)]: ↙ (以"1"点为第二点)
指定圆弧的端点: ↙ (以"2"点为端点)

结果如图2-15所示。

(4) 重复"圆弧"命令,完成其余5段圆弧的绘制,最终完成管道的绘制,如图2-12所示。

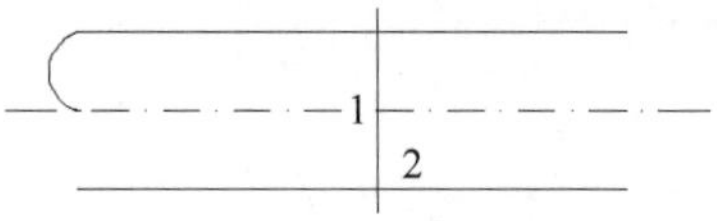

图2-15 绘制圆弧

注意:绘制圆弧时,应注意圆弧的曲率是遵循逆时针方向的,所以在选择指定圆弧两个端点和半径模式时,需要注意端点的指定顺序或指定角度的正负值,否则有可能导致圆弧的凹凸形状与预期的相反。

2.2.5 圆环

1. 执行方式

命令行:DONUT(快捷命令:DO)。

菜单栏:选择菜单栏中的"绘图"→"圆环"命令。

功能区：单击"默认"选项卡"绘图"面板中的"圆环"按钮 ◎ 。

2．操作步骤

```
命令：DONUT ↙
指定圆环的内径 <默认值>：(指定圆环内径)
指定圆环的外径 <默认值>：(指定圆环外径)
指定圆环的中心点或 <退出>：(指定圆环的中心点)
指定圆环的中心点或 <退出>：(继续指定圆环的中心点，则继续绘制相同内外径的圆环，用
Enter 键、空格键或鼠标右键结束命令，如图 2-16(a)所示)
```

3．选项说明

"圆环"命令各个选项含义如表 2-5 所示。

表 2-5 "圆环"命令各选项含义

选 项	含 义
绘制圆环	若指定内径为零，则画出实心填充圆，如图 2-16(b)所示。 用命令 FILL 可以控制圆环是否填充，具体方法是： 命令：FILL ↙ 输入模式 [开(ON)/关(OFF)] <开>：(选择 ON 表示填充，选择 OFF 表示不填充，如图 2-16(c)所示)

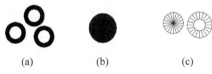

(a)　　　　　(b)　　　　　(c)

图 2-16　绘制圆环

2.2.6　椭圆与椭圆弧

1．执行方式

命令行：ELLIPSE(快捷命令：EL)。

菜单栏：选择菜单栏中的"绘图"→"椭圆"→"圆弧"命令。

工具栏：单击"绘图"工具栏中的"椭圆"按钮 ⬭ 或"椭圆弧"按钮 ⬭ 。

功能区：单击"默认"选项卡"绘图"面板中的"椭圆"下拉菜单(图 2-17)。

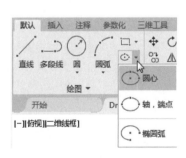

图 2-17　"椭圆"下拉菜单

2．操作步骤

```
命令：ELLIPSE ↙
指定椭圆的轴端点或 [圆弧(A)/中心点(C)]：(指定轴端点 1，如图 2-18(a)所示)
指定轴的另一个端点：(指定轴端点 2，如图 2-18(a)所示)
指定另一条半轴长度或 [旋转(R)]：
```

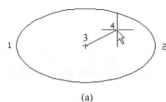
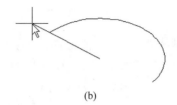

(a)   (b)

图 2-18　椭圆和椭圆弧

3. 选项说明

"椭圆与椭圆弧"命令各选项的含义如表 2-6 所示。

表 2-6　"椭圆与椭圆弧"命令各选项含义

选 项	含 义
指定椭圆的轴端点	根据两个端点定义椭圆的第一条轴。第一条轴的角度确定了整个椭圆的角度。第一条轴既可定义椭圆的长轴,也可定义短轴
旋转(R)	通过绕第一条轴旋转圆来创建椭圆,相当于将一个圆绕椭圆轴翻转一个角度后的投影视图
中心点(C)	通过指定的中心点创建椭圆
圆弧(A)	该选项用于创建一段椭圆弧,与工具栏中的"绘图"→"椭圆弧"功能相同。其中第一条轴的角度确定了椭圆弧的角度。第一条轴既可定义椭圆弧长轴,也可定义椭圆弧短轴。选择该项,命令行提示与操作如下: 指定椭圆弧的轴端点或 [中心点(C)]:(指定端点或输入 C) 指定轴的另一个端点:(指定另一端点) 指定另一条半轴长度或 [旋转(R)]:(指定另一条半轴长度或输入 R) 指定起点角度或 [参数(P)]:(指定起始角度或输入 P) 指定端点角度或 [参数(P)/夹角(I)]: 其中各选项含义如下。 (1)角度:指定椭圆弧端点的两种方式之一,光标与椭圆中心点连线的夹角为椭圆端点位置的角度 (2)参数(P):指定椭圆弧端点的另一种方式,该方式同样是指定椭圆弧端点的角度,但通过以下参数方程式创建椭圆弧: $$p(u) = c + a\cos u + b\sin u$$ 其中,c 是椭圆的中心点;a 和 b 分别是椭圆的长轴和短轴;u 是光标与椭圆中心点连线的夹角。 (3)夹角(I):定义从起始角度开始的包含角度

2.2.7　上机练习——马桶

 练习目标

绘制如图 2-19 所示的马桶。

 设计思路

利用直线和椭圆弧命令绘制马桶外沿,然后利用直线命令

图 2-19　马桶

Note

2-4

绘制马桶后沿。

 操作步骤

（1）单击"默认"选项卡"绘图"面板中的"椭圆弧"按钮 ⊙，绘制马桶外沿。命令行
提示与操作如下：

```
命令：_ELLIPSE↙
指定椭圆的轴端点或 [圆弧(A)/中心点(C)]：A↙
指定椭圆弧的轴端点或 [中心点(C)]：C↙
指定椭圆弧的中心点：↙（指定一点）
指定轴的端点：↙（适当指定一点）
指定另一条半轴长度或 [旋转(R)]：↙（适当指定一点）
指定起点角度或 [参数(P)]：↙（指定下面适当位置一点）
指定端点角度或 [参数(P)/夹角(I)]：↙（指定正上方适当位置一点）
```

绘制结果如图 2-20 所示。

（2）单击"默认"选项卡"绘图"面板中的"直线"按钮 ╱，连接椭圆弧两个端点，绘
制马桶后沿。结果如图 2-21 所示。

（3）单击"默认"选项卡"绘图"面板中的"直线"按钮 ╱，取适当的尺寸，在左边绘
制一个矩形框作为水箱。最终结果如图 2-19 所示。

　　　　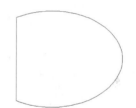

图 2-20　绘制马桶外沿　　　　图 2-21　绘制马桶后沿

说明：在绘制圆环时，可能无法一次准确确定圆环外径大小，为确定圆环与椭
圆的相对大小，可以通过多次绘制的方法找到一个相对合适的外径值。

2.3　平面图形命令

平面图形包括矩形和正多边形两种基本图形单元。本节学习这两种平面图形的相
关命令和绘制方法。

2.3.1　矩形

1. 执行方式

命令行：RECTANG（快捷命令：REC）。

菜单栏：选择菜单栏中的"绘图"→"矩形"命令。

Note

工具栏：单击"绘图"工具栏中的"矩形"按钮 □ 。

功能区：单击"默认"选项卡"绘图"面板中的"矩形"按钮 □ 。

2. 操作步骤

```
命令：RECTANG ↙
指定第一个角点或 [倒角(C)/标高(E)/圆角(F)/厚度(T)/宽度(W)]:
指定另一个角点或 [面积(A)/尺寸(D)/旋转(R)]:
```

3. 选项说明

"矩形"命令各选项的含义如表 2-7 所示。

表 2-7 "矩形"命令各选项含义

选 项	含 义
第一个角点	通过指定两个角点确定矩形,如图 2-22(a)所示
倒角(C)	指定倒角距离,绘制带倒角的矩形,如图 2-22(b)所示,每一个角点的逆时针和顺时针方向的倒角可以相同,也可以不同。其中第一个倒角距离是指角点逆时针方向的倒角距离,第二个倒角距离是指角点顺时针方向的倒角距离
标高(E)	指定矩形标高(Z 坐标),即把矩形画在标高为 Z、和 XOY 坐标面平行的平面上,并作为后续矩形的标高值
圆角(F)	指定圆角半径,绘制带圆角的矩形,如图 2-22(c)所示
厚度(T)	指定矩形的厚度,如图 2-22(d)所示
宽度(W)	指定线宽,如图 2-22(e)所示
尺寸(D)	使用长和宽创建矩形。第二个指定点将矩形定位在与第一角点相关的 4 个位置之一内
面积(A)	指定面积和长或宽创建矩形。选择该项,系统提示: 输入以当前单位计算的矩形面积 <20.0000>:(输入面积值) 计算矩形标注时依据 [长度(L)/宽度(W)] <长度>:(按 Enter 键或输入 W) 输入矩形长度 <4.0000>:(指定长度或宽度) 指定长度或宽度后,系统自动计算另一个维度后绘制出矩形。如果矩形为倒角或圆角,则长度或宽度计算中会考虑此设置,如图 2-23 所示
旋转(R)	旋转所绘制的矩形的角度。选择该项,系统提示: 指定旋转角度或 [拾取点(P)] <135>:(指定角度) 指定另一个角点或 [面积(A)/尺寸(D)/旋转(R)]:(指定另一个角点或选择其他选项) 指定旋转角度后,系统按指定角度创建矩形,如图 2-24 所示

    (a)   (b)   (c)   (d)   (e)

图 2-22　绘制矩形

倒角距离(1,1)，面积
为20，长度为6

圆角半径为1.0，面积
为20，宽度为6

图 2-23　按面积绘制矩形

图 2-24　按指定旋转角度创建矩形

2.3.2　上机练习——风机符号

 练习目标

绘制如图 2-25 所示的风机符号。

 设计思路

利用矩形命令绘制风机的外形，然后利用直线和圆弧命令绘制内部图形，最终完成风机符号的绘制。

 操作步骤

（1）单击"默认"选项卡"绘图"面板中的"矩形"按钮 □，绘制适当大小的矩形。命令行提示与操作如下：

命令：_RECTANG↙
指定第一个角点或 [倒角(C)/标高(E)/圆角(F)/厚度(T)/宽度(W)]：↙（在任意位置选择一点为矩形第一角点）
指定另一个角点或 [面积(A)/尺寸(D)/旋转(R)]：↙（在第一角点右下方任意选择一点作为另一角点）

结果如图 2-26 所示。

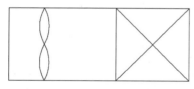

图 2-25　风机符号　　　　　　　　图 2-26　绘制矩形

（2）单击"默认"选项卡"绘图"面板中的"多边形"按钮 ⬠（此命令会在以后章节中详细介绍），绘制正方形。命令行提示与操作如下：

命令：_POLYGON
输入侧面数 <4>：↙
指定正多边形的中心点或 [边(E)]：E↙
指定边的第一个端点：（以上步绘制的矩形的右上端点为第一端点）
指定边的第二个端点：（以上步绘制的矩形的右下端点为第二端点）

结果如图 2-27 所示。

（3）单击"默认"选项卡"绘图"面板中的"直线"按钮，以上步绘制的正方形的左下端点和右上端点为两点绘制直线。重复"直线"命令，以上步绘制的正方形的左上端点和右下端点为两点绘制直线，结果如图 2-28 所示。

（4）单击"默认"选项卡"绘图"面板中的"圆弧"按钮，绘制 4 段圆弧，结果如图 2-25 所示，最终完成风机符号的绘制。

图 2-27　绘制正方形

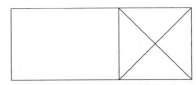
图 2-28　绘制直线

2.3.3　正多边形

1．执行方式

命令行：POLYGON（快捷命令：POL）。

菜单栏：选择菜单栏中的"绘图"→"多边形"命令。

工具栏：单击"绘图"工具栏中的"多边形"按钮。

功能区：单击"默认"选项卡"绘图"面板中的"多边形"按钮。

2．操作步骤

命令：POLYGON↙
输入侧面数 <4>:(指定多边形的边数，默认值为 4)
指定正多边形的中心点或 [边(E)]:(指定中心点)
输入选项 [内接于圆(I)/外切于圆(C)] <I>:(指定是内接于圆还是外切于圆，I 表示内接，如图 2-29(a)所示；C 表示外切，如图 2-29(b)所示)
指定圆的半径:(指定外接圆或内切圆的半径)

3．选项说明

"正多边形"命令各个选项含义如表 2-8 所示。

表 2-8　"正多边形"命令各选项含义

选　　项	含　　义
"边"	如果选择"边"选项，则只要指定多边形的一条边，系统就会按逆时针方向创建该正多边形，如图 2-29(c)所示

(a)　　　　　(b)　　　　　(c)
图 2-29　画正多边形

2.4 高级绘图命令

除了前面介绍的一些绘图命令外,还有一些比较复杂的绘图命令,包括"图案填充"命令、"多段线"命令和"样条曲线"命令等。

2.4.1 图案填充

1. 执行方式

命令行:BHATCH(快捷命令:BH)。

菜单栏:选择菜单栏中的"绘图"→"图案填充"或"渐变色"命令。

工具栏:单击"绘图"工具栏中的"图案填充"按钮▨或"渐变色"按钮▨。

功能区:单击"默认"选项卡"绘图"面板中的"图案填充"按钮▨。

2. 操作步骤

命令:BHATCH↙

执行上述命令后,系统打开如图 2-30 所示的"图案填充创建"选项卡。

图 2-30 "图案填充创建"选项卡

3. 选项说明

"图案填充"命令各选项的含义如表 2-9 所示。

表 2-9 "图案填充"命令各选项含义

选 项		含 义
"边界"面板	拾取点	通过选择由一个或多个对象形成的封闭区域内的点,确定图案填充边界(图 2-31)。指定内部点时,可以随时在绘图区域中右击以显示包含多个选项的快捷菜单
	选择边界对象	指定基于选定对象的图案填充边界。使用该选项时,不会自动检测内部对象,必须选择选定边界内的对象,按照当前孤岛检测样式填充这些对象(图 2-32)
	删除边界对象	从边界定义中删除之前添加的任何对象,如图 2-33 所示
	重新创建边界	围绕选定的图案填充或填充对象创建多段线或面域,并使其与图案填充对象相关联(可选)

选　　项	含　　义	
"边界"面板	显示边界对象	选择构成选定关联图案填充对象的边界的对象,使用显示的夹点可修改图案填充边界
	保留边界对象	指定如何处理图案填充边界对象。包括以下选项。 ➢ 不保留边界:不创建独立的图案填充边界对象。 ➢ 保留边界-多段线:创建封闭图案填充对象的多段线。 ➢ 保留边界-面域:创建封闭图案填充对象的面域对象。 ➢ 选择新边界集:指定对象的有限集(称为边界集),以便通过创建图案填充时的拾取点进行计算
"图案"面板	显示所有预定义和自定义图案的预览图像	
"特性"面板	(1) 图案填充类型:指定是使用纯色、渐变色、图案还是用户定义的填充。 (2) 图案填充颜色:替代实体填充和填充图案的当前颜色。 (3) 背景色:指定填充图案背景的颜色。 (4) 图案填充透明度:设定新图案填充或填充的透明度,替代当前对象的透明度。 (5) 图案填充角度:指定图案填充或填充的角度。 (6) 填充图案比例:放大或缩小预定义或自定义填充图案。 (7) 相对图纸空间:(仅在布局中可用)相对于图纸空间单位缩放填充图案。使用此选项,可很容易地做到以适合于布局的比例显示填充图案。 (8) 双向:(仅当"图案填充类型"设定为"用户定义"时可用)将绘制第二组直线,与原始直线成 90°角,从而构成交叉线。 (9) ISO 笔宽:(仅对于预定义的 ISO 图案可用)基于选定的笔宽缩放 ISO 图案	
"原点"面板	(1) 设定原点:直接指定新的图案填充原点。 (2) 左下:将图案填充原点设定在图案填充边界矩形范围的左下角。 (3) 右下:将图案填充原点设定在图案填充边界矩形范围的右下角。 (4) 左上:将图案填充原点设定在图案填充边界矩形范围的左上角。 (5) 右上:将图案填充原点设定在图案填充边界矩形范围的右上角。 (6) 中心:将图案填充原点设定在图案填充边界矩形范围的中心。 (7) 使用当前原点:将图案填充原点设定在 HPORIGIN 系统变量中存储的默认位置。 (8) 存储为默认原点:将新图案填充原点的值存储在 HPORIGIN 系统变量中	
"选项"面板	(1) 关联:指定图案填充或填充为关联图案填充。关联的图案填充或填充在用户修改其边界对象时将会更新。 (2) 注释性:指定图案填充为注释性。此特性会自动完成缩放注释过程,从而使注释能够以正确的大小在图纸上打印或显示。 (3) 特性匹配 使用当前原点:使用选定图案填充对象(除图案填充原点外)设定图案填充的特性。 使用源图案填充的原点:使用选定图案填充对象(包括图案填充原点)设定图案填充的特性。	

续表

选　　项	含　　义
"选项"面板	（4）允许的间隙：设定将对象用作图案填充边界时可以忽略的最大间隙。默认值为 0,此值指定对象必须封闭区域而没有间隙。 （5）创建独立的图案填充：控制当指定了几个单独的闭合边界时,是创建单个图案填充对象,还是创建多个图案填充对象。 （6）孤岛检测 普通孤岛检测：从外部边界向内填充。如果遇到内部孤岛,填充将关闭,直到遇到孤岛中的另一个孤岛。 外部孤岛检测：从外部边界向内填充。此选项仅填充指定的区域,而不会影响内部孤岛。 忽略孤岛检测：忽略所有内部的对象,填充图案时将通过这些对象。 （7）绘图次序：为图案填充或填充指定绘图次序。选项包括不更改、后置、前置、置于边界之后和置于边界之前
"关闭"面板	关闭"图案填充创建"：退出 BTHTCH 并关闭上下选项卡。也可以按 Enter 键或 Esc 键退出 BTHTCH

选择一点　　　　　　填充区域　　　　　　填充结果

图 2-31　边界确定

 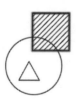

原始图形　　　　　　选取边界对象　　　　　填充结果

图 2-32　选择边界对象

选取边界对象　　　　　删除边界　　　　　填充结果

图 2-33　删除边界对象

2-6

2.4.2 上机练习——公园一角

 练习目标

绘制如图 2-34 所示的公园一角。

设计思路

本例首先利用矩形和样条曲线命令绘制公园一角的外轮廓,然后利用图案填充命令对图形进行图案填充,最终完成对公园一角图形的绘制。

操作步骤

(1) 单击"默认"选项卡"绘图"面板中的"矩形"按钮 □ 和"样条曲线拟合"按钮 ∿,绘制公园一角外形,如图 2-35 所示。

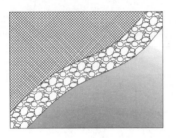

图 2-34 公园一角

图 2-35 公园一角外形

(2) 单击"默认"选项卡"绘图"面板中的"图案填充"按钮 ▨,打开"图案填充创建"选项卡,选择 GRAVEL 图案类型,如图 2-36 所示,选取填充区域,进行鹅卵石小路的填充,如图 2-37 所示。

图 2-36 "图案填充创建"选项卡

(3) 从图 2-37 中可以看出,填充图案过于细密,可以对其进行编辑修改。选中填充图案,打开"图案填充编辑器"选项卡,将图案填充"比例"改为 3,如图 2-38 所示,修改后的填充图案如图 2-39 所示。

(4) 单击"默认"选项卡"绘图"面板中的"图案填充"按钮 ▨,打开"图案填充创建"选项卡。单击"选项"面板中的斜三角按钮 ↘,打开"图案填充和渐变色"对话框,选择图案"类型"为"用户定义",填充"角

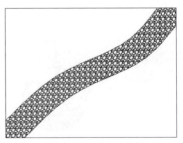

图 2-37 填充小路

图 2-38　修改图案填充比例

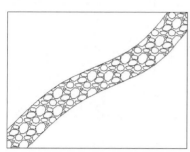

图 2-39　修改后的填充图案

度"为 45,选中"双向"复选框,"间距"设为 10,如图 2-40 所示。单击"拾取点"按钮，在绘制的图形左上方拾取一点,按 Enter 键,完成草坪的绘制,如图 2-41 所示。

（5）单击"默认"选项卡"绘图"面板中的"图案填充"按钮，打开"图案填充创建"选项卡。单击"选项"面板中的斜三角按钮，打开"图案填充和渐变色"对话框,在"渐变色"选项卡中选中"单色"单选按钮,如图 2-42 所示。单击"单色"显示框右

侧的按钮,打开"选择颜色"对话框,选择如图 2-43 所示的绿色,单击"确定"按钮,返回"图案填充和渐变色"对话框,选择如图 2-44 所示的颜色变化方式后,单击"拾取点"按钮，在绘制的图形右下方拾取一点,按 Enter 键,完成池塘的绘制。最终绘制结果如图 2-34 所示。

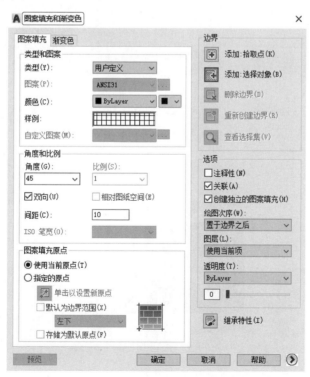

图 2-40　"图案填充和渐变色"对话框

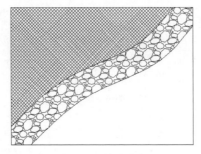

图 2-41　填充草坪

图 2-42　"渐变色"选项卡

图 2-43　"选择颜色"对话框

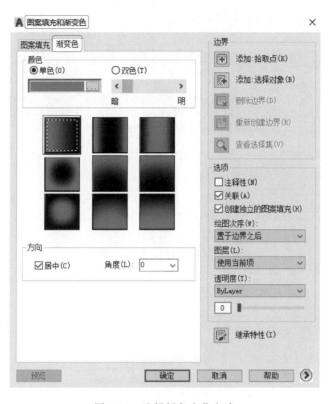

图 2-44 选择颜色变化方式

2.4.3 多段线

1. 执行方式

命令行：PLINE(快捷命令：PL)。

菜单栏：选择菜单栏中的"绘图"→"多段线"命令。

工具栏：单击"绘图"工具栏中的"多段线"按钮 。

功能区：单击"默认"选项卡"绘图"面板中的"多段线"按钮 。

2. 操作步骤

命令:PLINE ✓
指定起点:(指定多段线的起始点)
当前线宽为 0.0000 (提示当前多段线的宽度)
指定下一个点或 [圆弧(A)/半宽(H)/长度(L)/放弃(U)/宽度(W)]:
指定下一点或 [圆弧(A)/闭合(C)/半宽(H)/长度(L)/放弃(U)/宽度(W)]:

3. 选项说明

"多段线"命令各选项的含义如表 2-10 所示。

表2-10 "多段线"命令各选项含义

选　项	含　义
指定下一个点	确定另一端点，绘制一条直线段，是系统的默认项
圆弧（A）	使系统变为绘制圆弧方式。选择了这一项后，系统会提示： 指定圆弧的端点(按住 Ctrl 键以切换方向)或[角度(A)/圆心(CE)/闭合(CL)/方向(D)/半宽(H)/直线(L)/半径(R)/第二个点(S)/放弃(U)/宽度(W)]：

	圆弧的端点	绘制弧线段，此为系统的默认项。弧线段从多段线上一段的最后一点开始并与多段线相切
	角度（A）	指定弧线段从起点开始包含的角度。若输入的角度值为正值，则按逆时针方向绘制弧线段；反之，按顺时针方向绘制弧线段
	圆心（CE）	指定所绘制弧线段的圆心
	闭合（CL）	用一段弧线段封闭所绘制的多段线
	方向（D）	指定弧线段的起始方向
	半宽（H）	指定从宽多段线线段的中心到其一边的宽度
	直线（L）	退出绘圆弧功能项并返回到 PLINE 命令的初始提示信息状态
	半径（R）	指定所绘制弧线段的半径
	第二个点（S）	利用 3 点绘制圆弧
	放弃（U）	撤销上一步操作
	宽度（W）	指定下一条直线段的宽度。与"半宽"相似

闭合（C）	绘制一条直线段来封闭多段线
半宽（H）	指定从宽多段线线段的中心到其一边的宽度
长度（L）	在与前一线段相同的角度方向上绘制指定长度的直线段
放弃（U）	撤销上一步操作
宽度（W）	指定下一段多段线的宽度

2.4.4 上机练习——弯管

 练习目标

绘制如图 2-45 所示的弯管。

 设计思路

利用多段线命令和圆弧命令绘制弯管。

 操作步骤

（1）单击"默认"选项卡"绘图"面板中的"多段线"按钮，命令行提示与操作如下：

图 2-45 弯管

```
命令：PLINE↙
指定起点：
当前线宽为 60.0000
```

指定下一个点或[圆弧(A)/半宽(H)/长度(L)/放弃(U)/宽度(W)]：(水平向左指定一点)
指定下一个点或[圆弧(A)/闭合(C)/半宽(H)/长度(L)/放弃(U)/宽度(W)]：a↙
指定圆弧的端点(按住 Ctrl 键以切换方向)或[角度(A)/圆心(CE)/闭合(CL)/方向(D)/半宽(H)/
直线(L)/半径(R)/第二个点(S)/放弃(U)/宽度(W)]：a↙
指定夹角：90↙
指定圆弧的端点(按住 Ctrl 键以切换方向)或[圆心(CE)/半径(R)]:指定一点
指定圆弧的端点(按住 Ctrl 键以切换方向)或[角度(A)/圆心(CE)/闭合(CL)/方向(D)/半宽(H)/
直线(L)/半径(R)/第二个点(S)/放弃(U)/宽度(W)]：l↙
指定下一个点或[圆弧(A)/闭合(C)/半宽(H)/长度(L)/放弃(U)/宽度(W)]：↙(水平向右指定一点)
指定下一个点或[圆弧(A)/闭合(C)/半宽(H)/长度(L)/放弃(U)/宽度(W)]：↙

结果如图 2-46 所示。

（2）单击"默认"选项卡"绘图"面板中的"圆弧"按钮，在上步绘制的多段线上方绘制一段适当半径的圆弧，最终完成弯管的绘制。

图 2-46 绘制多段线

2.4.5 样条曲线

AutoCAD 使用一种称为非一致有理 B 样条（NURBS）曲线的特殊样条曲线类型。NURBS 曲线在控制点之间产生一条光滑的曲线，如图 2-47 所示。样条曲线可用于创建形状不规则的曲线，如为地理信息系统（geographic information system，GIS）应用或汽车设计绘制轮廓线。

1. 执行方式

命令行：SPLINE（快捷命令：SPL）。
菜单栏：选择菜单栏中的"绘图"→"样条曲线"命令。
工具栏：单击"绘图"工具栏中的"样条曲线"按钮。
功能区：单击"默认"选项卡"绘图"面板中的"样条曲线拟合"按钮或"样条曲线控制点"按钮（图 2-48）。

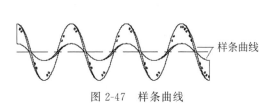

图 2-47 样条曲线　　图 2-48 "绘图"面板

2. 操作步骤

命令:SPLINE
当前设置:方式 = 拟合 节点 = 弦↙
指定第一个点或[方式(M)/节点(K)/对象(O)]:(指定一点或选择"对象(O)"选项)

输入下一个点或[起点切向(T)/公差(L)]:(指定一点)
输入下一个点或 [端点相切(T)/公差(L)/放弃(U)]:
输入下一个点或 [端点相切(T)/公差(L)/放弃(U)/闭合(C)]:

3．选项说明

"样条曲线"命令各选项的含义如表 2-11 所示。

表 2-11 "样条曲线"命令各选项含义

选　项	含　义
对象(O)	将二维或三维的二次或三次样条曲线拟合多段线转换为等价的样条曲线,然后(根据 DELOBJ 系统变量的设置)删除该多段线
闭合(C)	将最后一点定义为与第一点一致,并使它在连接处相切,这样可以闭合样条曲线。选择该项,系统继续提示: 指定切向:(指定点或按 Enter 键) 用户可以指定一点来定义切向矢量,或者使用"切点"和"垂足"对象捕捉模式使样条曲线与现有对象相切或垂直
拟合(F)	修改当前样条曲线的拟合公差。根据新公差以现有点重新定义样条曲线。公差表示样条曲线拟合所指定的拟合点集的拟合精度。公差越小,样条曲线与拟合点越接近。公差为 0,样条曲线将通过该点。输入大于 0 的公差将使样条曲线在指定的公差范围内通过拟合点。在绘制样条曲线时,可以改变样条曲线拟合公差以查看效果
起点切向(T)	定义样条曲线的第一点和最后一点的切向。 如果在样条曲线的两端都指定切向,可以输入一个点或者使用"切点"和"垂足"对象捕捉模式使样条曲线与已有的对象相切或垂直。如果按 Enter 键,AutoCAD 将计算默认切向
公差(T)	标注形位公差

2.4.6 上机练习——街头盆景

 练习目标

绘制如图 2-49 所示的街头盆景图形。

 设计思路

首先利用矩形和直线命令绘制底座,然后利用多段线命令绘制花盆,最后利用样条曲线拟合命令绘制装饰物和月亮装饰。

 操作步骤

图 2-49　街头盆景

(1) 单击"默认"选项卡"绘图"面板中的"矩形"按钮 □ ,在适当位置绘制一个 220×50 的矩形。

（2）单击"默认"选项卡"绘图"面板中的"直线"按钮 ／，在矩形中绘制5条水平直线。结果如图2-50所示。

图2-50　绘制底座

（3）单击"默认"选项卡"绘图"面板中的"多段线"按钮 ，绘制花盆。命令行提示与操作如下：

```
命令：_PLINE↙
指定起点：↙(在矩形上方适当位置)
当前线宽为 0.0000
指定下一个点或[圆弧(A)/半宽(H)/长度(L)/放弃(U)/宽度(W)]:A↙
指定圆弧的端点(按住 Ctrl 键以切换方向)或[角度(A)/圆心(CE)/方向(D)/半宽(H)/直线(L)/
半径(R)/第二个点(S)/放弃(U)/宽度(W)]:S↙
指定圆弧上的第二个点：↙(捕捉矩形上边线中点)
指定圆弧的端点(按住 Ctrl 键以切换方向)或[角度(A)/长度(L)]:↙
指定圆弧的端点(按住 Ctrl 键以切换方向)或[角度(A)/圆心(CE)/闭合(CL)/方向(D)/半宽
(H)/直线(L)/半径(R)/第二个点(S)/放弃(U)/宽度(W)]:L↙
指定下一个点或[圆弧(A)/闭合(C)/半宽(H)/长度(L)/放弃(U)/宽度(W)]:↙(捕捉圆弧起点)
```

（4）重复"多段线"命令，在灯罩上绘制一个不等边四边形，如图2-51所示。

（5）单击"默认"选项卡"绘图"面板中的"样条曲线拟合"按钮 ，绘制装饰物。命令行提示与操作如下：

```
命令：_SPLINE↙
当前设置：方式 = 拟合 节点 = 弦
指定第一个点或[方式(M)/节点(K)/对象(O)]:↙(指定一点)
输入下一个点或[起点切向(T)/公差(L)]:↙(适当指定下一点)
输入下一个点或[端点相切(T)/公差(L)/放弃(U)]:↙(适当指定下一点)
输入下一个点或[端点相切(T)/公差(L)/放弃(U)/闭合(C)]:↙(适当指定下一点)
……
输入下一个点或[端点相切(T)/公差(L)/放弃(U)/闭合(C)]:↙↙
```

结果如图2-52所示。

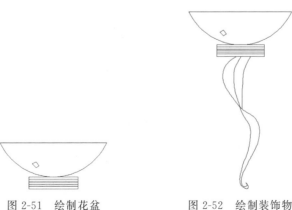

图2-51　绘制花盆　　　　图2-52　绘制装饰物

（6）单击"默认"选项卡"绘图"面板中的"多段线"按钮 ，在矩形的两侧绘制月亮装饰，最终结果如图 2-49 所示。

2.4.7 多线

多线是一种复合线，由连续的直线段复合组成。这种线的一个突出优点是能够提高绘图效率，保证图线之间的统一性。

1. 绘制多线

1）执行方式

命令行：MLINE（快捷命令：ML）。

菜单栏：选择菜单栏中的"绘图"→"多线"命令。

2）操作步骤

```
命令：MLINE↙
当前设置：对正 = 上，比例 = 20.00，样式 = STANDARD
指定起点或 [对正(J)/比例(S)/样式(ST)]：(指定起点)
指定下一个点：(给定下一个点)
指定下一个点或 [放弃(U)]：(继续指定下一个点绘制线段.输入 U 则放弃前一段的绘制；右击或
按 Enter 键，则结束命令)
指定下一个点或 [闭合(C)/放弃(U)]：(继续指定下一个点绘制线段.输入 C 则闭合线段,结束命令)
```

3）选项说明

"多线"命令各选项的含义如表 2-12 所示。

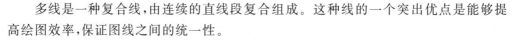

表 2-12 "多线"命令各选项含义

选 项	含 义
对正（J）	该项用于给定绘制多线的基准。共有 3 种对正类型："上""无"和"下"。其中，"上（T）"表示以多线上侧的线为基准，依此类推
比例（S）	选择该项，要求用户设置平行线的间距。输入值为零时平行线重合，值为负时多线的排列倒置
样式（ST）	该项用于设置当前使用的多线样式

2. 定义多线样式

1）执行方式

命令行：MLSTYLE。

2）操作步骤

```
命令：MLSTYLE↙
```

执行上述命令后，打开如图 2-53 所示的"多线样式"对话框。在该对话框中，用户可以对多线样式进行定义、保存和加载等操作。

3. 编辑多线

1）执行方式

命令行：MLEDIT。

Note

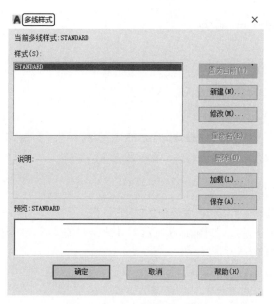

图 2-53 "多线样式"对话框

菜单栏：选择菜单栏中的"修改"→"对象"→"多线"命令。

2）操作步骤

命令：MLEDIT↙

执行上述命令后，打开"多线编辑工具"对话框，如图 2-54 所示。

图 2-54 "多线编辑工具"对话框

利用该对话框，可以创建或修改多线的模式。对话框中分 4 列显示了示例图形。其中，第 1 列管理十字交叉形式的多线，第 2 列管理 T 形多线，第 3 列管理角点结合和顶点，第 4 列管理多线被剪切或接合的形式。

选择某个示例图形，就可以利用该项编辑功能。

2-9

2.4.8 上机练习——墙体

 练习目标

绘制如图 2-55 所示的墙体。

设计思路

首先利用构造线命令绘制辅助线,然后设置多线样式,并利用多线命令绘制墙体,最后将所绘制的墙体进行编辑操作,结果如图 2-55 所示。

操作步骤

(1) 单击"默认"选项卡"绘图"面板中的"构造线"按钮，绘制一条水平构造线和一条竖直构造线,组成十字构造线,如图 2-56 所示。继续绘制辅助线,命令行提示与操作如下:

```
命令：XLINE↙
指定点或 [水平(H)/垂直(V)/角度(A)/二等分(B)/偏移(O)]：O↙
指定偏移距离或 [通过(T)]<1.0000>:4500↙
选择直线对象：(选择刚绘制的水平构造线)
指定向哪侧偏移：(指定上边一点)
选择直线对象：(继续选择刚绘制的水平构造线)
```

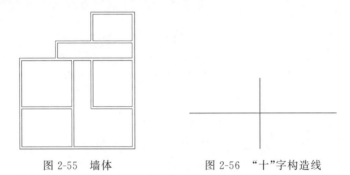

图 2-55 墙体   图 2-56 "十"字构造线

采用相同方法,将偏移得到的水平构造线依次向上偏移 5100、1800 和 3000,绘制的水平构造线如图 2-57 所示。采用同样的方法绘制垂直构造线,依次向右偏移 3900、1800、2100 和 4500,结果如图 2-58 所示。

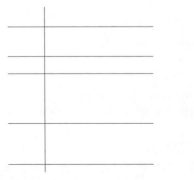
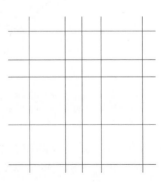

图 2-57 水平方向的主要辅助线   图 2-58 辅助线网格

（2）选择菜单栏中的"格式"→"多线样式"命令，打开"多线样式"对话框，单击"新建"按钮，打开"创建新的多线样式"对话框。在该对话框的"新样式名"文本框中输入"墙体线"，单击"继续"按钮，打开"新建的多线样式：墙体线"对话框，进行如图 2-59 所示的设置。

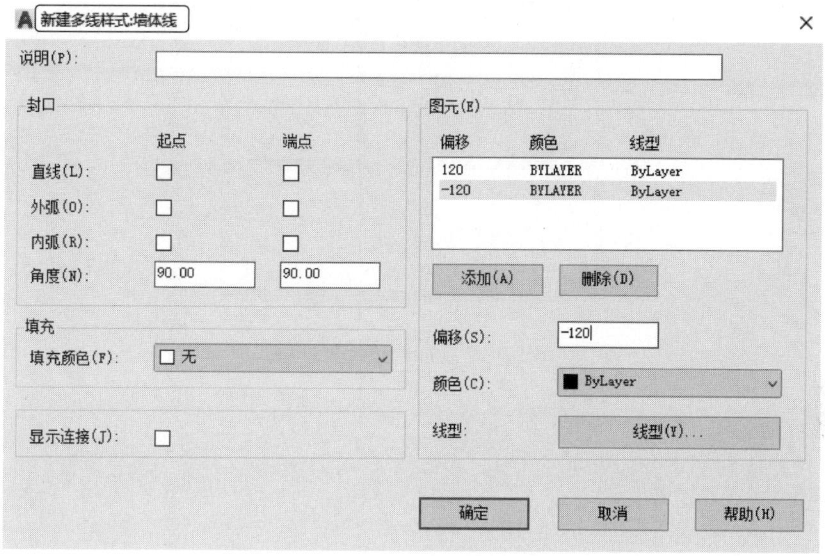

图 2-59　设置多线样式

（3）选择菜单栏中的"绘图"→"多线"命令，绘制多线墙体。命令行提示与操作如下：

```
命令：MLINE↙
当前设置：对正 = 上,比例 = 20.00,样式 = STANDARD
指定起点或 [对正(J)/比例(S)/样式(ST)]：S↙
输入多线比例 <20.00>：1↙
当前设置：对正 = 上,比例 = 1.00,样式 = STANDARD
指定起点或 [对正(J)/比例(S)/样式(ST)]：J↙
输入对正类型 [上(T)/无(Z)/下(B)] <上>：Z↙
当前设置：对正 = 无,比例 = 1.00,样式 = STANDARD
指定起点或 [对正(J)/比例(S)/样式(ST)]：(在绘制的辅助线交点上指定一点)
指定下一个点：(在绘制的辅助线交点上指定下一个点)
指定下一个点或 [放弃(U)]：(在绘制的辅助线交点上指定下一个点)
指定下一个点或 [闭合(C)/放弃(U)]：(在绘制的辅助线交点上指定下一个点)
指定下一个点或 [闭合(C)/放弃(U)]：C↙
```

采用相同方法，根据辅助线网格绘制多线，绘制结果如图 2-60 所示。

（4）选择菜单栏中的"修改"→"对象"→"多线"命令，打开"多线编辑工具"对话框，如图 2-54 所示。选择其中的"T 形合并"选项，返回到绘图区域。命令行提示与操作如下：

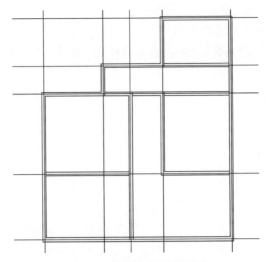

图 2-60　全部多线绘制结果

```
命令：MLEDIT✓
选择第一条多线：(选择多线)
选择第二条多线：(选择多线)
选择第一条多线或[放弃(U)]：(选择多线)
选择第一条多线或[放弃(U)]：✓
```

采用同样的方法继续进行多线编辑，最终结果如图 2-55 所示。

（5）单击快速访问工具栏中的"保存"按钮 💾，保存图形。命令行提示与操作如下：

```
命令：SAVEAS✓（将绘制完成的图形以"墙体.dwg"为文件名保存在指定的路径中）
```

2.5　实例精讲——绘制小屋

 练习目标

本实例绘制如图 2-61 所示的小屋。

 设计思路

大体思路是：首先绘制小屋的框架，然后绘制门窗，最后填充小屋。绘制过程中应熟练掌握二维绘图命令的运用。

 操作步骤

图 2-61　绘制小屋

（1）单击"默认"选项卡"绘图"面板中的"矩形"按钮 ▭ ，绘制角点坐标为（210，160）和（400，25）的矩形。

2-10

Note

（2）单击"默认"选项卡"绘图"面板中的"直线"按钮 ╱，绘制角点坐标为（210，160）、（@80＜45）、（@190＜0）、（@135＜−90）、（400，25）的直线。

重复直线命令绘制坐标为（400，25）、（@80＜45）的另一直线。

（3）单击"默认"选项卡"绘图"面板中的"矩形"按钮 ▭，绘制角点坐标为（230，125）和（275，90）的矩形。

重复矩形命令绘制角点坐标为（335，125）和（380，90）的矩形。

（4）单击"默认"选项卡"绘图"面板中的"多段线"按钮 ⌐，在上面绘制的图形内绘制连续多段线。命令行提示与操作如下：

```
命令:PL↙
指定起点:288,25 ↙
当前线宽为 0.0000
指定下一个点或 [圆弧(A)/闭合(C)/半宽(H)/长度(L)/放弃(U)/宽度(W)]:288,76 ↙
指定下一个点或 [圆弧(A)/闭合(C)/半宽(H)/长度(L)/放弃(U)/宽度(W)]:A↙
指定圆弧的端点(按住 Ctrl 键以切换方向)或[角度(A)/圆心(CE)/闭合(CL)/方向(D)/半宽(H)/
直线(L)/半径(R)/第二点(S)/放弃(U)/宽度(W)]:a↙(用给定圆弧的包角方式画圆弧)
指定夹角(按住 Ctrl 键以切换方向):−180↙(包角值为负,则顺时针画圆弧;反之,则逆时针画
圆弧)
指定圆弧的端点(按住 Ctrl 键以切换方向)或 [角度(A)/长度(L)]:322,76 ↙(给出圆弧端点的
坐标值)
指定圆弧的端点(按住 Ctrl 键以切换方向)或[角度(A)/圆心(CE)/闭合(CL)/方向(D)/半宽(H)/
直线(L)/半径(R)/第二点(S)/放弃(U)/宽度(W)]:1↙
指定下一个点或 [圆弧(A)/闭合(C)/半宽(H)/长度(L)/放弃(U)/宽度(W)]:@51＜−90 ↙
指定下一个点或 [圆弧(A)/闭合(C)/半宽(H)/长度(L)/放弃(U)/宽度(W)]:↙
```

（5）单击"默认"选项卡"绘图"面板中的"图案填充"按钮 ▨，选择上步绘制完成的图形为填充区域对其进行填充操作,命令行提示与操作如下：

```
命令: BHATCH↙(选择预定义的 GRASS 图案,角度为 0,比例为 1,填充屋顶小草)
选择内部点:(单击"添加:拾取点"按钮,用鼠标在屋顶内拾取一点,如图 2-62 所示的点 1)
```

重复"图案填充"命令,选择预定义的 ANGLE 图案,设置角度为 0,比例为 1,拾取如图 2-63 所示点 2、点 3 两个位置的点为填充区域将窗户进行填充。

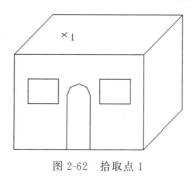

图 2-62　拾取点 1

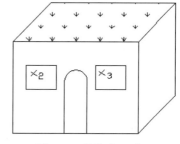

图 2-63　拾取点 2、点 3

（6）重复执行"图案填充"命令,选择预定义的 BRSTONE 图案,角度为 0,比例为 0.25,拾取如图 2-64 所示点 4 位置的点填充小屋前面的砖墙。

（7）重复执行"图案填充"命令,拾取如图 2-65 所示点 5 位置的点填充小屋前面的

砖墙。最终结果如图 2-61 所示。

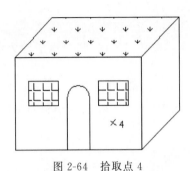

图 2-64　拾取点 4

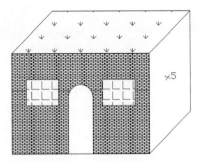

图 2-65　拾取点 5

2.6　上机实验

实验 1　绘制水池灯。

1．目的要求

如图 2-66 所示,本例图形涉及的命令主要是"圆"命令。希望读者通过本实验灵活掌握圆的绘制方法。

2．操作提示

（1）绘制同心圆。

（2）绘制直线。

实验 2　绘制水盆。

1．目的要求

如图 2-67 所示,本例图形涉及各种命令。为了做到准确无误,读者需要灵活掌握各种命令的绘制方法。

2．操作提示

（1）分别利用"直线""矩形"和"圆"命令绘制水龙头。

（2）分别利用"椭圆""椭圆弧"和"圆弧"命令绘制水盆。

图 2-66　水池灯

图 2-67　水盆

第**3**章

基本绘图工具

本章导读

为了快捷、准确地绘制图形,AutoCAD 提供了多种必要的和辅助的绘图工具,如工具栏、对象选择工具、对象捕捉工具、栅格和正交模式等。利用这些工具,用户可以方便、迅速、准确地实现图形的绘制和编辑,不仅可以提高工作效率,而且能更好地保证图形的质量。本章内容主要包括捕捉、栅格、正交、对象捕捉、对象追踪、极轴、动态输入图形的缩放和平移,以及布局与模型等。

学习要点

- ◆ 精确定位工具
- ◆ 对象捕捉
- ◆ 图层的线型
- ◆ 对象约束

3.1 精确定位工具

精确定位工具是指能够帮助用户快速准确地定位某些特殊点（如端点、中点、圆心等）和特殊位置（如水平位置、垂直位置）的工具，包括"坐标""模型空间""栅格""捕捉模式"等30个功能按钮，如图3-1所示。

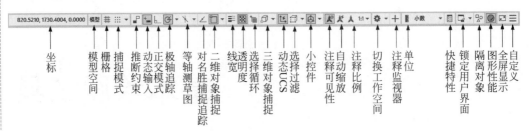

图3-1　状态栏按钮

3.1.1　正交模式

在使用AutoCAD绘图的过程中，经常需要绘制水平直线和垂直直线，但是用鼠标拾取线段端点的方式很难保证两个点严格沿水平或垂直方向。为此，AutoCAD提供了正交功能，当启用正交模式，画线或移动对象时，只能沿水平方向或垂直方向移动光标，因此只能画平行于坐标轴的正交线段。

1．执行方式

命令行：ORTHO。

状态栏：单击状态栏中的"正交模式"按钮 ┗ 。

快捷键：F8。

2．操作步骤

命令：ORTHO↙
输入模式 [开(ON)/关(OFF)] <开>：(设置开或关)

3.1.2　栅格工具

用户可以应用栅格工具使绘图区上出现可见的网格，它是一个形象的画图工具，就像传统的坐标纸一样。本节介绍控制栅格的显示及设置栅格参数的方法。

1．执行方式

菜单栏：选择菜单栏中的"工具"→"绘图设置"命令。

状态栏：单击状态栏中的"栅格显示"按钮 ▦（仅限于打开与关闭）。

快捷键：F7（仅限于打开与关闭）。

2．操作步骤

执行上述命令后，系统打开"草图设置"对话框，并切换到"捕捉和栅格"选项卡，如图 3-2 所示。

图 3-2　"草图设置"对话框

在图 3-2 所示的"草图设置"对话框的"捕捉和栅格"选项卡中，"启用栅格"复选框用来控制是否显示栅格。"栅格 X 轴间距"文本框和"栅格 Y 轴间距"文本框用来设置栅格在水平与垂直方向的间距，如果"栅格 X 轴间距"和"栅格 Y 轴间距"设置为 0，则 AutoCAD 会自动将捕捉栅格间距应用于栅格，且栅格的原点和角度总是与捕捉栅格的原点和角度相同。还可以通过 Grid 命令在命令行设置栅格间距。此处不再赘述。

说明：在"栅格 X 轴间距"和"栅格 Y 轴间距"文本框中输入数值时，若在"栅格 X 轴间距"文本框中输入一个数值后按 Enter 键，则 AutoCAD 会自动传送这个值给"栅格 Y 轴间距"，这样可减少工作量。

3.1.3　捕捉工具

为了准确地在屏幕上捕捉点，AutoCAD 提供了捕捉工具，它可以在屏幕上生成一个隐含的栅格（捕捉栅格），这个栅格能够捕捉光标，并且约束它只能落在栅格的某一个节点上，使用户能够高精确度地捕捉和选择这个栅格上的点。本节介绍捕捉栅格的参数设置方法。

1．执行方式

菜单栏：选择菜单栏中的"工具"→"绘图设置"命令。

状态栏：单击状态栏中的"捕捉模式"按钮 ▦（仅限于打开与关闭）。

快捷键：F9（仅限于打开与关闭）。

Note

2. 操作步骤

执行上述命令后,系统打开"草图设置"对话框,并切换到"捕捉和栅格"选项卡,如图 3-2 所示。

3. 选项说明

"捕捉工具"命令各选项的含义如表 3-1 所示。

表 3-1 "捕捉工具"命令各选项含义

选 项	含 义
"启用捕捉"复选框	控制捕捉功能的开关,与 F9 快捷键和状态栏上的"捕捉"功能相同
"捕捉间距"选项组	设置捕捉的各参数。其中"捕捉 X 轴间距"文本框与"捕捉 Y 轴间距"文本框用来确定捕捉栅格点在水平与垂直两个方向上的间距
"捕捉类型"选项组	确定捕捉类型和样式。AutoCAD 提供了两种捕捉栅格的方式:"栅格捕捉"和"极轴捕捉"。"栅格捕捉"是指按正交位置捕捉位置点,而"极轴捕捉"则可以根据设置的任意极轴角来捕捉位置点。 "栅格捕捉"又分为"矩形捕捉"和"等轴测捕捉"两种方式。在"矩形捕捉"方式下,捕捉栅格是标准的矩形;在"等轴测捕捉"方式下,捕捉栅格和光标十字线不再互相垂直,而是成绘制等轴测图时的特定角度,这种方式对于绘制等轴测图是十分方便的
"极轴间距"选项组	该选项组只有在"极轴捕捉"类型时才可用。可在"极轴距离"文本框中输入距离值。 也可以通过命令行命令 SNAP 设置捕捉的有关参数

3.2 对 象 捕 捉

在利用 AutoCAD 画图时,经常用到一些特殊的点,如圆心、切点、线段或圆弧的端点、中点等,如果用鼠标拾取,准确地找到这些点是十分困难的。为此,AutoCAD 提供了一些识别这些点的工具,通过这些工具可以很容易地构造新的几何体,精确地画出创建的对象,其结果比传统的手工绘图更精确,更容易维护。在 AutoCAD 中,这种功能称为对象捕捉功能。

3.2.1 特殊位置点捕捉

在使用 AutoCAD 绘制图形时,有时需要指定一些特殊位置的点,例如圆心、端点、中点、平行线上的点等,这些点如表 3-2 所示。可以通过对象捕捉功能来捕捉这些点。

表 3-2 特殊位置点捕捉

捕 捉 模 式	功 能
临时追踪点	建立临时追踪点
两点之间的中点	捕捉两个独立点之间的中点

续表

捕 捉 模 式	功　　　能
自	建立一个临时参考点,作为指出后继点的基点
点过滤器	由坐标选择点
端点	线段或圆弧的端点
中点	线段或圆弧的中点
交点	线、圆弧或圆等的交点
外观交点	图形对象在视图平面上的交点
延长线	指定对象的延伸线
象限点	距光标最近的圆或圆弧上可见部分的象限点,即圆周上 0°、90°、180°、270°位置上的点
切点	最后生成的一个点到选中的圆或圆弧上引切线的切点位置
垂足	在线段、圆、圆弧或它们的延长线上捕捉一个点,使之与最后生成的点的连线与该线段、圆或圆弧正交
平行线	绘制与指定对象平行的图形对象
节点	捕捉用 Point 或 Divide 等命令生成的点
插入点	文本对象和图块的插入点
最近点	离拾取点最近的线段、圆、圆弧等对象上的点
无	关闭对象捕捉模式
对象捕捉设置	设置对象捕捉

AutoCAD 提供了命令行、工具栏和快捷菜单 3 种执行特殊点对象捕捉的方法。

1．命令行方式

绘图时,当命令行提示输入一点时,输入相应特殊位置点的命令,如表 3-2 所示,然后根据提示操作即可。

2．工具栏方式

使用如图 3-3 所示的"对象捕捉"工具栏,可以使用户更方便地实现捕捉点的目的。当命令行提示输入一点时,单击"对象捕捉"工具栏上相应的按钮,当把光标放在某一图标上时,会显示出该图标功能的提示,然后根据提示操作即可。

图 3-3 "对象捕捉"工具栏

3．快捷菜单方式

快捷菜单可通过同时按 Shift 键和鼠标右键来激活,菜单中列出了 AutoCAD 提供的对象捕捉模式,如图 3-4 所示。其操作方法与工具栏相似,只要在命令行提示输入一点时,单击快捷菜单上相应的菜单项,然后按提示操作即可。

3.2.2　对象捕捉设置

在使用 AutoCAD 绘图之前,可以根据需要,事先设置并运行一些对象捕捉模式。绘图时,AutoCAD 能自动捕捉这些特殊点,从而加快绘图速度,提高绘图质量。

1．执行方式

命令行：DDOSNAP。

菜单栏：选择菜单栏中的"工具"→"绘图设置"命令。

工具栏：单击"对象捕捉"工具栏中的"对象捕捉设置"按钮 🔒。

状态栏：单击状态栏中的"对象捕捉"按钮 ⬚（仅限于打开与关闭）。

快捷键：F3（功能仅限于打开与关闭）。

快捷菜单：选择快捷菜单中的"对象捕捉设置"命令（图 3-4）。

2．操作步骤

命令：DDOSNAP ↙

执行上述命令后，系统打开"草图设置"对话框，切换到"对象捕捉"选项卡，如图 3-5 所示。利用此选项卡可以对对象捕捉方式进行设置。

图 3-4　对象捕捉快捷菜单

图 3-5　"草图设置"对话框的"对象捕捉"选项卡

3．选项说明

"对象捕捉设置"命令各选项的含义如表 3-3 所示。

表 3-3　"对象捕捉设置"命令各选项含义

选　　项	含　　义
"启用对象捕捉"复选框	打开或关闭对象捕捉方式。当选中此复选框时，在"对象捕捉模式"选项组中选中的捕捉模式处于激活状态
"启用对象捕捉追踪"复选框	打开或关闭自动追踪功能
"对象捕捉模式"选项组	此选项组中列出各种捕捉模式的复选框，选中某复选框，则表示该模式被激活。单击"全部清除"按钮，则所有模式均被清除。单击"全部选择"按钮，则所有模式均被选中。 另外，在对话框的左下角有一个"选项（T）"按钮，单击它可打开"选项"对话框的"草图"选项卡，利用该选项卡可进行对象捕捉模式的各项设置

3.2.3　基点捕捉

在绘制图形时,有时需要指定以某个点为基点的一个点。这时,可以利用基点捕捉功能来捕捉此点。基点捕捉要求确定一个临时参考点作为指定后继点的基点,此参考点通常与其他对象捕捉模式及相关坐标联合使用。

1. 执行方式

命令行:FROM。

快捷菜单:选择快捷菜单中的"自"命令(图 3-4)。

2. 操作步骤

当在输入一点的提示下输入 FROM 后,命令行提示:

> 基点:(指定一个基点)
> <偏移>:(输入相对于基点的偏移量)

得到一个点,这个点与基点之间的坐标差为指定的偏移量。

说明:在"<偏移>:"提示后输入的坐标必须是相对坐标,如(@10,15)等。

3.2.4　上机练习——按基点绘制线段

练习目标

绘制一条从点(45,45)到点(80,120)的线段。

设计思路

利用直线命令并结合 FROM 命令绘制所需直线。

**操作步骤**

单击"默认"选项卡"绘图"面板中的"直线"按钮 ╱,绘制一条从点(45,45)到点(80,120)的线段。命令行提示与操作如下:

> 命令:LINE↙
> 指定第一个点:45,45↙
> 指定下一点或[放弃(U)]:FROM↙
> 基点:100,100↙
> <偏移>:@-20,20↙
> 指定下一点或[放弃(U)]:↙

结果绘制出从点(45,45)到点(80,120)的一条线段。

3.2.5　点过滤器捕捉

利用点过滤器捕捉,可以由一个点的 X 坐标和另一个点的 Y 坐标确定一个新点。在"指定下一点或[放弃(U)]:"提示下选择此项(在快捷菜单中选择,如图 3-4 所示),

3-1

3-2

AutoCAD 提示：

> .X 于:(指定一个点)
> (需要 YZ):(指定另一个点)

则新建的点具有第一个点的 X 坐标和第二个点的 Y 坐标。

3.2.6　上机练习——通过过滤器绘制线段

 练习目标

绘制一条从点(45,45)到点(80,120)的线段。

 设计思路

利用直线命令并结合点的过滤器功能绘制线段。

 操作步骤

单击"默认"选项卡"绘图"面板中的"直线"按钮 ╱,绘制一条从点(45,45)到点(80,120)的线段。命令行提示与操作如下：

> 命令: LINE↙
> 指定第一个点: 45,45↙
> 指定下一点或 [放弃(U)].X 于:80,100:(按住键盘上的 Shift 键并右击,在弹出的快捷菜单中选择"点过滤器"→.x.X 命令)
> (需要 YZ):100,120↙
> 指定下一点或 [放弃(U)]:↙

结果绘制出从点(45,45)到点(80,120)的一条线段。

3.3　对象追踪

对象追踪是指按指定角度或与其他对象的指定关系绘制对象。可以结合对象捕捉功能进行自动追踪,也可以指定临时点进行临时追踪。

3.3.1　自动追踪

利用自动追踪功能可以对齐路径,有助于以精确的位置和角度来创建对象。自动追踪包括两种追踪方式:"极轴追踪"和"对象捕捉追踪"。"极轴追踪"是指按指定的极轴角或极轴角的倍数来对齐要指定点的路径;"对象捕捉追踪"是指以捕捉到的特殊位置点为基点,按指定的极轴角或极轴角的倍数来对齐要指定点的路径。

"极轴追踪"必须配合"极轴"功能和"对象追踪"功能一起使用,即同时打开状态栏上的"极轴追踪"功能开关和"对象追踪"功能开关;"对象捕捉追踪"必须配合"对象捕捉"功能和"对象追踪"功能一起使用,即同时打开状态栏上的"对象捕捉"功能开关和"对象追踪"功能开关。

1. 对象捕捉追踪设置

1) 执行方式

命令行：DDOSNAP。

菜单栏：选择菜单栏中的"工具"→"绘图设置"命令。

工具栏：单击"对象捕捉"工具栏中的"对象捕捉设置"按钮 。

状态栏：单击状态栏中的"对象捕捉"按钮 和"对象捕捉追踪"按钮 。

快捷键：F11。

快捷菜单：选择快捷菜单中的"对象捕捉设置"命令。

2) 操作步骤

按照上述执行方式进行操作或者在"对象捕捉"开关或"对象追踪"开关上右击,在弹出的快捷菜单中选择"对象捕捉设置"或"对象捕捉追踪设置"命令,打开如图 3-5 所示的"草图设置"对话框的"对象捕捉"选项卡,选中"启用对象捕捉追踪"复选框,即完成了对象捕捉追踪设置。

2. 极轴追踪设置

1) 执行方式

命令行：DDOSNAP。

菜单栏：选择菜单栏中的"工具"→"绘图设置"命令。

工具栏：单击"对象捕捉"工具栏中的"对象捕捉设置"按钮 。

状态栏：对象捕捉+极轴追踪。

快捷键：F10。

2) 操作步骤

按照上述执行方式进行操作或者在"极轴追踪"开关上右击,在弹出的快捷菜单中选择"正在追踪设置"命令,打开如图 3-6 所示的"草图设置"对话框的"极轴追踪"选项卡。

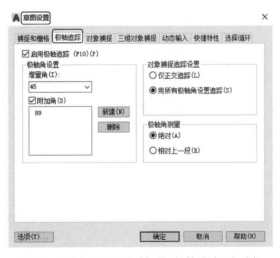

图 3-6 "草图设置"对话框的"极轴追踪"选项卡

3）选项说明

"自动追踪"命令各选项的含义如表 3-4 所示。

表 3-4 "自动追踪"命令各选项含义

选　　项	含　　义
"启用极轴追踪"复选框	选中该复选框,即启用极轴追踪功能
"极轴角设置"选项组	设置极轴角的值。可以在"增量角"下拉列表框中选择一个角度值。也可选中"附加角"复选框,单击"新建"按钮设置任意附加角。系统在进行极轴追踪时,同时追踪增量角和附加角,可以设置多个附加角
"对象捕捉追踪设置"选项组和"极轴角测量"选项组	按界面提示设置选择相应的单选按钮

3.3.2　上机练习——特殊位置线段的绘制

练习目标

绘制特殊位置的直线。

设计思路

利用直线命令并结合对象捕捉和对象追踪来绘制所需的直线。

操作步骤

绘制一条线段,使该线段的一个端点与另一条线段的端点在同一条水平线上。

（1）单击状态栏中的"对象捕捉"按钮 □ 和"对象捕捉追踪"按钮 ∠,启动对象捕捉追踪功能。

（2）单击"默认"选项卡"绘图"面板中的"直线"按钮 ∕,绘制一条线段。

（3）单击"默认"选项卡"绘图"面板中的"直线"按钮 ∕,绘制第二条线段。命令行提示与操作如下：

```
命令：LINE↙
指定第一个点:(指定点 1,如图 3-7(a)所示)
指定下一点或 [退出(E)/放弃(U)]:(将光标移动到点 2 处,系统自动捕捉到第一条直线的端点 2,如图 3-7(b)所示.系统显示一条虚线为追踪线,移动光标,在追踪线的适当位置指定点 3,如图 3-7(c)所示 )
指定下一点或 [闭合(C)/放弃(U)]：↙
```

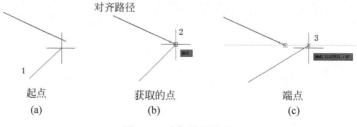

对齐路径		
起点	获取的点	端点
(a)	(b)	(c)

图 3-7　对象捕捉追踪

3.3.3 临时追踪

绘制图形对象时,除了可以进行自动追踪外,还可以指定临时点作为基点进行临时追踪。

在命令行提示输入点时,输入 TT,或打开右键快捷菜单,如图 3-4 所示,选择"临时追踪点"命令,然后指定一个临时追踪点,该点上将出现一个小的加号"＋"。移动光标时,相对于这个临时点将显示临时追踪对齐路径。要删除此点,应将光标移回到加号"＋"上面。

3.3.4 上机练习——通过临时追踪绘制线段

 练习目标

通过临时追踪绘制线段。

 设计思路

首先绘制一个点,然后通过临时追踪绘制一条线段。

 **操作步骤**

绘制一条线段,使其一个端点与一个已知点处于同一水平线上。

（1）单击状态栏上的"对象捕捉"开关,并打开如图 3-6 所示的"草图设置"对话框的"极轴追踪"选项卡,将"增量角"设置为 90,将对象捕捉追踪设置为"仅正交追踪"。

（2）单击"默认"选项卡"绘图"面板中的"多点"按钮∴,在图中绘制一个点,并设置点的样式。

（3）单击"默认"选项卡"绘图"面板中的"直线"按钮╱,绘制直线。命令行提示与操作如下:

```
命令: LINE↙
指定第一个点:(适当指定一点)
指定下一点或 [放弃(U)]: TT↙
指定临时对象追踪点:(捕捉左边的点,该点显示一个"＋"号,移动鼠标,显示追踪线,如图 3-8 所示)
指定下一点或 [放弃(U)]:(在追踪线上适当位置指定一点)
指定下一点或 [放弃(U)]:↙
```

结果如图 3-9 所示。

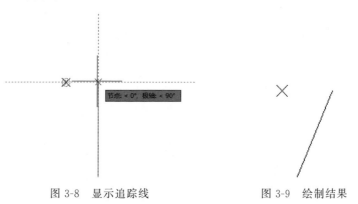

图 3-8　显示追踪线　　　　　　　图 3-9　绘制结果

3.4 设置图层

图层的概念类似于投影片。将不同属性的对象分别画在不同的图层(投影片)上，例如将图形的主要线段、中心线、尺寸标注等分别画在不同的图层上，每个图层可设定不同的线型、线条颜色，然后把不同的图层堆叠在一起成为一张完整的视图，如此可使视图层次分明、有条理，方便图形对象的编辑与管理。一个完整的图形就是将所包含的所有图层上的对象叠加在一起，如图 3-10 所示。

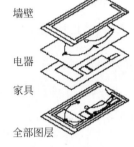

在用图层功能绘图之前，首先要对图层的各项特性进行设置，包括建立和命名图层，设置当前图层，设置图层的颜色和线型，图层是否关闭、是否冻结、是否锁定，以及图层删除等。本节主要对图层的这些相关操作进行介绍。

图 3-10　图层效果

3.4.1　利用选项板设置图层

AutoCAD 2022 提供了详细直观的"图层特性管理器"选项板，用户可以方便地通过对该选项板中的各选项卡及其二级对话框进行图层设置，从而实现建立新图层、设置图层颜色及线型等各种操作。

1. 执行方式

命令行：LAYER。

菜单栏：选择菜单栏中的"格式"→"图层"命令。

工具栏：单击"图层"工具栏中的"图层特性管理器"按钮。

功能区：单击"默认"选项卡"图层"面板中的"图层特性"按钮，或单击"视图"选项卡"选项板"面板中的"图层特性"按钮。

2. 操作步骤

命令：LAYER↙

执行上述命令后，系统打开如图 3-11 所示的"图层特性管理器"选项板。

图 3-11　"图层特性管理器"选项板

3. 选项说明

"利用对话框设置图层"命令各选项的含义如表 3-5 所示。

表 3-5 "利用对话框设置图层"命令各选项含义

选 项	含 义	
"新建特性过滤器"按钮	单击此按钮,打开"图层过滤器特性"对话框,如图 3-12 所示。从中可以基于一个或多个图层特性创建图层过滤器	
"新建组过滤器"按钮	单击此按钮,创建一个图层过滤器,其中包含用户选定并添加到该过滤器的图层	
"图层状态管理器"按钮	单击此按钮,打开"图层状态管理器"对话框,如图 3-13 所示。从中可以将图层的当前特性设置保存到命名图层状态中,以后可以恢复这些设置	
"新建图层"按钮	建立新图层。单击此按钮,图层列表中会出现一个新的图层名字"图层 1",用户可使用此名字,也可改名。要想同时产生多个图层,可在选中一个图层名后,输入多个名字,各名字之间以逗号分隔。图层的名字可以包含字母、数字、空格和特殊符号,AutoCAD 支持长达 255 个字符的图层名字。新的图层继承了建立新图层时所选中的图层的所有已有特性(颜色、线型、ON/OFF 状态等),如果建立新图层时没有图层被选中,则新的图层具有默认的设置	
"删除图层"按钮	删除所选图层。在图层列表中选中某一图层,然后单击此按钮,则把该图层删除	
"置为当前"按钮	设置所选图层为当前图层。在图层列表中选中某一图层,然后单击此按钮,则把该图层设置为当前图层,并在"当前图层"一栏中显示其名字。当前图层的名字被存储在系统变量 CLAYER 中。另外,双击图层名也可把该图层设置为当前图层	
"搜索图层"文本框	输入字符后,按名称快速过滤图层列表。关闭图层特性管理器时,并不保存此过滤器	
"反转过滤器"复选框	选中此复选框,显示所有不满足选定的图层特性过滤器中条件的图层	
"设置"按钮	单击此按钮,打开"图层设置"对话框,如图 3-14 所示。此对话框包括"新图层通知"选项组和"对话框设置"选项组	
图层列表区	显示已有的图层及其特性。要修改某一图层的某一特性,单击它所对应的图标即可。右击空白区域或使用快捷菜单可快速选中所有图层。列表区中各列的含义如下	
	名称	显示满足条件的图层的名字。如果要对某图层进行修改,首先要选中该图层,使其逆反显示
	状态转换图标	在图层特性管理器的"名称"栏中有一列图标,移动光标到某一图标上并单击,则可以打开或关闭该图标所代表的功能,或从详细数据区中选中或取消选中关闭(/)、锁定(/)、在所有视口内冻结(/)及不打印(/)等项目,各图标说明如表 3-6 所示
	颜色	显示和改变图层的颜色。如果要改变某一图层的颜色,单击其对应的颜色图标,AutoCAD 就会打开如图 3-15 所示的"选择颜色"对话框,用户可从中选择自己需要的颜色

选 项		含 义
图层列表区	线型	显示和修改图层的线型。如果要修改某一图层的线型,则单击该图层的"线型"项,打开"选择线型"对话框,如图 3-16 所示,其中列出了当前可用的所有线型,用户可从中选取。具体内容下节详细介绍
	线宽	显示和修改图层的线宽。如果要修改某一层的线宽,可单击该层的"线宽"项,打开"线宽"对话框,如图 3-17 所示,其中列出了 AutoCAD 设定的所有线宽值,用户可从中选择。"旧的"显示行显示前面赋予图层的线宽。当建立一个新图层时,采用默认线宽(其值为 0.01in,即 0.25mm),默认线宽的值由系统变量 LWDEFAULT 设置。"新的"显示行显示当前赋予图层的线宽
	打印样式	修改图层的打印样式,所谓打印样式是指打印图形时各项属性的设置

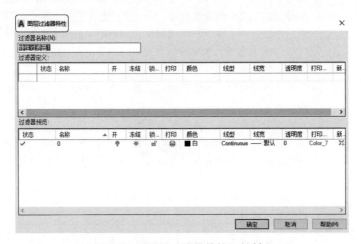

图 3-12 "图层过滤器特性"对话框

图 3-13 "图层状态管理器"对话框

图 3-14 "图层设置"对话框

表 3-6 图层列表区图标说明

图 标	名 称	功 能 说 明
💡/💡	打开/关闭	将图层设定为打开或关闭状态。当呈现关闭状态时,该图层上的所有对象将隐藏不显示,只有呈现打开状态的图层才会在屏幕上显示或由打印机打印出来。因此,绘制复杂的视图时,先将不编辑的图层暂时关闭,可降低图形的复杂性
☀/❄	解冻/冻结	将图层设定为解冻或冻结状态。当图层呈现冻结状态时,该图层上的对象均不会显示在屏幕上或由打印机打出,而且不会执行重生(REGEN)、缩放(ROOM)、平移(PAN)等命令的操作,因此若将视图中不编辑的图层暂时冻结,可加快图形编辑的速度。而 💡/💡(打开/关闭)功能只是单纯将对象隐藏,因此并不会加快执行速度。注意:当前图层不能被冻结
🔓/🔒	解锁/锁定	将图层设定为解锁或锁定状态。被锁定的图层仍然显示在屏幕上,但不能以编辑命令修改被锁定的对象,只能绘制新的对象,如此可防止重要的图形被修改
🖨/🖨	打印/不打印	设定该图层是否可以打印图形

69

图 3-15 "选择颜色"对话框

图 3-16 "选择线型"对话框

图 3-17 "线宽"对话框

3.4.2 利用面板设置图层

AutoCAD 提供了一个"特性"面板，如图 3-18 所示。用户可以通过控制和使用面板上的工具图标来快速地查看和改变所选对象的图层、颜色、线型和线宽等特性。"特性"面板上的图层、颜色、线型、线宽和打印样式的控制增强了查看和编辑对象属性的命令。在绘图屏幕上选择任何对象时，都将在面板上自动显示它所在的图层、颜色、线型等属性。下面对"特性"面板各部分的功能进行简单说明。

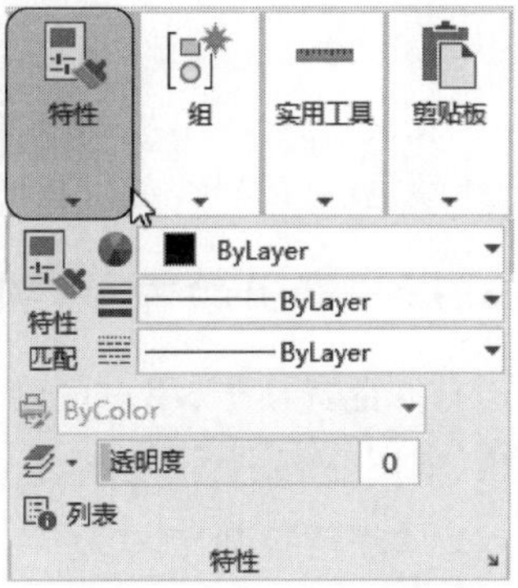

图 3-18 "特性"面板

1."颜色控制"下拉列表框

单击右侧的下三角按钮，弹出一个下拉列表，用户可从中选择一种颜色使之成为当前颜色。如果选择"选择颜色"选项，则 AutoCAD 打开"选择颜色"对话框以供用户选择其他颜色。修改当前颜色之后，不论在哪个图层上绘图都采用这种颜色，但对各个图层的颜色设置没有影响。

2."线型控制"下拉列表框

单击右侧的下三角按钮，弹出一个下拉列表，用户可从中选择一种线型使之成为当前线型。修改当前线型之后，不论在哪个图层上绘图都采用这种线型，但对各个图层的线型设置没有影响。

3."线宽"下拉列表框

单击右侧的下三角按钮，弹出一个下拉列表，用户可从中选择一种线宽使之成为当前线宽。修改当前线宽之后，不论在哪个图层上绘图都采用这种线宽，但对各个图层的线宽设置没有影响。

4."打印类型控制"下拉列表框

单击右侧的下三角按钮，弹出一个下拉列表，用户可从中选择一种打印样式使之成为当前打印样式。

3.5 设 置 颜 色

AutoCAD 绘制的图形对象都具有一定的颜色，为使绘制的图形清晰明了，可把同一类的图形对象用相同的颜色进行绘制，而使不同类的对象具有不同的颜色，以示区分。为此，需要适当地对颜色进行设置。AutoCAD 允许用户为图层设置颜色，为新建的图形对象设置当前颜色，还可以改变已有图形对象的颜色。

1.执行方式

命令行：COLOR(快捷命令：COL)。
菜单栏：选择菜单栏中的"格式"→"颜色"命令。

2. 操作步骤

命令：COLOR↙

单击相应的菜单项或在命令行输入 COLOR 命令后按 Enter 键，AutoCAD 打开"选择颜色"对话框。也可在图层操作中打开此对话框，具体方法见上节。

3.5.1　"索引颜色"选项卡

打开此选项卡，用户可以在系统所提供的 255 种颜色索引表中选择自己所需要的颜色，如图 3-15 所示。

1. "颜色索引"列表框

"颜色索引"列表框依次列出了 255 种索引色。可在此选择所需要的颜色。

2. "颜色"文本框

所选择的颜色的代号值将显示在"颜色"文本框中，也可以通过直接在该文本框中输入自己设定的代号值来选择颜色。

3. ByLayer 按钮和 ByBlock 按钮

单击这两个按钮，颜色分别按图层和图块设置。只有在设定了图层颜色和图块颜色后，这两个按钮才可以使用。

3.5.2　"真彩色"选项卡

打开"真彩色"选项卡，用户可以选择自己需要的任意颜色，如图 3-19 所示。可以通过拖动调色板中的颜色指示光标和"亮度"滑块来选择颜色及其亮度。也可以通过"色调""饱和度"和"亮度"微调框来选择需要的颜色。所选择颜色的红、绿、蓝值将显示在下面的"颜色"文本框中，也可以通过直接在该文本框中输入自己设定的红、绿、蓝值来选择颜色。

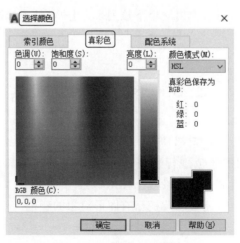

图 3-19　"真彩色"选项卡

在此选项卡的右边，有一个"颜色模式"下拉列表框，默认的颜色模式为 HSL 模式，即如图 3-19 所示的模式。如果选择 RGB 模式，则如图 3-20 所示。在该模式下选择颜色的方式与在 HSL 模式下选择颜色的方式类似。

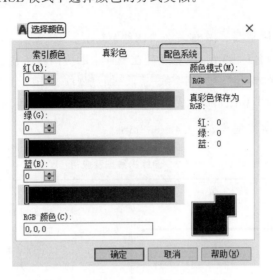

图 3-20　RGB 模式

3.5.3　"配色系统"选项卡

打开"配色系统"选项卡，用户可以从标准配色系统（比如 Pantone）中选择预定义的颜色，如图 3-21 所示。用户可以在"配色系统"下拉列表框中选择需要的系统，然后通过拖动右边的滑块来选择具体的颜色，所选择的颜色编号显示在下面的"颜色"文本框中，也可以通过直接在该文本框中输入颜色编号来选择颜色。

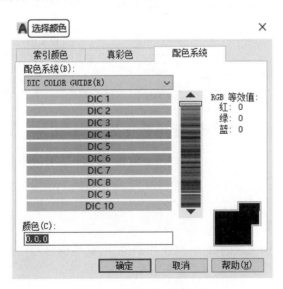

图 3-21　"配色系统"选项卡

3.6 图层的线型

在国家标准《机械制图 图样画法 图线》(GB/T 4457.4—2002)中,对机械图样中使用的各种图线的名称、线型、线宽及其在图样中的应用作了规定,如表 3-7 所示,其中常用的图线有 4 种,即粗实线、细实线、虚线、细点划线。图线分为粗、细两种,粗线的宽度 b 应按图样的大小和图形的复杂程度在 $0.5\sim2$mm 中选择,细线的宽度约为 $b/3$。

说明:标准实线宽度 $b=0.4\sim0.8$mm。

表 3-7 图线的线型及应用

名称	线型		线宽	适用范围
实线	粗	————	b	建筑平面图、剖面图、构造详图的被剖切截面的轮廓线;建筑立面图、室内立面图外轮廓线;图框线
	中	————	$0.5b$	室内设计图中被剖切的次要构件的轮廓线;室内平面图、顶棚图、立面图、家具三视图中构配件的轮廓线等
	细	————	$\leqslant0.25b$	尺寸线、图例线、索引符号、地面材料线及其他细部刻画用线
虚线	中	- - - -	$0.5b$	主要用于构造详图中不可见的实物轮廓
	细	- - - -	$\leqslant0.25b$	其他不可见的次要实物轮廓线
点划线	细	—·—·—	$\leqslant0.25b$	轴线、构配件的中心线、对称线等
折断线	细	——/\——	$\leqslant0.25b$	省画图样时的断开界限
波浪线	细	~~~~	$\leqslant0.25b$	构造层次的断开界限,有时也表示省略画出时的断开界限

3.6.1 在"图层特性管理器"选项板中设置线型

单击"默认"选项卡"图层"面板中的"图层特性"按钮,打开"图层特性管理器"选项板。在图层列表的"线型项"下单击线型名,系统打开"选择线型"对话框。该对话框中各选项的含义如下。

1."已加载的线型"列表框

显示在当前绘图中加载的线型,可供用户选用,其右侧显示出线型的外观。

2."加载"按钮

单击"加载"按钮,打开"加载或重载线型"对话框,如图 3-22 所示,用户可通过此对话框来加载线型并把它添加到线型列表中,但是加载的线型必须在线型库(LIN)文件中定义过。标准线型都保存在 acad.lin 文件中。

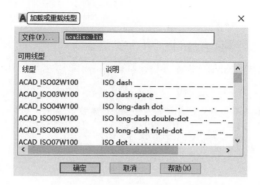

图 3-22 "加载或重载线型"对话框

3.6.2 直接设置线型

执行方式如下。

命令行：LINETYPE。

在命令行输入上述命令后，系统打开"线型管理器"对话框，如图 3-23 所示。该对话框的功能与前面介绍的相关知识相同，在此不再赘述。

图 3-23 "线型管理器"对话框

3.7 查 询 工 具

3.7.1 距离查询

1. 执行方式

命令行：MEASUREGEOM。

菜单栏：选择菜单栏中的"工具"→"查询"→"距离"命令。

工具栏：单击"查询"工具栏中的"距离"按钮 ➡。

功能区：单击"默认"选项卡"实用工具"面板中的"距离"按钮 。

2．操作步骤

```
命令:MEASUREGEOM
输入一个选项 [距离(D)/半径(R)/角度(A)/面积(AR)/体积(V)/快速(Q)/模式(M)/退出(X)] <距
离>: 距离
指定第一个点: 指定点
指定第二个点或 [多个点]:(指定第二个点或输入 m 表示多个点)
输入一个选项 [距离(D)/半径(R)/角度(A)/面积(AR)/体积(V)/快速(Q)/模式(M)/退出(X)] <距
离>: 退出
```

3．选项说明

如果使用"多个点"选项，将基于现有直线段和当前橡皮线即时计算总距离。

3.7.2　面积查询

1．执行方式

命令行：MEASUREGEOM。

菜单栏：选择菜单栏中的"工具"→"查询"→"面积"命令。

工具栏：单击"查询"工具栏中的"面积"按钮 。

功能区：单击"默认"选项卡"实用工具"面板中的"面积"按钮 。

2．操作步骤

```
命令:MEASUREGEOM
输入一个选项 [距离(D)/半径(R)/角度(A)/面积(AR)/体积(V)/快速(Q)/模式(M)/退出(X)] <距
离>: 面积
指定第一个角点或 [对象(O)/增加面积(A)/减少面积(S)/退出(X)] <对象(O)>:(选择选项)
指定下一个点或 [圆弧(A)/长度(L)/放弃(U)]:
```

3．选项说明

在工具选项板中，系统设置了一些常用图形的选项卡，以方便用户绘图。"面积查询"命令各选项的含义如表 3-8 所示。

表 3-8　"面积查询"命令各选项含义

选　项	含　义
指定角点	计算由指定点所定义的面积和周长
增加面积	打开"加"模式，并在定义区域时即时保持总面积
减少面积	从总面积中减去指定的面积

3.8　对　象　约　束

约束能够用于精确控制草图中的对象。草图约束有两种类型：几何约束和尺寸约束。

几何约束建立起草图对象的几何特性（如要求某一直线具有固定长度）或两个或更多草图对象的关系类型（如要求两条直线垂直或平行，或是几个弧具有相同的半径）。在图形区用户可以使用"参数化"选项卡内的"全部显示"、"全部隐藏"或"显示"选项来显示有关信息，并显示代表这些约束的直观标记（如图3-24所示的水平标记 ━ 和共线标记 ✓）。

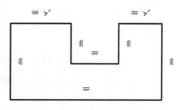

图3-24 几何约束示意图

Note

尺寸约束建立起草图对象的大小（如直线的长度、圆弧的半径等）或两个对象之间的关系（如两点之间的距离）。如图3-25所示为一带有尺寸约束的示例。

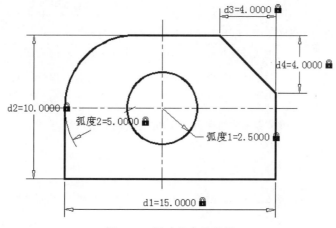

图3-25 尺寸约束示意图

3.8.1 几何约束

使用几何约束，可以指定草图对象必须遵守的条件，或草图对象之间必须维持的关系。几何约束面板及工具栏（面板在"参数化"选项卡内的"几何"面板中）如图3-26所示，其主要几何约束选项功能如表3-9所示。

图3-26 "几何约束"面板及工具栏

表3-9 特殊位置点捕捉

约 束 模 式	功 能
重合	约束两个点使其重合，或者约束一个点使其位于曲线（或曲线的延长线）上。可以使对象上的约束点与某个对象重合，也可以使其与另一对象上的约束点重合
共线	使两条或多条直线段沿同一直线方向

续表

约束模式	功能
同心	将两个圆弧、圆或椭圆约束到同一个中心点。结果与将重合约束应用于曲线的中心点所产生的结果相同
固定	将几何约束应用于一对对象时,选择对象的顺序以及选择每个对象的点可能会影响对象彼此间的放置方式
平行	使选定的直线位于彼此平行的位置。平行约束在两个对象之间应用
垂直	使选定的直线位于彼此垂直的位置。垂直约束在两个对象之间应用
水平	使直线或点对位于与当前坐标系的 X 轴平行的位置。默认选择类型为对象
竖直	使直线或点对位于与当前坐标系的 Y 轴平行的位置
相切	将两条曲线约束为保持彼此相切或其延长线保持彼此相切。相切约束在两个对象之间应用
平滑	将样条曲线约束为连续,并与其他样条曲线、直线、圆弧或多段线保持 G2 连续性
对称	使选定对象受对称约束,相对于选定直线对称
相等	将选定圆弧和圆的尺寸重新调整为半径相同,或将选定直线的尺寸重新调整为长度相同

　　绘图中可指定二维对象或对象上的点之间的几何约束。之后编辑受约束的几何图形时,将保留约束。因此,通过使用几何约束,可以在图形中包括设计要求。

　　在用 AutoCAD 绘图时,打开"约束设置"对话框,如图 3-27 所示,可以控制约束栏上显示或隐藏的几何约束类型。

1. 执行方式

命令行:CONSTRAINTSETTINGS(快捷命令:CSETTINGS)。

菜单栏:选择菜单栏中的"参数"→"约束设置"命令。

功能区:单击"参数化"选项卡"几何"面板中的"约束设置"按钮 ⌐ 。

工具栏:单击"参数化"工具栏中的"约束设置"按钮 ⌐ 。

2. 操作步骤

```
命令:CONSTRAINTSETTINGS↙
```

执行上述命令后,系统打开"约束设置"对话框,切换到"几何"选项卡,如图 3-27 所示。利用此选项卡可以控制约束栏上约束类型的显示。

3. 选项说明

"几何约束"命令各选项的含义如表 3-10 所示。

图 3-27 "约束设置"对话框的"几何"选项卡

表 3-10 "几何约束"命令各选项含义

选　项	含　义
"约束栏显示设置"选项组	此选项组控制图形编辑器中是否为对象显示约束栏或约束点标记。例如,可以为水平约束和竖直约束隐藏约束栏的显示
"全部选择"按钮	选择几何约束类型
"全部清除"按钮	清除选定的几何约束类型
"仅为处于当前平面中的对象显示约束栏"复选框	仅为当前平面上受几何约束的对象显示约束栏
"约束栏透明度"选项组	设置图形中约束栏的透明度
"将约束应用于选定对象后显示约束栏"复选框	手动应用约束后或使用 AUTOCONSTRAIN 命令时显示相关约束栏

3.8.2　尺寸约束

建立尺寸约束是限制图形几何对象的大小,方法与在草图上标注尺寸相似,同样要设置尺寸标注线,与此同时建立相应的表达式,不同的是可以在后续的编辑工作中实现尺寸的参数化驱动。标注约束面板(面板在"参数化"选项卡内的"标注"面板中)如图 3-28 所示。

图 3-28 "标注约束"面板

在生成尺寸约束时,用户可以选择草图曲线、边、基准平面或基准轴上的点,以生成水平、竖直、平行、垂直和角度尺寸。

生成尺寸约束时,系统会生成一个表达式,其名称和值显示在一个弹出的对话框文本区域中,如图 3-29 所示,用户可以接着编辑该表达式的名和值。

生成尺寸约束时,只要选中了几何体,其尺寸及其延伸线和箭头就会全部显示出来。将尺寸拖动到位,然后单击。完成尺寸约束后,用户还可以随时更改尺寸约束。只需在图形区选中该值双击,然后可以使用生成过程所采用的同一方式,编辑其名称、值或位置。

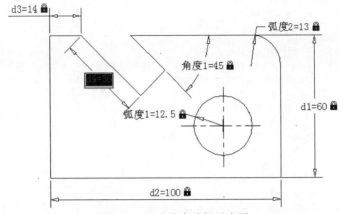

图 3-29　尺寸约束编辑示意图

　　在用 AutoCAD 绘图时,使用"约束设置"对话框内的"标注"选项卡(图 3-30),可控制显示标注约束时的系统配置。标注约束控制设计的大小和比例。它们可以约束以下内容:

　　(1) 对象之间或对象上的点之间的距离;

　　(2) 对象之间或对象上的点之间的角度。

1. 执行方式

命令行:CONSTRAINTSETTINGS(快捷命令:CSETTINGS)。

菜单栏:选择菜单栏中的"参数"→"约束设置"命令。

功能区:单击"参数化"选项卡"几何"面板中的"约束设置"按钮 ↘ 。

工具栏:单击"参数化"工具栏中的"约束设置"按钮 ☑ 。

2. 操作步骤

命令:CONSTRAINTSETTINGS ↙

　　执行上述命令后,系统打开"约束设置"对话框,切换到打开"标注"选项卡,如图 3-30所示。利用此选项卡可以控制约束栏上约束类型的显示。

图 3-30　"约束设置"对话框的"标注"选项卡

3. 选项说明

"尺寸约束"命令各选项的含义如表 3-11 所示。

表 3-11　"尺寸约束"命令各选项含义

选　　项	含　　义
"标注约束格式"选项组	由该选项组可以设置标注名称格式和锁定图标的显示
"标注名称格式"下拉列表框	为应用标注约束时显示的文字指定格式。将名称格式设置为显示：名称、值或名称和表达式。例如：宽度＝长度/2
"为注释性约束显示锁定图标"复选框	针对已应用注释性约束的对象显示锁定图标
"为选定对象显示隐藏的动态约束"复选框	显示选定时已设置为隐藏的动态约束

3.8.3　自动约束

在用 AutoCAD 绘图时，使用"约束设置"对话框中的"自动约束"选项卡，如图 3-31 所示，可将设定公差范围内的对象自动设置为相关约束。

图 3-31　"约束设置"对话框的"自动约束"选项卡

1. 执行方式

命令行：CONSTRAINTSETTINGS（快捷命令：CSETTINGS）。

菜单栏：选择菜单栏中的"参数"→"约束设置"命令。

功能区：单击"参数化"选项卡"几何"面板中的"约束设置"按钮 ⌐⌐ 。

工具栏：单击"参数化"工具栏中的"约束设置"按钮 ⌐⌐ 。

2. 操作步骤

命令：CONSTRAINTSETTINGS↙

执行上述命令后,系统打开"约束设置"对话框,切换到"自动约束"选项卡,如图 3-31 所示。利用此选项卡可以控制自动约束相关参数。

3. 选项说明

"自动约束"命令各选项的含义如表 3-12 所示。

表 3-12 "自动约束"命令各选项含义

选　项	含　义
"自动约束"列表框	显示自动约束的类型以及优先级。可以通过"上移"和"下移"按钮调整优先级的先后顺序。可以单击 ✔ 符号选择或去掉某约束类型作为自动约束类型
"相切对象必须共用同一交点"复选框	指定两条曲线必须共用一个点(在距离公差内指定)以便应用相切约束
"垂直对象必须共用同一交点"复选框	指定直线必须相交或者一条直线的端点必须与另一条直线或直线的端点重合(在距离公差内指定)
"公差"选项组	设置可接受的"距离"和"角度"公差值以确定是否可以应用约束

3-5

3.9　实例精讲——路灯杆

 练习目标

本例绘制路灯杆,绘制结果如图 3-32 所示。

 设计思路

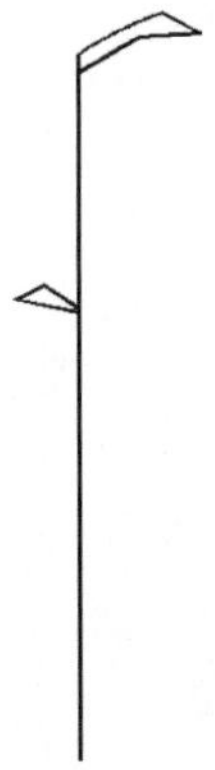

利用二维绘图和编辑命令,结合掌握的对象捕捉功能绘制路灯杆。

操作步骤

(1)单击"默认"选项卡"绘图"面板中的"多段线"按钮，绘制电灯杆。指定 A 点为起点,输入 W,设置多段线的宽为 0.05,然后垂直向上拖动鼠标,并在命令行中输入 1.4,继续垂直向上拖动鼠标,并在命令行中输入 2.6。然后垂直向上拖动鼠标,在命令行中输入 1,接着垂直向上拖动鼠标,在命令行中输入 4 和 2。按 Enter 键。完成的图形如图 3-33(a)所示。

图 3-32　路灯杆

(2)单击"默认"选项卡"绘图"面板中的"直线"按钮，指定 B 点为起点,水平向右绘制一条长为 1 的直线,然后绘制一条垂直向上、长为 0.3 的直线。

(3)单击"默认"选项卡"绘图"面板中的"直线"按钮，以刚刚绘制好的水平直线的端点为起点,水平向右绘制一条长为 0.5 的直线,然后绘制一条垂直向上长为 0.6 的直线。

(4)单击"默认"选项卡"绘图"面板中的"直线"按钮，以刚刚绘制好的 0.5 长的水平直线的右端点为起点,水平向右绘制一条长为 0.5 的直线,然后绘制一条垂直向上长为 0.35 的直线。

（5）单击"默认"选项卡"绘图"面板中的"多段线"按钮 ，绘制灯罩。指定 F 点为起点，输入 W，设置多段线的宽为 0.05，指定 D 点为第二点，指定 E 点为第三点。完成的图形如图 3-33（b）所示。

（6）单击"默认"选项卡"绘图"面板中的"多段线"按钮 ，绘制灯罩。指定 B 点为起点，输入 W，设置多段线的宽为 0.03，输入 A 来绘制圆弧。在状态栏中单击"对象捕捉"按钮 ，打开"对象捕捉"命令，指定 G 点为圆弧第二点，指定 H 点为圆弧第三点，指定 I 点为圆弧第四点，指定 E 点为圆弧第五点，完成的图形如图 3-33(c)所示。

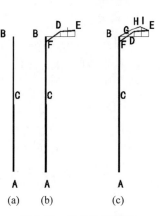

(a)   (b)   (c)

图 3-33　电杆绘制流程

（7）单击"默认"选项卡"修改"面板中的"删除"按钮 ，删除多余的直线，然后单击"默认"选项卡"绘图"面板中的"多段线"按钮 ，绘制剩余图形，结果如图 3-32 所示。

3.10　上机实验

实验 1　如图 3-34 所示，过四边形上、下边延长线交点作四边形右边的平行线。

1. 目的要求

本例要绘制的图形比较简单，但是要准确找到四边形上、下边延长线必须启用"对象捕捉"功能，捕捉延长线交点。通过本例，读者可以体会到对象捕捉功能的方便与快捷。

2. 操作提示

（1）在界面上方的工具栏区右击，从弹出的快捷菜单中选择"对象捕捉"命令，打开"对象捕捉"工具栏。

（2）利用"对象捕捉"工具栏中的"捕捉到交点"工具捕捉四边形上、下边的延长线交点作为直线起点。

（3）利用"对象捕捉"工具栏中的"捕捉到平行线"工具捕捉一点作为直线终点。

实验 2　利用对象追踪功能，在如图 3-35(a)所示的图形基础上绘制一条特殊位置直线，如图 3-35(b)所示。

图 3-34　四边形

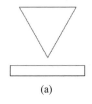 

(a)　　　　　(b)

图 3-35　绘制直线

1．目的要求

本例要绘制的图形比较简单，但是要准确找到直线的两个端点必须启用"对象捕捉"和"对象捕捉追踪"工具。通过本例，读者可以体会到对象捕捉和对象捕捉追踪功能的方便与快捷。

2．操作提示

（1）启用对象捕捉追踪与对象捕捉功能。

（2）在三角形左边延长线上捕捉一点作为直线起点。

（3）结合对象捕捉追踪与对象捕捉功能在三角形右边延长线上捕捉一点作为直线终点。

第4章

二维编辑命令

本 章 导 读

　　二维图形的编辑操作配合绘图命令的使用可以进一步完成复杂图形对象的绘制工作,并可使用户合理安排和组织图形,保证绘图准确,减少重复,因此,对编辑命令的熟练掌握和使用有助于提高设计和绘图的效率。

学 习 要 点

◆ 选择对象
◆ 删除及恢复类命令
◆ 改变位置类命令
◆ 改变几何特性类命令

4.1 选择对象

AutoCAD 2022 提供了两种编辑图形的途径。

第一种：先执行编辑命令，然后选择要编辑的对象。

第二种：先选择要编辑的对象，然后执行编辑命令。

这两种途径的执行效果是相同的，但选择对象是进行编辑的前提。AutoCAD 2022 提供了多种对象选择方法，如点取方法、用选择窗口选择对象、用选择线选择对象、用对话框选择对象等。AutoCAD 可以把选择的多个对象组成整体，如选择集和对象组，进行整体编辑与修改。

下面结合 SELECT 命令说明选择对象的方法。

SELECT 命令可以单独使用，也可以在执行其他编辑命令时被自动调用。此时屏幕提示：

> 选择对象：

等待用户以某种方式选择对象作为回答。AutoCAD 2022 提供了多种选择方式，可以输入"?"查看这些选择方式。选择选项后，出现如下提示：

> 需要点或窗口(W)/上一个(L)/窗交(C)/框(BOX)/全部(ALL)/栏选(F)/圈围(WP)/圈交(CP)/编组(G)/添加(A)/删除(R)/多个(M)/前一个(P)/放弃(U)/自动(AU)/单个(SI)/子对象(SU)/对象(O)

上面部分选项的含义如下。

1. 点

该选项表示直接通过点取的方式选择对象。用鼠标或键盘移动拾取框，使其框住要选取的对象，然后单击，就会选中该对象并以高亮度显示。

2. 窗口(W)

用由两个对角顶点确定的矩形窗口选取位于其范围内部的所有图形，与边界相交的对象不会被选中，如图 4-1 所示。在指定对角顶点时，应该按照从左向右的顺序。

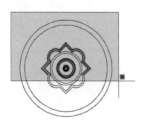 

(a) 图中深色覆盖部分为选择窗口　　　　　　(b) 选择后图形

图 4-1 "窗口"对象选择方式

3．上一个（L）

在"选择对象："提示下输入 L 后按 Enter 键，系统会自动选取最后绘出的一个对象。

4．窗交（C）

该方式与上述"窗口"方式类似，区别在于：它不但选中矩形窗口内部的对象，也选中与矩形窗口边界相交的对象。选择的对象如图 4-2 所示。

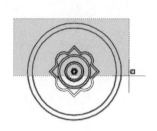

(a) 图中深色覆盖部分为选择窗口　　　　　　(b) 选择后图形

图 4-2　"窗交"对象选择方式

5．框（BOX）

使用时，系统根据用户在屏幕上给出的两个对角点的位置而自动引用"窗口"或"窗交"方式。若从左向右指定对角点，则为"窗口"方式；反之，则为"窗交"方式。

6．全部（ALL）

选取图面上的所有对象。

7．栏选（F）

用户临时绘制一些直线，这些直线不必构成封闭图形，凡是与这些直线相交的对象均被选中。绘制结果如图 4-3 所示。

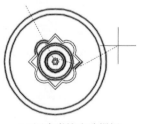

(a) 图中虚线为选择栏　　　　　　(b) 选择后的图形

图 4-3　"栏选"对象选择方式

8．圈围（WP）

使用一个不规则的多边形来选择对象。根据提示，用户顺次输入构成多边形的所有顶点的坐标，最后按 Enter 键结束操作，系统将自动连接第一个顶点到最后一个顶点的各个顶点,形成封闭的多边形。凡是被多边形围住的对象均被选中(不包括边界)。执行结果如图4-4所示。

(a) 图中十字线所拉出深色多边形为选择窗口　　(b) 选择后的图形

图4-4　"圈围"对象选择方式

9. 圈交(CP)

类似于"圈围"方式。在"选择对象:"提示后输入CP,后续操作与"圈围"方式相同。区别在于:与多边形边界相交的对象也被选中。

说明:若矩形框从左向右定义,即第一个选择的对角点为左侧的对角点,则矩形框内部的对象被选中,框外部的对象及与矩形框边界相交的对象不会被选中;若矩形框从右向左定义,则矩形框内部的对象及与矩形框边界相交的对象都会被选中。

4.2　删除及恢复类命令

这一类命令主要用于删除图形的某部分或对已被删除的部分进行恢复,包括删除、放弃、清除等命令。

4.2.1　删除命令

如果所绘制的图形不符合要求或绘错了图形,则可以使用删除命令ERASE把它删除。

1. 执行方式

命令行:ERASE(快捷命令:E)。

菜单栏:选择菜单栏中的"修改"→"删除"命令。

工具栏:单击"修改"工具栏中的"删除"按钮 。

快捷菜单:选择要删除的对象,在绘图区右击,从弹出的快捷菜单中选择"删除"命令。

功能区:单击"默认"选项卡"修改"面板中的"删除"按钮 。

2. 操作步骤

可以先选择对象,然后调用删除命令;也可以先调用删除命令,然后再选择对象。选择对象时,可以使用前面介绍的各种对象选择的方法。

当选择多个对象时,多个对象都被删除;若选择的对象属于某个对象组,则该对象组的所有对象都被删除。

4.2.2　恢复命令

若误删除了图形,则可以使用恢复命令 OOPS 恢复误删除的对象。

1. 执行方式

命令行:OOPS 或 U。

工具栏:单击"标准"工具栏中的"放弃"按钮  。

快捷键:Ctrl+Z。

2. 操作步骤

在命令行窗口的提示行上输入 OOPS,然后按 Enter 键。

4.3　对　象　编　辑

在对图形进行编辑时,还可以对图形对象本身的某些特性进行编辑,从而方便地进行图形绘制。

4.3.1　钳夹功能

利用钳夹功能可以快速方便地编辑对象。AutoCAD 在图形对象上定义了一些特殊点,称为夹点,利用夹点可以灵活地控制对象,如图 4-5 所示。

要使用钳夹功能编辑对象,必须先打开钳夹功能,打开方法:选择菜单栏中的"工具"→"选项"→"选择集"命令。

图 4-5　夹点

在"选项"对话框的"选择集"选项卡中,选中"显示夹点"复选框。在该选项卡中,还可以设置代表夹点的小方格的尺寸和颜色。也可以通过 GRIPS 系统变量来控制是否打开钳夹功能,1 代表打开,0 代表关闭。打开了钳夹功能后,应该在编辑对象之前先选择对象。夹点表示了对象的控制位置。

使用夹点编辑对象,要选择一个夹点作为基点,称为基准夹点。然后选择以下一种编辑操作:删除、移动、复制选择、旋转和缩放。可以用空格键、Enter 键或键盘上的快捷键循环选择这些功能。

下面仅以其中的拉伸对象操作为例进行介绍,其他操作与此类似。

在图形上拾取一个夹点,该夹点改变颜色,此点为夹点编辑的基准夹点。这时系统提示:

```
＊＊拉伸＊＊
指定拉伸点或 [基点(B)/复制(C)/放弃(U)/退出(X)]:
```

在上述拉伸编辑提示下输入缩放命令,或右击,选择快捷菜单中的"缩放"命令,系统就会转换为"缩放"操作,其他操作类似。

4.3.2 修改对象属性

1．执行方式

命令行：DDMODIFY 或 PROPERTIES。

菜单栏：选择菜单栏中的"修改"→"特性或工具"→"选项板"→"特性"命令。

工具栏：单击"标准"工具栏中的"特性"按钮圖。

功能区：单击"视图"选项卡"选项板"面板中的"特性"按钮圖,或单击"默认"选项卡"特性"面板中的"对话框启动器"按钮 。

2．操作步骤

执行上述命令后,AutoCAD 打开"特性"选项板,如图 4-6 所示。利用它可以方便地设置或修改对象的各种属性。

不同的对象属性种类和值不同,修改属性值,对象会改变为新的属性。

图 4-6 "特性"选项板

4.3.3 特性匹配

利用特性匹配功能可以将目标对象的属性与源对象的属性进行匹配,使目标对象的属性与源对象属性相同。利用此功能可以方便、快捷地修改对象属性,并保持不同对象的属性相同。

1．执行方式

命令行：MATCHPROP。

菜单栏：选择菜单栏中的"修改"→"特性匹配"命令。

功能区：单击"默认"选项卡"特性"面板中的"特性匹配"按钮圖。

2．操作步骤

```
命令: MATCHPROP
选择源对象: (选择源对象)
选择目标对象或 [设置(S)]: (选择目标对象)
```

图 4-7(a)所示为两个属性不同的对象,以左边的圆为源对象,对右边的矩形进行特性匹配,结果如图 4-7(b)所示。

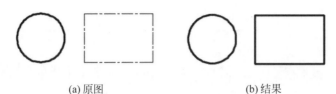

(a)原图   (b)结果

图 4-7 特性匹配

4.4 复制类命令

本节详细介绍 AutoCAD 2022 的复制类命令。利用这些复制类命令,可以方便地编辑绘制图形。

4.4.1 复制命令

1. 执行方式

命令行:COPY(快捷命令:CO)。

菜单栏:选择菜单栏中的"修改"→"复制"命令。

工具栏:单击"修改"工具栏中的"复制"按钮 ⬚ 。

快捷菜单:选中要复制的对象右击,从弹出的快捷菜单中选择"复制选择"命令。

功能区:单击"默认"选项卡"修改"面板中的"复制"按钮 ⬚ (图 4-8)。

图 4-8 "修改"面板 1

2. 操作步骤

命令:COPY
选择对象:(选择要复制的对象)

用前面介绍的对象选择方法选择一个或多个对象,按 Enter 键,结束选择操作。系统继续提示:

当前设置:复制模式 = 多个
指定基点或 [位移(D)/模式(O)] <位移>:

3. 选项说明

"复制"命令各选项的含义如表 4-1 所示。

表 4-1 "复制"命令各选项含义

选 项	含 义
指定基点	指定一个坐标点后，AutoCAD 2022 把该点作为复制对象的基点，并提示： 指定位移的第二个点或 <用第一点作位移>: 指定第二个点后，系统将根据这两点确定的位移矢量把选择的对象复制到第二点处。如果此时直接按 Enter 键，即选择默认的"用第一点作位移"，则第一个点被当作相对于 X、Y、Z 的位移。例如，如果指定基点为(2,3)并在下一个提示下按 Enter 键，则该对象从它当前的位置开始，在 X 方向上移动 2 个单位，在 Y 方向上移动 3 个单位。复制完成后，系统会继续提示： 指定位移的第二点: 这时，可以不断指定新的第二点，从而实现多重复制
位移(D)	直接输入位移值，表示以选择对象时的拾取点为基准，以拾取点坐标为移动方向，移动指定位移后所确定的点为基点。例如，选择对象时的拾取点坐标为(2,3)，输入位移为 5，则表示以(2,3)点为基准，沿纵横比为 3∶2 的方向移动 5 个单位所确定的点为基点
模式(O)	控制是否自动重复该命令。确定复制模式是单个还是多个

4.4.2 上机练习——绘制液面报警器符号

练习目标

绘制如图 4-9 所示的液面报警器符号。

设计思路

利用直线、圆和复制命令绘制液面报警器符号的大体轮廓，最后用多段线进行连接，结果如图 4-9 所示。

图 4-9 液面报警器符号

操作步骤

（1）单击"默认"选项卡"绘图"面板中的"圆"按钮 ⊙，在图形适当位置绘制一个半径为 162 的圆，如图 4-10 所示。

（2）单击"默认"选项卡"绘图"面板中的"直线"按钮 ╱，过上步绘制圆的圆心绘制对角线，如图 4-11 所示。

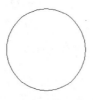

图 4-10 绘制圆

图 4-11 绘制对角线

(3) 单击"默认"选项卡"修改"面板中的"复制"按钮 ,选择上步绘制的图形为镜像对象,对其进行水平镜像。命令行提示与操作如下:

命令: COPY ↙
选择对象: (选择上步绘制图形为复制对象)
选择对象: ↙
当前设置: 复制模式 = 多个
指定基点或 [位移(D)/模式(O)] <位移>:
指定第二个点或 [阵列(A)] <使用第一个点作为位移>:
指定第二个点或 [阵列(A)/退出(E)/放弃(U)] <退出>: ↙

结果如图 4-12 所示。

图 4-12 复制对象

(4) 单击"默认"选项卡"绘图"面板中的"多段线"按钮 ,设置线宽为 50,连接上步绘制的图形,如图 4-9 所示。

4.4.3 镜像命令

镜像命令是指把选择的对象以一条镜像线为对称轴进行镜像。镜像操作完成后,可以保留源对象,也可以将其删除。

1. 执行方式

命令行: MIRROR(快捷命令: MI)。

菜单栏: 选择菜单栏中的"修改"→"镜像"命令。

工具栏: 单击"修改"工具栏中的"镜像"按钮 △。

功能区: 单击"默认"选项卡"修改"面板中的"镜像"按钮 △。

2. 操作步骤

命令:MIRROR
选择对象:(选择要镜像的对象)
选择对象:
指定镜像线的第一点:(指定镜像线的第一个点)
指定镜像线的第二点:(指定镜像线的第二个点)
要删除源对象?[是(Y)/否(N)] <否>:(确定是否删除源对象)

这两点确定一条镜像线,被选择的对象以该线为对称轴进行镜像。包含该线的镜像平面与用户坐标系的 XY 平面垂直,即镜像操作在与用户坐标系的 XY 平面平行的平面上完成。

图 4-13 旋涡泵符号

4.4.4 上机练习——绘制旋涡泵符号

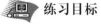 练习目标

绘制如图 4-13 所示的旋涡泵符号。

 设计思路

首先利用圆命令绘制圆,然后利用多段线和直线命令绘制左侧的图形,最后将图形进行镜像,最终完成对旋

4-2

涡泵符号的绘制。

操作步骤

（1）单击"默认"选项卡"绘图"面板中的"圆"按钮 ⊙，在图形空白位置绘制一个半径为 264 的圆。

（2）单击"默认"选项卡"绘图"面板中的"多段线"按钮 ⊃，在上步绘制的圆上绘制一条斜向多段线，如图 4-14 所示。

（3）单击"默认"选项卡"绘图"面板中的"直线"按钮 ╱，在上步绘制的多段线上绘制一条斜向直线，如图 4-15 所示。

图 4-14　绘制斜向多段线　　　　　图 4-15　绘制斜向直线

（4）单击"默认"选项卡"修改"面板中的"镜像"按钮 ◭，选择上步绘制的多段线和直线为镜像对象，对其进行镜像。命令行提示与操作如下：

```
命令：MIRROR↙
选择对象：(选择要镜像的对象)
选择对象：↙
指定镜像线的第一个点：(捕捉圆心)
指定镜像线的第二个点：(选择圆心竖直方向上一点)
要删除源对象吗?[是(Y)/否(N)] <否>:↙
```

结果如图 4-13 所示。

4.4.5　偏移命令

偏移对象是指保持选择的对象的形状，在不同的位置以不同的尺寸大小新建一个对象。

1. 执行方式

命令行：OFFSET(快捷命令：O)。

菜单栏：选择菜单栏中的"修改"→"偏移"命令。

工具栏：单击"修改"工具栏中的"偏移"按钮 ⊑ 。

功能区：单击"默认"选项卡"修改"面板中的"偏移"按钮 ⊑ 。

2. 操作步骤

```
命令：OFFSET
当前设置：删除源 = 否 图层 = 源 OFFSETGAPTYPE = 0
指定偏移距离或 [通过(T)/删除(E)/图层(L)] <通过>:(指定距离值)
```

选择要偏移的对象或［退出(E)/放弃(U)］＜退出＞:(选择要偏移的对象,按 Enter 键,结束操作)
指定要偏移的那一侧上的点或［退出(E)/多个(M)/放弃(U)］＜退出＞:(指定偏移方向)

3. 选项说明

"偏移"命令各选项的含义如表 4-2 所示。

表 4-2　"偏移"命令各选项含义

选　　项	含　　义
指定偏移距离	输入一个距离值,或按 Enter 键,使用当前的距离值,系统把该距离值作为偏移距离,如图 4-16 所示
通过(T)	指定偏移对象的通过点。选择该选项后出现如下提示: 选择要偏移的对象,或［退出(E)/放弃(U)］:(选择要偏移的对象,按 Enter 键,结束操作) 指定通过点或［退出(E)/多个(M)/放弃(U)］:(指定偏移对象的一个通过点) 操作完毕后,系统根据指定的通过点绘出偏移对象,如图 4-17 所示
删除(E)	偏移后,将源对象删除。选择该选项后出现如下提示: 要在偏移后删除源对象吗?[是(Y)/否(N)]＜否＞:
图层(L)	确定将偏移对象创建在当前图层上还是源对象所在的图层上。选择该选项后,出现如下提示: 输入偏移对象的图层选项［当前(C)/源(S)］＜源＞:

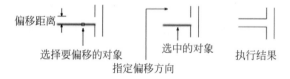

图 4-16　指定偏移对象的距离

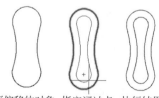

图 4-17　指定偏移对象的通过点

4-3

4.4.6 上机练习——绘制方形散流器符号

 练习目标

绘制如图 4-18 所示的方形散流器符号。

设计思路

利用矩形命令绘制同心的矩形,然后利用直线命令绘制多条斜向直线,最终完成对方形散流器符号的绘制。

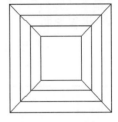

图 4-18　方形散流器符号

操作步骤

(1) 单击"默认"选项卡"绘图"面板中的"矩形"按钮 ▭ ,在图形空白位置绘制一个适当大小的矩形。

(2) 单击"默认"选项卡"修改"面板中的"偏移"按钮 ⊂ ,选择上步绘制的矩形为偏移对象连续向内进行偏移。命令行提示与操作如下:

```
命令:OFFSET↙
当前设置:删除源=否 图层=源 OFFSETGAPTYPE=0
指定偏移距离或 [通过(T)/删除(E)/图层(L)] <通过>:
选择要偏移的对象或 [退出(E)/放弃(U)] <退出>:(选择绘制的矩形)
指定通过点或 [退出(E)/多个(M)/放弃(U)] <退出>:
选择要偏移的对象或 [退出(E)/放弃(U)] <退出>:↙
```

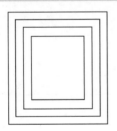

图 4-19　偏移矩形

结果如图 4-19 所示。

(3) 单击"默认"选项卡"绘图"面板中的"直线"按钮 ╱ ,在上步偏移矩形内绘制斜向直线,如图 4-18 所示。

💡 **说明**:偏移是将对象按指定的距离沿对象的垂直或法线方向进行复制。在本例中,如果采用上面设置相同的距离将斜线进行偏移,就会得到如图 4-19 所示的结果,与我们设想的结果不一样,这是初学者应该注意的地方。

4.4.7 阵列命令

阵列是指多重复制选择对象并把这些副本按矩形或环形排列。把副本按矩形排列称为建立矩形阵列,把副本按环形排列称为建立极阵列,把副本沿路径或部分路径均匀排列称为建立路径阵列。建立极阵列时,应该控制复制对象的次数和对象是否被旋转;建立矩形阵列时,应该控制行和列的数量以及对象副本之间的距离;建立路径阵列时,应该控制对象副本的数量以及对象副本之间的距离。

用该命令可以建立矩形阵列、极轴阵列(环形阵列)和路径阵列。

1. 执行方式

命令行:ARRAY(快捷命令:AR)。

菜单栏:选择菜单栏中的"修改"→"阵列"命令。

工具栏:单击"修改"工具栏中的"矩形阵列"按钮 ▦ 、"路径阵列"按钮 ⚬ 或"环形阵列"按钮 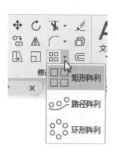。

功能区：单击"默认"选项卡"修改"面板中的"矩形阵列"按钮 、"路径阵列"按钮 或"环形阵列"按钮 （图4-20）。

图 4-20　"修改"面板

2. 操作步骤

```
命令：ARRAY
选择对象：(使用对象选择方法)
输入阵列类型[矩形(R)/路径(PA)/极轴(PO)]<矩形>：
```

Note

3. 选项说明

"阵列"命令各选项的含义如表4-3所示。

表 4-3　"阵列"命令各选项含义

选　项	含　义
矩形(R)	将选定对象的副本分布到行数、列数和层数的任意组合。选择该选项后出现如下提示： 选择夹点以编辑阵列或 [关联(AS)/基点(B)/计数(COU)/间距(S)/列数(COL)/行数(R)/层数(L)/退出(X)]<退出>：(通过夹点,调整阵列间距、列数、行数和层数；也可以分别选择各选项输入数值)
路径(PA)	沿路径或部分路径均匀分布选定对象的副本。选择该选项后出现如下提示： 选择路径曲线：(选择一条曲线作为阵列路径) 选择夹点以编辑阵列或 [关联(AS)/方法(M)/基点(B)/切向(T)/项目(I)/行(R)/层(L)/对齐项目(A)/Z方向(Z)/退出(X)]<退出>：(通过夹点,调整阵列行数和层数；也可以分别选择各选项输入数值)
极轴(PO)	在绕中心点或旋转轴的环形阵列中均匀分布对象副本。选择该选项后出现如下提示： 指定阵列的中心点或 [基点(B)/旋转轴(A)]：(选择中心点、基点或旋转轴) 选择夹点以编辑阵列或 [关联(AS)/基点(B)/项目(I)/项目间角度(A)/填充角度(F)/行(ROW)/层(L)/旋转项目(ROT)/退出(X)]<退出>：(通过夹点,调整角度,填充角度；也可以分别选择各选项输入数值)

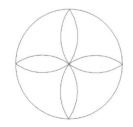

图 4-21　轴流通风机符号

4.4.8　上机练习——绘制轴流通风机符号

练习目标

绘制如图4-21所示的轴流通风机符号。

4-4

设计思路

首先利用圆命令绘制图形的轮廓,然后利用圆弧命令绘制适当半径的圆弧，最后将圆弧进行镜像，最终完成对轴流通风机符号的绘制。

操作步骤

（1）单击"默认"选项卡"绘图"面板中的"圆"按钮 ⊙ ，在图形适当位置绘制一个半径为 312 的圆。

（2）单击"默认"选项卡"绘图"面板中的"圆弧"按钮 ⌒ ，在上步绘制的圆图形内绘制两段适当半径的圆弧，如图 4-22 所示。

（3）单击"默认"选项卡"修改"面板中的"环形阵列"按钮 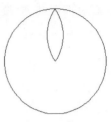 ，对上步绘制的圆弧进行环形阵列。命令行提示与操作如下：

图 4-22　绘制圆弧

```
命令：_ARRAYPOLAR
选择对象：(选择两段圆弧)
选择对象：↙
类型 = 极轴　关联 = 是
指定阵列的中心点或 [基点(B)/旋转轴(A)]：(绘制圆的圆心)
选择夹点以编辑阵列或 [关联(AS)/基点(B)/项目(I)/项目间角度(A)/填充角度(F)/行(ROW)/
层(L)/旋转项目(ROT)/退出(X)] <退出>：i↙
输入阵列中的项目数或 [表达式(E)] <6>：4↙
选择夹点以编辑阵列或 [关联(AS)/基点(B)/项目(I)/项目间角度(A)/填充角度(F)/行(ROW)/
层(L)/旋转项目(ROT)/退出(X)] <退出>：↙
```

结果如图 4-21 所示。

说明：可单击"正交""对象捕捉""对象追踪"等按钮准确绘制图线，以保持相应端点对齐。

4.5　改变位置类命令

这一类编辑命令的功能是按照指定要求改变当前图形或图形的某部分的位置，主要包括旋转、移动和缩放等命令。

4.5.1　旋转命令

1. 执行方式

命令行：ROTATE(快捷命令：RO)。

菜单栏：选择菜单栏中的"修改"→"旋转"命令。

工具栏：单击"修改"工具栏中的"旋转"按钮 ↻ 。

快捷菜单：选择要旋转的对象，在绘图区右击，从弹出的快捷菜单中选择"旋转"命令。

功能区：单击"默认"选项卡"修改"面板中的"旋转"按钮 ↻ 。

2. 操作步骤

```
命令：ROTATE
```

UCS 当前的正角方向：ANGDIR = 逆时针 ANGBASE = 0
选择对象：(选择要旋转的对象)
指定基点：(指定旋转的基点.在对象内部指定一个坐标点)
指定旋转角度或[复制(C)/参照(R)]<0>：(指定旋转角度或其他选项)

3. 选项说明

"旋转"命令各选项的含义如表 4-4 所示。

表 4-4　"旋转"命令各选项含义

选　　项	含　　义
复制(C)	选择该项，在旋转对象的同时，保留源对象，如图 4-23 所示
参照(R)	采用参照方式旋转对象时，系统提示： 指定参照角<0>：(指定要参考的角度，默认值为 0) 指定新角度或[点(P)]<0>：(输入旋转后的角度值) 操作完毕后，对象被旋转至指定的角度位置

旋转前　　　　　　　　　旋转后

图 4-23　复制旋转

 说明：可以用拖动鼠标的方法旋转对象。选择对象并指定基点后，从基点到当前光标位置会出现一条连线，鼠标选择的对象会动态地随着该连线与水平方向的夹角的变化而旋转，按 Enter 键，确认旋转操作，如图 4-24 所示。

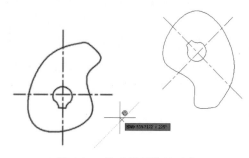

图 4-24　拖动鼠标旋转对象

4.5.2　上机练习——绘制弹簧安全阀符号

 练习目标

绘制如图 4-25 所示的弹簧安全阀符号。

Note

 设计思路

首先使用直线命令绘制竖直直线和斜向直线，然后利用多边形命令绘制三角形，最后将三角形进行复制旋转，最终完成对弹簧安全阀符号的绘制。

 操作步骤

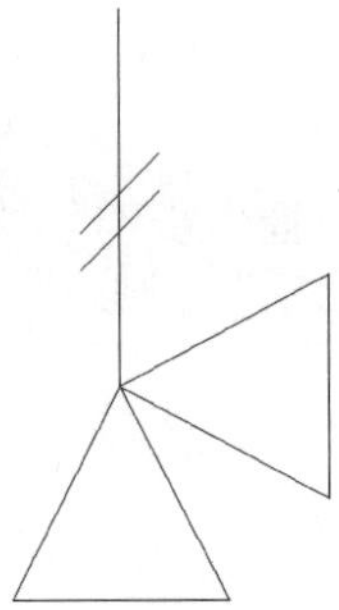

（1）单击"默认"选项卡"绘图"面板中的"直线"按钮 ╱，绘制一条竖直直线。重复"直线"命令，在竖直直线上绘制两条斜线，结果如图4-26所示。

图4-25　弹簧安全阀符号

（2）单击"默认"选项卡"绘图"面板中的"多边形"按钮 ⬠，以竖直直线的下端点为顶点绘制适当大小的三角形，结果如图4-27所示。

图4-26　绘制直线　　　　　　　图4-27　绘制三角形

（3）单击"默认"选项卡"修改"面板中的"旋转"按钮 ↻，旋转复制三角形，完成弹簧安全阀的绘制。命令行提示与操作如下：

```
命令：ROTATE↙
UCS 当前的正角方向：ANGDIR = 逆时针 ANGBASE = 0
选择对象：(选择三角形)
选择对象：↙
指定基点：(以三角形的上顶点为基点)
指定旋转角度或 [复制(C)/参照(R)] <0>：C↙
指定旋转角度或 [复制(C)/参照(R)] <0>：90↙
```

最终结果如图4-25所示。

4.5.3　移动命令

1. 执行方式

命令行：MOVE(快捷命令：M)。

菜单栏：选择菜单栏中的"修改"→"移动"命令。

工具栏：单击"修改"工具栏中的"移动"按钮 ✥。

快捷菜单：选择要复制的对象，在绘图区右击，从弹出的快捷菜单中选择"移动"

命令。

功能区：单击"默认"选项卡"修改"面板中的"移动"按钮 。

2．操作步骤

命令:MOVE

选择对象:(选择对象)

用前面介绍的对象选择方法选择要移动的对象，按 Enter 键结束选择。系统继续提示：

指定基点或位移:(指定基点或移至点)

指定基点或 [位移(D)] <位移>:(指定基点或位移)

指定第二个点或 <使用第一个点作为位移>:

此命令的选项功能与"复制"命令类似。

4.5.4 上机练习——绘制离心水泵符号

 练习目标

绘制如图 4-28 所示的离心水泵符号。

 设计思路

首先利用圆命令绘制圆，然后利用多段线和直线命令绘制带有宽度的多段线和直线，最后利用移动命令绘制剩余图形，最终结果如图 4-28 所示。

图 4-28　离心水泵符号

 操作步骤

（1）单击"默认"选项卡"绘图"面板中的"圆"按钮 ⊙，在图形适当位置绘制一个圆。

（2）单击"默认"选项卡"绘图"面板中的"多段线"按钮 ⊃，在上步图形右侧绘制连续多段线，如图 4-29 所示。

（3）单击"默认"选项卡"绘图"面板中的"直线"按钮 ╱，在上步绘制的多段线上方绘制一条水平直线，如图 4-30 所示。

图 4-29　绘制多段线

图 4-30　绘制水平直线

4-6

（4）单击"默认"选项卡"修改"面板中的"旋转"按钮 ↻ ，选择上步绘制的多段线及直线为旋转对象，以绘制圆的圆心为旋转基点对其进行旋转复制，旋转角度为90°，如图4-31所示。

（5）单击"默认"选项卡"修改"面板中的"移动"按钮 ✥ ，选择上步旋转复制后的图形为移动对象，对其进行移动。命令行提示与操作如下：

图 4-31　旋转图形

```
命令：MOVE↙
选择对象：(选择移动复制后的图形)
选择对象：↙
指定基点或 [位移(D)] <位移>：(水平多段线右端点)
指定第二个点或 <使用第一个点作为位移>：(绘制圆的圆心)
```

结果如图 4-28 所示。

4.5.5　缩放命令

1. 执行方式

命令行：SCALE(快捷命令：SC)。

菜单栏：选择菜单栏中的"修改"→"缩放"命令。

工具栏：单击"修改"工具栏中的"缩放"按钮 ⊡ 。

快捷菜单：选择要缩放的对象，在绘图区右击，从弹出的快捷菜单中选择"缩放"命令。

功能区：单击"默认"选项卡"修改"面板中的"缩放"按钮 ⊡ 。

2. 操作步骤

```
命令：SCALE
选择对象：(选择要缩放的对象)
指定基点：(指定缩放操作的基点)
指定比例因子或 [复制(C)/参照(R)] <1.0000>：
```

3. 选项说明

"缩放"命令各选项的含义如表 4-5 所示。

表 4-5　"缩放"命令各选项含义

选　项	含　义
参照(R)	采用参考方向缩放对象时，系统提示： 指定参照长度 <1>：(指定参考长度值) 指定新的长度或 [点(P)] <1.0000>：(指定新长度值) 若新长度值大于参考长度值，则放大对象；否则，缩小对象。操作完毕后，系统以指定的基点按指定的比例因子缩放对象。如果选择"点(P)"选项，则指定两点来定义新的长度

续表

选 项	含 义
指定比例因子	选择对象并指定基点后,从基点到当前光标位置会出现一条线段,线段的长度即为比例大小。鼠标选择的对象会动态地随着该连线长度的变化而缩放,按 Enter 键确认缩放操作
复制(C)	选择"复制(C)"选项时,可以复制缩放对象,即缩放对象时,保留源对象,如图 4-32 所示

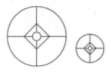

缩放前　　　　　　　　缩放后

图 4-32　复制缩放

4.6　改变几何特性类命令

这一类编辑命令在对指定对象进行编辑后,使编辑对象的几何特性发生改变,包括圆角、倒角、修剪、延伸、拉伸、拉长、打断等命令。

4.6.1　圆角命令

圆角是指用指定的半径确定的一段平滑的圆弧连接两个对象。系统规定可以圆角连接一对直线段、非圆弧的多段线、样条曲线、双向无限长线、射线、圆、圆弧和椭圆。可以在任何时刻圆角连接非圆弧多段线的每个节点。

1. 执行方式

命令行:FILLET(快捷命令:F)。
菜单栏:选择菜单栏中的"修改"→"圆角"命令。
工具栏:单击"修改"工具栏中的"圆角"按钮 。
功能区:单击"默认"选项卡"修改"面板中的"圆角"按钮 。

2. 操作步骤

```
命令:FILLET
当前设置:模式 = 修剪,半径 = 0.0000
选择第一个对象或 [放弃(U)/多段线(P)/半径(R)/修剪(T)/多个(M)]:(选择第一个对象或别的选项)
选择第二个对象,或按住 Shift 键选择对象以应用角点或 [半径(R)]:(选择第二个对象)
```

3. 选项说明

"圆角"命令各选项的含义如表 4-6 所示。

表 4-6　"圆角"命令各选项含义

选　项	含　义
多段线(P)	在一条二维多段线的两段直线段的节点处插入圆滑的弧。选择多段线后,系统会根据指定的圆弧的半径把多段线各顶点用圆滑的弧连接起来
半径(R)	定义圆角圆弧的半径。输入的值将成为后续 FILLET 命令的当前半径。修改此值并不影响现有的圆角圆弧
修剪(T)	决定在圆角连接两条边时,是否修剪这两条边,如图 4-33 所示
多个(M)	可以同时对多个对象进行圆角编辑,而不必重新起用命令
快速创建	按住 Shift 键并选择两条直线,可以快速创建零距离倒角或零半径圆角

(a)修剪方式　　　　(b)不修剪方式

图 4-33　圆角连接

4-7

4.6.2　上机练习——绘制道路平面图

 练习目标

绘制如图 4-34 所示的道路平面图。

 设计思路

首先利用直线命令绘制连续的直线,然后利用圆角命令绘制半径为 200 的半径,最终完成对道路平面图的绘制。

图 4-34　道路平面图

 操作步骤

(1)单击"默认"选项卡"绘图"面板中的"直线"按钮 ╱,在图形适当位置绘制连续直线,如图 4-35 所示。

(2)单击"默认"选项卡"修改"面板中的"圆角"按钮 ⌐,选择如图 4-34 所示的对象为圆角对象,对其进行圆角处理。命令行提示与操作如下:

```
命令:FILLET↙
当前设置:模式 = 不修剪,半径 = 0.0000
选择第一个对象或[放弃(U)/多段线(P)/半径(R)/修剪(T)/多个(M)]:r↙
指定圆角半径<0.0000>:200↙
选择第一个对象或[放弃(U)/多段线(P)/半径(R)/修剪(T)/多个(M)]:
选择第二个对象,或按住 Shift 键选择对象以应用角点或[半径(R)]:
```

结果如图 4-34 所示。

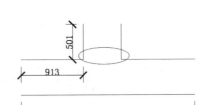

图 4-35 绘制连续直线

4.6.3 倒角命令

倒角是指用斜线连接两个不平行的线型对象。可以用斜线连接直线段、双向无限长线、射线和多段线。

1. 执行方式

命令行：CHAMFER(快捷命令：CHA)。

菜单栏：选择菜单栏中的"修改"→"倒角"命令。

工具栏：单击"修改"工具栏中的"倒角"按钮 。

功能区：单击"默认"选项卡"修改"面板中的"倒角"按钮 。

2. 操作步骤

```
命令：CHAMFER
("不修剪"模式)当前倒角距离 1 = 0.0000,距离 2 = 0.0000
选择第一条直线或 [放弃(U)/多段线(P)/距离(D)/角度(A)/修剪(T)/方式(E)/多个(M)]:(选择
第一条直线或别的选项)
选择第二条直线,或按住 Shift 键选择直线以应用角点或 [距离(D)/角度(A)/方法(M)]:(选择
第二条直线)
```

3. 选项说明

"倒角"命令各选项的含义如表 4-7 所示。

表 4-7 "倒角"命令各选项含义

选　　项	含　　义
距离(D)	选择倒角的两个斜线距离。斜线距离是指从被连接的对象与斜线的交点到被连接的两对象可能的交点之间的距离,如图 4-36 所示。这两个斜线距离可以相同也可以不相同,若二者均为 0,则系统不绘制连接的斜线,而是把两个对象延伸至相交,并修剪超出的部分
角度(A)	选择第一条直线的斜线距离和角度。采用这种方法斜线连接对象时,需要输入两个参数:斜线与一个对象的斜线距离和斜线与该对象的夹角,如图 4-37 所示
多段线(P)	对多段线的各个交叉点进行倒角编辑。为了得到最好的连接效果,一般设置斜线是相等的值。系统根据指定的斜线距离把多段线的每个交叉点都进行斜线连接,连接的斜线成为多段线新添加的构成部分,如图 4-38 所示

Note

选 项	含 义
修剪(T)	与圆角连接命令 FILLET 相同,该选项决定连接对象后是否剪切源对象
方式(E)	决定采用"距离"方式还是"角度"方式来倒角
多个(M)	同时对多个对象进行倒角编辑

图 4-36 斜线距离

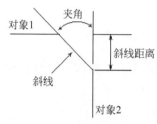

图 4-37 斜线距离与夹角

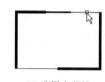 

(a) 选择多段线　　　(b) 倒角结果

图 4-38 斜线连接多段线

 说明:有时用户在执行圆角和倒角命令时,发现命令不执行或执行后没什么变化,那是因为系统默认圆角半径和斜线距离均为 0,如果不事先设定圆角半径或斜线距离,系统就以默认值执行命令,所以看起来好像没有执行命令。

4.6.4 上机练习——绘制路缘石立面

 练习目标

绘制如图 4-39 所示的路缘石立面图。

设计思路

首先利用矩形命令绘制适当大小的矩形,然后利用倒角命令绘制倒角,最终完成对路缘石立面的绘制。

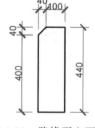

图 4-39 路缘石立面图

操作步骤

(1)将"线宽"设置为 0.3mm。单击"默认"选项卡"绘图"面板中的"矩形"按钮 囗 ,在图形适当位置绘制一个 140×440 的矩形,如图 4-40 所示。

(2)单击"默认"选项卡"修改"面板中的"倒角"按钮 ╱ ,选择上步绘制的矩形左上线段交点为圆角对象,对其进行倒角处理,倒角距离为 40。命令行提示与操作如下:

4-8

Note

```
命令: _CHAMFER↙
("不修剪"模式) 当前倒角距离 1 = 40.0000,距离 2 = 40.0000
选择第一条直线或 [放弃(U)/多段线(P)/距离(D)/角度(A)/修剪(T)/方式(E)/多个(M)]:d↙
指定第一个倒角距离 <40.0000>:↙
指定第二个倒角距离 <40.0000>:↙
选择第一条直线,或 [放弃(U)/多段线(P)/距离(D)/角度(A)/修剪(T)/方式(E)/多个(M)]:↙
选择第二条直线,或 按住 Shift 键选择直线以应用角点或 [距离(D)/角度(A)/方法(M)]:↙
```

结果如图 4-41 所示。

图 4-40　绘制矩形

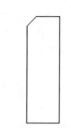
图 4-41　倒角处理

4.6.5　修剪命令

1. 执行方式

命令行: TRIM(快捷命令: TR)。

菜单栏: 选择菜单栏中的"修改"→"修剪"命令。

工具栏: 单击"修改"工具栏中的"修剪"按钮 。

功能区: 单击"默认"选项卡"修改"面板中的"修剪"按钮 。

2. 操作步骤

```
命令:TRIM
当前设置: 投影 = UCS,边 = 无
选择剪切边...
选择对象或 <全部选择>:(选择用作修剪边界的对象)
```

按 Enter 键,结束对象选择,系统提示:

```
选择要修剪的对象,或按住 Shift 键选择要延伸的对象,或[栏选(F)/窗交(C)/投影(P)/边(E)/
删除(R)/放弃(U)]:
```

3. 选项说明

"修剪"命令各选项的含义如表 4-8 所示。

表 4-8　"修剪"命令各选项含义

选　项	含　义
按 Shift 键	在选择对象时,如果按住 Shift 键,系统就自动将"修剪"命令转换成"延伸"命令。"延伸"命令将在下节介绍

续表

选　　项		含　　义
边(E)		选择此选项时,可以选择对象的修剪方式:延伸和不延伸
	延伸(E)	延伸边界进行修剪。在此方式下,如果剪切边没有与要修剪的对象相交,系统会延伸剪切边直至与要修剪的对象相交,然后再修剪,如图 4-42 所示
	不延伸(N)	不延伸边界修剪对象。只修剪与剪切边相交的对象
栏选(F)		选择此选项时,系统以栏选的方式选择被修剪对象,如图 4-43 所示
窗交(C)		选择此选项时,系统以窗交的方式选择被修剪对象 被选择的对象可以互为边界和被修剪对象,此时系统会在选择的对象中自动判断边界,如图 4-44 所示
投影(P)		指定修剪对象时使用的投影方式。"无":指定无投影。该命令只修剪与三维空间中的剪切边相交的对象。"UCS":指定在当前用户坐标系 XY 平面上的投影。该命令将修剪不与三维空间中的剪切边相交的对象。"视图":指定沿当前观察方向的投影。该命令将修剪与当前视图中的边界相交的对象

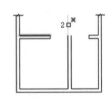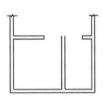

(a) 选择剪切边　　　　(b) 选择要修剪的对象　　　　(c) 修剪后的结果

图 4-42　延伸方式修剪对象

(a) 选定剪切边　　　(b) 使用栏选选定要修剪的对象　　　(c) 修剪后的结果

图 4-43　栏选选择修剪对象

(a) 使用窗交选择选定的边　　　(b) 选定要修剪的对象　　　(c) 修剪后的结果

图 4-44　窗交选择修剪对象

4.6.6　延伸命令

延伸对象是指延伸要延伸的对象直至另一个对象的边界线,如图 4-45 所示。

(a) 选择边界   (b) 选择要延伸的对   (c) 执行结果

图 4-45　延伸对象 1

1．执行方式

命令行：EXTEND(快捷命令：EX)。

菜单栏：选择菜单栏中的"修改"→"延伸"命令。

工具栏：单击"修改"工具栏中的"延伸"按钮 ⇥|。

功能区：单击"默认"选项卡"修改"面板中的"延伸"按钮 ⇥|。

2．操作步骤

```
命令:EXTEND
当前设置:投影 = UCS,边 = 无
选择边界的边...
选择对象或 <全部选择>:(选择边界对象)
```

此时可以通过选择对象来定义边界。若直接按 Enter 键,则选择所有对象作为可能的边界对象。

系统规定可以用作边界对象的对象有：直线段、射线、双向无限长线、圆弧、圆、椭圆、二维和三维多段线、样条曲线、文本、浮动的视口、区域。如果选择二维多段线作为边界对象,系统会忽略其宽度而把对象延伸至多段线的中心线上。

选择边界对象后,系统继续提示：

```
选择要延伸的对象,或按住 Shift 键选择要修剪的对象,或[栏选(F)/窗交(C)/投影(P)/边(E)/
放弃(U)]:
```

3．选项说明

"延伸"命令各选项的含义如表 4-9 所示。

表 4-9　"延伸"命令各选项含义

选　　　项	含　　　义
延伸对象	如果要延伸的对象是适配样条多段线,则延伸后会在多段线的控制框上增加新节点。如果要延伸的对象是锥形的多段线,系统会修正延伸端的宽度,使多段线从起始端平滑地延伸至新的终止端。如果延伸操作导致新终止端的宽度为负值,则取宽度值为 0,如图 4-46 所示
延伸	选择对象时,如果按住 Shift 键,系统就自动将"延伸"命令转换成"修剪"命令

(a) 选择边界对象　　　(b) 选择要延伸的多段线　　　(c) 延伸后的结果

图 4-46　延伸对象 2

4.6.7　上机练习——绘制除污器符号

练习目标

绘制如图 4-47 所示的除污器符号。

设计思路

首先利用多段线命令绘制不同大小的两个矩形,然后利用修剪命令修剪多余多段线,最后绘制两条带有宽度的相同长度的多段线,最终完成对除污器符号的绘制。

操作步骤

(1) 单击"默认"选项卡"绘图"面板中的"多段线"按钮 ⌐⊃,指定起点宽度为 0,端点宽度为 0,在图形适当位置绘制连续多段线,如图 4-48 所示。

图 4-47　除污器符号　　　　　　　图 4-48　绘制矩形

(2) 单击"默认"选项卡"绘图"面板中的"多段线"按钮 ⌐⊃,指定起点宽度为 0,端点宽度为 0,在上步图形上方绘制一个小矩形,如图 4-49 所示。

(3) 单击"默认"选项卡"修改"面板中的"修剪"按钮 ⌐,对上步绘制矩形内的多余线段进行修剪。命令行提示与操作如下:

```
命令：TRIM↙
当前设置：投影＝UCS,边＝无
选择剪切边...
选择对象或 <全部选择>:(选择大矩形)
选择要修剪的对象,或按住 Shift 键选择要延伸的对象,或[栏选(F)/窗交(C)/投影(P)/边(E)/
删除(R)/放弃(U)]:↙(选择小矩形)
```

结果如图 4-50 所示。

(4) 单击"默认"选项卡"绘图"面板中的"多段线"按钮 ⌐⊃,在上步图形两侧绘制相同长度的多段线,最终结果如图 4-47 所示。

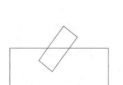
图 4-49　绘制小矩形

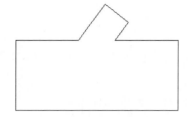
图 4-50　修剪图形

4.6.8　拉伸命令

拉伸对象是指拖拉选择对象,使其形状发生改变。拉伸对象时,应指定拉伸的基点和移至点。利用一些辅助工具如捕捉、钳夹功能及相对坐标等可以提高拉伸的精度。

1. 执行方式

命令行:STRETCH(快捷命令:S)。

菜单栏:选择菜单栏中的"修改"→"拉伸"命令。

工具栏:单击"修改"工具栏中的"拉伸"按钮。

功能区:单击"默认"选项卡"修改"面板中的"拉伸"按钮。

2. 操作步骤

> 命令:STRETCH
> 以交叉窗口或交叉多边形选择要拉伸的对象…
> 选择对象:
> 指定第一个角点:
> 指定对角点:(采用交叉窗口的方式选择要拉伸的对象)
> 指定基点或 [位移(D)] <位移>:(指定拉伸的基点)
> 指定第二个点或 <使用第一个点作为位移>:(指定拉伸的移至点)

此时,若指定第二个点,系统将根据这两点决定的矢量拉伸对象。若直接按 Enter 键,系统会把第一个点作为 X 轴和 Y 轴的分量值。

STRETCH 命令仅移动位于交叉选择窗口内的顶点和端点,不更改那些位于交叉选择窗口外的顶点和端点。部分包含在交叉选择窗口内的对象将被拉伸。

说明:用交叉窗口选择拉伸对象时,落在交叉窗口内的端点被拉伸,落在外部的端点保持不动。

4.6.9　拉长命令

1. 执行方式

命令行:LENGTHEN(快捷命令:LEN)。

菜单栏:选择菜单栏中的"修改"→"拉长"命令。

功能区:单击"默认"选项卡"修改"面板中的"拉长"按钮。

2．操作步骤

命令：LENGTHEN
选择要测量的对象或[增量(DE)/百分比(P)/总计(T)/动态(DY)] <总计(T)>：(选定对象)
当前长度：30.5001(给出选定对象的长度,如果选择圆弧则还将给出圆弧的包含角)
选择要测量的对象或[增量(DE)/百分比(P)/总计(T)/动态(DY)] <总计(T)>：DE(选择拉长或缩短的方式,如选择"增量(DE)"方式)
输入长度增量或 [角度(A)] < 0.0000 >：10(输入长度增量数值。如果选择圆弧段,则可输入选项 A 给定角度增量)
选择要修改的对象或 [放弃(U)]：(选定要修改的对象,进行拉长操作)
选择要修改的对象或 [放弃(U)]：(继续选择,按 Enter 键,结束命令)

3．选项说明

"拉长"命令各选项的含义如表 4-10 所示。

表 4-10 "拉长"命令各选项含义

选　　项	含　　义
增量(DE)	用指定增加量的方法来改变对象的长度或角度
百分比(P)	用指定要修改对象的长度占总长度的百分比的方法来改变圆弧或直线段的长度
总计(T)	用指定新的总长度或总角度值的方法来改变对象的长度或角度
动态(DY)	在这种模式下,可以使用拖拉鼠标的方法来动态地改变对象的长度或角度

4.6.10　打断命令

1．执行方式

命令行：BREAK(快捷命令：BR)。

菜单栏：选择菜单栏中的"修改"→"打断"命令。

工具栏：单击"修改"工具栏中的"打断"按钮 。

功能区：单击"默认"选项卡"修改"面板中的"打断"按钮 。

2．操作步骤

命令：BREAK
选择对象：(选择要打断的对象)
指定第二个打断点或 [第一点(F)]：(指定第二个断开点或输入 F)

3．选项说明

如果选择"第一点(F)"选项,系统将丢弃前面的第一个选择点,重新提示用户指定两个打断点。

4.6.11　打断于点

打断于点是指在对象上指定一点,从而把对象在此点拆分成两部分。此命令与打断命令类似。

1．执行方式

工具栏：单击"修改"工具栏中的"打断于点"按钮 。

功能区：单击"默认"选项卡"修改"面板中的"打断于点"按钮 。

2．操作步骤

执行此命令后，命令行提示与操作如下：

> 选择对象：（选择要打断的对象）
> 指定第二个打断点或 [第一点(F)]：_F(系统自动执行"第一个点(F)"选项)
> 指定第一个打断点：（选择打断点）
> 指定第二个打断点：@(系统自动忽略此提示)

4.6.12　上机练习——绘制变更管径套管接头

练习目标

绘制如图 4-51 所示的变更管径套管接头符号。

设计思路

首先利用直线命令绘制水平和竖直的直线，然后进行修剪和镜像等操作，最终完成对变更管径套管接头符号的绘制。

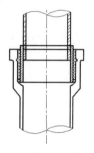

图 4-51　变更管径套管接头符号

操作步骤

（1）单击"默认"选项卡"绘图"面板中的"直线"按钮 ，绘制竖直中心线。

（2）单击"默认"选项卡"特性"面板中的"线型控制"，在下拉列表框中选择"其他"命令，打开"线型管理器"对话框，单击"加载"按钮，加载线型 CENTER2、DASHED2，如图 4-52 所示。

图 4-52　"线型管理器"对话框

（3）右击中心线，在弹出的快捷菜单中选择"特性"命令，打开"特性"对话框，将线型改为 CENTER2，如图 4-53 所示。

（4）单击"默认"选项卡"修改"面板中的"偏移"按钮 ⊆ ，将竖直中心线向右偏移，偏移距离依次为 1541.5、211.5、211、198、334、258，结果如图 4-54 所示。

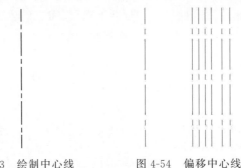

图 4-53　绘制中心线　　　　　图 4-54　偏移中心线

（5）单击"默认"选项卡"绘图"面板中的"直线"按钮 ╱ ，绘制水平直线，结果如图 4-55 所示。

（6）单击"默认"选项卡"修改"面板中的"偏移"按钮 ⊆ ，将水平直线依次向下偏移，偏移距离依次为 276、744、324、1262、251、182、615，结果如图 4-56 所示。

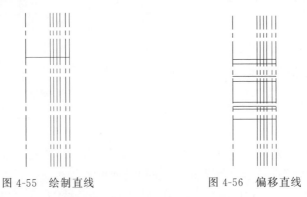

图 4-55　绘制直线　　　　　图 4-56　偏移直线

（7）将偏移的中心线线型设置为 CONTINUOUS，线宽设置为 0.3。

（8）单击"默认"选项卡"绘图"面板中的"直线"按钮 ╱ 、"圆弧"按钮 ╱ 和"圆"按钮 ⊙ ，绘制三段斜线、两段圆弧和一个适当大小的圆，将线宽设置为 0.3，结果如图 4-57 所示。

（9）单击"默认"选项卡"修改"面板中的"修剪"按钮 ，将图形进行修剪，结果如图 4-58 所示。

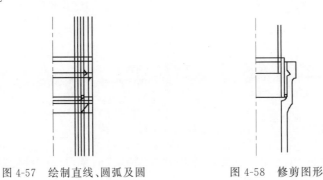

图 4-57　绘制直线、圆弧及圆　　　　　图 4-58　修剪图形

（10）将最上边水平直线的线型修改为 DASHED2。

（11）单击"默认"选项卡"修改"面板中的"镜像"按钮◢，将绘制的图形以中心线为镜像线进行镜像，结果如图 4-69 所示。

（12）单击"默认"选项卡"修改"面板中的"打断"按钮凵，将多段线 1 打断。命令行提示与操作如下：

```
命令：_BREAK
选择对象：
指定第二个打断点 或 [第一点(F)]：F
指定第一个打断点：(选择多段线 1 上端点为第一打断点)
指定第二个打断点：(选择多段线 1 上适当一点为第二打断点)
```

（13）重复"打断"命令，将多段线 2、3、4、5、6、7 和 8 在适当位置打断，结果如图 4-60 所示。

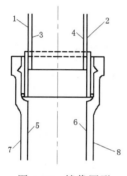
图 4-59　镜像图形

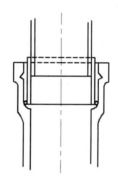
图 4-60　打断多段线

（14）单击"默认"选项卡"绘图"面板中的"圆弧"按钮，绘制 6 段圆弧，完成变更管径套管接头的绘制，结果如图 4-61 所示。

（15）单击"默认"选项卡"绘图"面板中的"图案填充"按钮▧，打开"图案填充创建"选项卡，选择 ANSI31 图案类型，将角度设置为 90，比例设置为 50，对图形 1 区域进行图案填充。命令行提示与操作如下：

```
命令：_HATCH
拾取内部点或 [选择对象(S)/删除边界(B)]：正在选择所有对象...
正在选择所有可见对象...
正在分析所选数据...
正在分析内部孤岛...
拾取内部点或 [选择对象(S)/删除边界(B)]：正在选择所有对象...
正在选择所有可见对象...
正在分析所选数据...
正在分析内部孤岛...
拾取内部点或 [选择对象(S)/删除边界(B)]：↙
```

结果如图 4-62 所示。

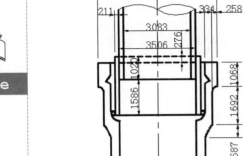

图 4-61 绘制圆弧

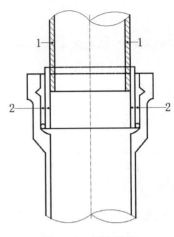

图 4-62 图案填充

（16）重复"图案填充"命令，对图形 2 区域进行图案填充，选择 ANSI31 图案类型，将角度设置为 0 或 90，比例设置为 50，对图形进行图案填充。最终结果如图 4-51 所示。

4.6.13　分解命令

1．执行方式

命令行：EXPLODE（快捷命令：X）。

菜单栏：选择菜单栏中的"修改"→"分解"命令。

工具栏：单击"修改"工具栏中的"分解"按钮 。

功能区：单击"默认"选项卡"修改"面板中的"分解"按钮 。

2．操作步骤

命令：EXPLODE
选择对象：（选择要分解的对象）

选择一个对象后，该对象会被分解。系统继续提示该行信息，允许分解多个对象。

4.6.14　合并命令

可以将直线、圆弧、椭圆弧和样条曲线等独立的对象合并为一个对象，如图 4-63 所示。

1．执行方式

命令行：JOIN。

菜单栏：选择菜单栏中的"修改"→"合并"命令。

工具栏：单击"修改"工具栏中的"合并"按钮 。

功能区：单击"默认"选项卡"修改"面板中的"合并"按钮 。

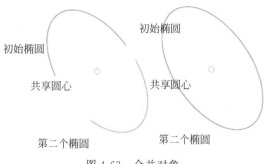

初始椭圆　　　　　　　　初始椭圆

共享圆心　　　　　　共享圆心

第二个椭圆　　　　第二个椭圆

图 4-63　合并对象

2. 操作步骤

```
命令:JOIN
选择源对象或要一次合并的多个对象:(选择一个对象)
选择要合并的对象:(选择另一个对象)
选择要合并的对象:
```

4.7　实例精讲——桥中墩墩身及底板钢筋图

4-11

 练习目标

绘制如图 4-64 所示的桥中墩墩身及底板钢筋图。

 设计思路

首先使用矩形、直线、圆命令绘制桥中墩墩身
轮廓线;然后使用多段线命令绘制底板钢筋;最后
进行修剪整理,完成桥中墩墩身及底板钢筋图的
绘制。

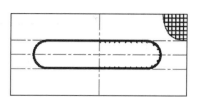

图 4-64　桥中墩墩身及底板钢筋图

 **操作步骤**

1. 前期准备以及绘图设置

(1)要根据绘制图形决定绘图的比例,建议采用 1 ∶ 1 的比例绘制,1 ∶ 50 的比例
出图。

(2)建立新文件。打开 AutoCAD 2022 应用程序,建立新文件,将新文件命名为
"桥中墩墩身及底板钢筋图.dwg"并保存。

2. 绘制桥中墩墩身轮廓线

(1)单击"默认"选项卡"绘图"面板中的"矩形"按钮 □,绘制一个 9000×4000 的矩形。

(2)创建"定位中心线"图层并将其设置为当前图层,在状态栏中单击"正交模式"
按钮 └,打开正交模式。在状态栏中单击"对象捕捉"按钮 □,打开对象捕捉模式。单

击"默认"选项卡"绘图"面板中的"直线"按钮／，取矩形的中点绘制两条对称中心线，如图 4-65 所示。

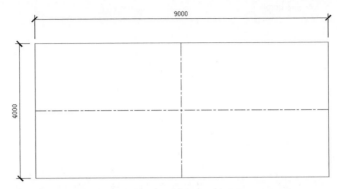

图 4-65　桥中墩墩身及底板钢筋图定位线绘制

（3）单击"默认"选项卡"修改"面板中的"复制"按钮，复制刚刚绘制好的两条对称中心线。完成的图形和复制尺寸如图 4-66 所示。

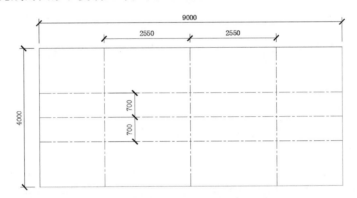

图 4-66　桥中墩墩身及底板钢筋图定位线复制

（4）单击"默认"选项卡"绘图"面板中的"多段线"按钮，绘制墩身轮廓线。完成的图形如图 4-67 所示。

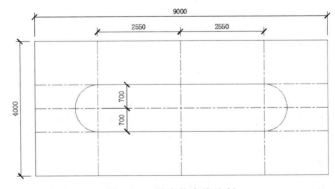

图 4-67　墩身轮廓线绘制

3. 绘制底板钢筋

（1）单击"默认"选项卡"修改"面板中的"偏移"按钮 ，向里面偏移刚刚绘制好的墩身轮廓线，指定偏移的距离为 50。

（2）单击"默认"选项卡"绘图"面板中的"多段线"按钮 ，加粗钢筋，选择 W，设置起点和端点的宽度为 25。

（3）使用偏移命令绘制墩身钢筋，然后使用多段线编辑命令加粗偏移后的箍筋。完成的图形如图 4-68 所示。

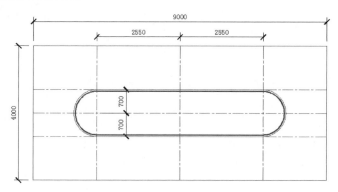

图 4-68　桥中墩墩身钢筋绘制

（4）单击"默认"选项卡"绘图"面板中的"圆"按钮 ，绘制一个直径为 16 的圆。

（5）单击"默认"选项卡"绘图"面板中的"图案填充"按钮 ，选择 SOLID 图例进行填充。

（6）单击"默认"选项卡"修改"面板中的"复制"按钮 ，复制刚刚填充好的钢筋到相应的位置，完成的图形如图 4-69 所示。

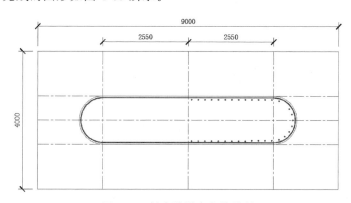

图 4-69　桥中墩墩身主筋绘制

（7）单击"默认"选项卡"绘图"面板中的"样条曲线拟合"按钮 ，绘制底板配筋折线。

（8）单击"默认"选项卡"绘图"面板中的"多段线"按钮 ，绘制长度为 1400 的水平钢筋，重复"多段线"命令，绘制长度为 1300 的垂直钢筋。完成的图形如图 4-70 所示。

（9）单击"默认"选项卡"修改"面板中的"矩形阵列"按钮 ，选择横向底板钢筋为阵列对象，设置行数为 7，列数为 1，行间距为 −200。

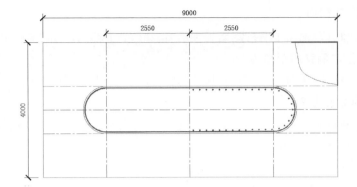

图 4-70   底板钢筋

（10）单击"默认"选项卡"修改"面板中的"矩形阵列"按钮 ，选择竖向底板钢筋为阵列对象，设置行数为 1，列数为 7，列间距为−200。

（11）单击"默认"选项卡"修改"面板中的"删除"按钮 ，删除步骤（8）中绘制的两条多段线。完成的图形如图 4-71 所示。

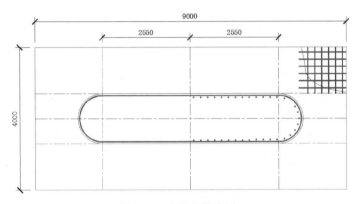

图 4-71   底板钢筋阵列

（12）单击"默认"选项卡"修改"面板中的"修剪"按钮 ，剪切多余的部分。完成的图形如图 4-72 所示。

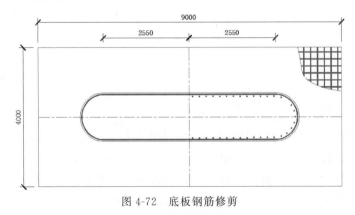

图 4-72   底板钢筋修剪

4.8　上机实验

通过前面的学习,读者对本章知识也有了大体的了解,本节通过几个操作练习使读者进一步掌握本章知识要点。

实验 1　绘制如图 4-73 所示的公园桌椅。

1. 目的要求

本例主要用到了"直线""偏移""圆角""修剪"和"阵列"命令,绘制的桌椅如图 4-73 所示。本例要求读者掌握相关命令。

2. 操作提示

（1）绘制椅子。

（2）绘制桌子。

（3）对椅子使用"阵列"等命令进行摆放。

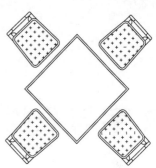

图 4-73　公园桌椅

实验 2　绘制如图 4-74 所示的花架。

1. 目的要求

本例主要用到了"圆弧""直线""矩形""复制"等命令,绘制的花架如图 4-74 所示。本例要求读者掌握相关命令。

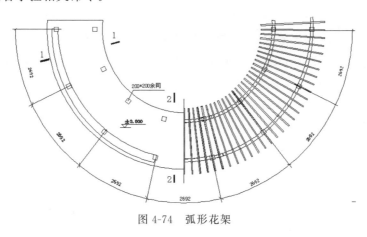

图 4-74　弧形花架

2. 操作提示

（1）用"圆弧"绘制花架轮廓。

（2）利用"矩形""直线""复制"等命令绘制细节。

（3）标注尺寸。

第 5 章

文字与表格

文字注释是图形中很重要的一部分内容,在进行各种设计时,通常不仅要绘出图形,还要在图形中标注一些文字,如技术要求、注释说明等,对图形对象加以解释。AutoCAD 提供了多种写入文字的方法,本章将介绍文本的标注和编辑方法。图表在 AutoCAD 图形中也有大量的应用,如明细表、参数表和标题栏等,因此本章还介绍了与图表有关的内容。

学 习 要 点

◆ 文字样式
◆ 文字标注
◆ 表格

5.1 文字样式

对于所有 AutoCAD 图形中的文字都有和其相对应的文字样式。当输入文字对象时，AutoCAD 使用当前设置的文字样式。文字样式是用来控制文字基本形状的一组设置。通过"文字样式"对话框，用户可方便直观地设置自己需要的文字样式，或对已有文字样式进行修改。

1. 执行方式

命令行：STYLE（快捷命令：ST）或 DDSTYLE。

菜单栏：选择菜单栏中的"格式"→"文字样式"命令。

工具栏：单击"文字"工具栏中的"文字样式"按钮 **A,** 。

功能区：单击"默认"选项卡"注释"面板中的"文字样式"按钮 **A,** （图 5-1），或单击 ❶"注释"选项卡"文字"面板上的 ❷"文字样式"下拉菜单中的 ❸"管理文字样式"按钮（图 5-2），或单击"注释"选项卡"文字"面板中的"对话框启动器"按钮 。

图 5-1 "注释"面板   图 5-2 "文字"面板

2. 操作步骤

执行上述命令后，AutoCAD 打开"文字样式"对话框，如图 5-3 所示。

图 5-3 "文字样式"对话框

3．选项说明

"文字样式"命令各选项的含义如表 5-1 所示。

表 5-1 "文字样式"命令各选项含义

选 项	含 义
"样式"选项组	该选项组主要用于命名新样式或对已有样式名进行相关操作。单击"新建"按钮，AutoCAD 打开如图 5-4 所示的"新建文字样式"对话框。在此对话框中可以为新建的样式输入名字
"字体"选项组	(1) 确定字体式样。文字的字体用于确定字符的形状，在 AutoCAD 中，除了固有的 SHX 形状的字体文件外，还可以使用 TrueType 字体(如宋体、楷体、italley 等)。一种字体可以设置不同的样式，从而被多种文字样式使用，例如，图 5-5 所示就是同一字体(宋体)的不同样式。 　　(2) 确定文字样式使用的字体文件、字体风格及字高等。其中，如果在此文本框中输入一个数值，作为创建文字时的固定字高，那么在用 TEXT 命令输入文字时，AutoCAD 不再提示输入字高。如果在此文本框中设置字高为 0，AutoCAD 则会在每一次创建文字时都提示输入字高。所以，如果不想固定字高，就可以在样式中设置字高为 0
"大小"选项组	(1) "注释性"复选框：指定文字为注释性文字。 　　(2) "使文字方向与布局匹配"复选框：指定图纸空间视口中的文字方向与布局方向匹配。如果没有选中"注释性"复选框，则该选项不可用。 　　(3) "高度"文本框：设置文字高度。如果输入 0.0，则每次用该样式输入文字时，文字高度默认值为 0.2。输入大于 0.0 的高度值时，则为该样式设置固定的文字高度。在相同的高度设置下，TrueType 字体显示的高度要小于 SHX 字体显示的高度。如果选中"注释性"复选框，则将设置要在图纸空间中显示的文字的高度
"效果"选项组	(1) "颠倒"复选框：选中此复选框，表示将文本文字倒置标注，如图 5-6(a)所示。 　　(2) "反向"复选框：确定是否将文本文字反向标注。图 5-6(b)给出了这种标注的效果。 　　(3) "垂直"复选框：确定文本文字是水平标注还是垂直标注。选中此复选框时为垂直标注，否则为水平标注，如图 5-7 所示。 　　(4) "宽度因子"文本框：设置宽度系数，确定文本字符的宽高比。当比例系数为 1 时，表示将按字体文件中定义的宽高比标注文字。当此系数小于 1 时，字会变窄；反之，字会变宽。 　　(5) "倾斜角度"文本框：用于确定文字的倾斜角度。角度为 0°时不倾斜，大于 0°时向右倾斜，小于 0°时向左倾斜
"应用"按钮	确认对文字样式的设置。当建立新的样式或者对现有样式的某些特征进行修改后，都需单击此按钮，则 AutoCAD 确认所做的改动

新建文字样式
样式名:
样式1
确定
取消

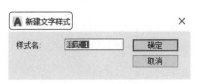

图 5-4 “新建文字样式”对话框

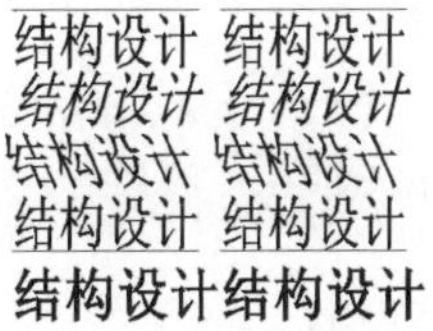
结构设计 结构设计
结构设计 结构设计
结构设计 结构设计
结构设计 结构设计
结构设计结构设计

图 5-5 同一字体的不同样式

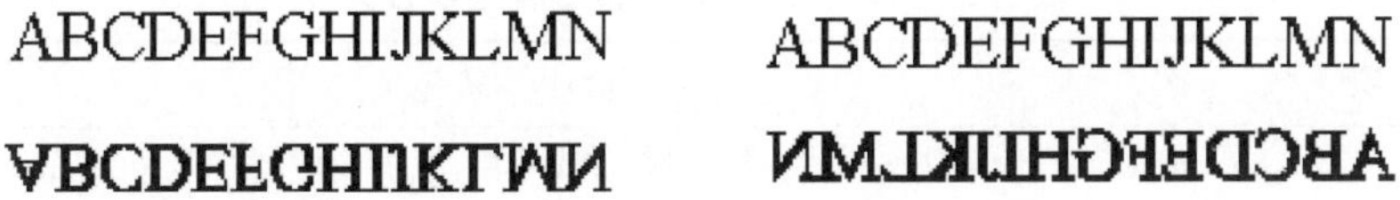
ABCDEFGHIJKLMN
ABCDEFGHIJKLMN

(a) (b)

图 5-6 文字倒置标注与反向标注

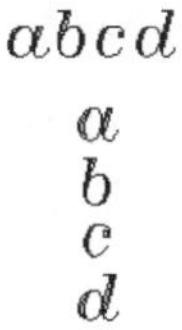
abcd
a
b
c
d

图 5-7 垂直标注文字

说明：“垂直”复选框只有在 SHX 字体下才可用。

5.2 文字标注

在绘图过程中，文字传递了很多设计信息，它可能是一个很长、很复杂的说明，也可能是一条简短的文字信息。当需要标注的文字不太长时，用户可以利用 TEXT 命令创建单行文字。当需要标注很长、很复杂的文字信息时，用户可以用 MTEXT 命令创建多行文字。

5.2.1 单行文字标注

1. 执行方式

命令行：TEXT。

菜单栏：选择菜单栏中的“绘图”→“文字”→“单行文字”命令。

工具栏：单击“文字”工具栏中的“单行文字”按钮 A 。

功能区：单击“默认”选项卡“注释”面板中的“单行文字”按钮 A ，或单击“注释”选项卡“文字”面板中的“单行文字”按钮 A 。

2. 操作步骤

命令：TEXT↙

单击相应的菜单项或在命令行输入 TEXT 命令后按 Enter 键,AutoCAD 提示:

```
当前文字样式: Standard  当前文字高度: 0.2000
指定文字的起点或 [对正(J)/样式(S)]:
```

3．选项说明

"单行文字标注"命令各选项的含义如表 5-2 所示。

表 5-2 "单行文字标注"命令各选项含义

选　项	含　义

指定文字的起点	在此提示下,直接在绘图屏幕上选取一点作为文字的起始点,AutoCAD 提示:
	
	```指定高度<0.2000>:(确定字符的高度)```
	```指定文字的旋转角度<0>:(确定文字行的倾斜角度)```
	```输入文字:(输入文字)```
	
	在此提示下,输入一行文字后按 Enter 键,AutoCAD 继续显示"输入文字:"提示,此时可继续输入文字,在全部输入完后,在此提示下直接按 Enter 键,则退出 TEXT 命令。可见,使用 TEXT 命令也可创建多行文字,只是这种多行文字的每一行是一个对象,不能同时对多行文字进行操作。
	AutoCAD 允许将文字行倾斜排列,图 5-8 所示为倾斜角度分别是 0°、45°和 −45°时的排列效果。在"指定文字的旋转角度<0>:"提示下,通过输入文字行的倾斜角度或在屏幕上拉出一条直线来指定倾斜角度

对正(J)	在命令行提示下输入 J,用来确定文字的对齐方式,对齐方式决定文字的哪一部分与所选的插入点对齐。执行此选项后,命令行提示如下:
	
	```输入选项 [对齐(A)/调整(F)/中心(C)/中间(M)/右(R)/左上(TL)/中上(TC)/右上(TR)/左中(ML)/正中(MC)/右中(MR)/左下(BL)/中下(BC)/右下(BR)]:```
	
	在此提示下选择一个选项作为文本的对齐方式。当文字串水平排列时,AutoCAD 为标注文字串定义了如图 5-9 所示的文字行顶线、中线、基线和底线,各种对齐方式如图 5-10 所示,图中大写字母对应上述提示中的各命令。下面以"对齐"为例,进行简要说明。
	对齐(A):选择此选项,要求用户指定文字行的基线的起始点与终止点的位置,命令行提示如下:
	
	```指定文字基线的第一个端点:(指定文字行基线的起始点位置)```
	```指定文字基线的第二个端点:(指定文字行基线的终止点位置)```
	```输入文字:(输入一行文字后按 Enter 键)```
	```输入文字:(继续输入文字或直接按 Enter 键结束命令)```
	
	执行结果:所输入的文字字符均匀地分布于指定的两端点之间,如果两端点间的连线不水平,则文字行倾斜放置,倾斜角度由两端点间的连线与 X 轴的夹角确定;字高、字宽则根据两端点间的距离、字符的多少以及文字样式中设置的宽度因子自动确定。指定了两端点之后,每行输入的字符越多,字宽和字高越小。

续表

选　项	含　义
对正(J)	其他选项与"对齐"类似,在此不再赘述。 　　在实际绘图时,有时需要标注一些特殊字符,例如直径符号、上划线或下划线、温度符号等,这些符号不能直接从键盘上输入,AutoCAD 提供了一些控制码,用来实现特殊字符的标注。控制码由两个百分号(％％)加一个字符构成,常用的控制码如表 5-3 所示。 　　其中,％％O 和％％U 分别是上划线和下划线的开关,第一次出现此符号时,开始画上划线和下划线;第二次出现此符号时,上划线和下划线终止。例如在"Text:"提示后输入"I want to ％％U go to Beijing％％U.",则得到如图 5-11(a)所示的文字行,输入"50％％D＋％％C75％％P12",则得到如图 5-11(b)所示的文字行。 　　用 TEXT 命令可以创建一个或若干个单行文字,也就是说,用此命令可以标注多行文字。在"输入文字:"提示下输入一行文字后按 Enter 键,AutoCAD 继续提示"输入文字:",用户可输入第二行文字,依次类推,直到文字全部输完,再在此提示下直接按 Enter 键,结束文字输入命令。每一次按 Enter 键就结束一个单行文字的输入,每一个单行文字是一个对象,可以单独修改其文字样式、字高、旋转角度和对齐方式等。 　　用 TEXT 命令创建文字时,在命令行输入的文字同时显示在屏幕上,而且在创建过程中可以随时改变文字的位置,只要将光标移到新的位置单击,则当前行结束,随后输入的文字就会在新的位置出现。用这种方法可以把多个单行文字标注到屏幕的任何地方

　　说明:只有当前文字样式中设置的字符高度为 0 时,在使用 TEXT 命令时 AutoCAD 才出现要求用户确定字符高度的提示。

图 5-8　文字行倾斜排列的效果

图 5-9　文字行的底线、基线、中线和顶线

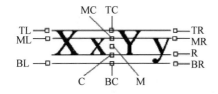

图 5-10　文字的对齐方式

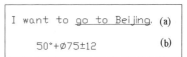

图 5-11　文字行

表 5-3　AutoCAD 常用控制码

符　号	功　能	符　号	功　能
％％O	上划线	％％D	"度"符号
％％U	下划线	％％P	正负符号

符　号	功　能	符　号	功　能
%%C	直径符号	\u+2261	标识
%%%	百分号%	\u+E102	界碑线
\u+2248	几乎相等	\u+2260	不相等
\u+2220	角度	\u+2126	欧姆
\u+E100	边界线	\u+03A9	欧米加
\u+2104	中心线	\u+214A	低界线
\u+0394	差值	\u+2082	下标2
\u+0278	电相位	\u+00B2	上标2
\u+E101	流线		

5.2.2　多行文字标注

1．执行方式

命令行：MTEXT(快捷命令：T 或 MT)。

菜单栏：选择菜单栏中的"绘图"→"文字"→"多行文字"命令。

工具栏：单击"绘图"工具栏中的"多行文字"按钮 A，或单击"文字"工具栏中的"多行文字"按钮 A。

功能区：单击"默认"选项卡"注释"面板中的"多行文字"按钮 A，或单击"注释"选项卡"文字"面板中的"多行文字"按钮 A。

2．操作步骤

```
命令：MTEXT↙
```

单击相应的菜单项或工具栏图标，或在命令行输入 MTEXT 命令后按 Enter 键，命令行提示与操作如下：

```
当前文字样式："Standard"　当前文字高度：1.9122　　　注释性:否
指定第一角点：(指定矩形框的第一个角点)
指定对角点或 [高度(H)/对正(J)/行距(L)/旋转(R)/样式(S)/宽度(W)/栏(C)]：
```

3．选项说明

"多行文字标注"命令各选项的含义如表 5-4 所示。

表 5-4 "多行文字标注"命令各选项含义

选　项	含　义
指定对角点	直接在屏幕上选取一个点作为矩形框的第二个角点，AutoCAD 以这两个点为对角点形成一个矩形区域，其宽度作为将来要标注的多行文字的宽度，而且第一个点作为第一行文字顶线的起点。响应后 AutoCAD 打开如图 5-12 所示的"文字编辑器"选项卡和多行文字编辑器，可利用此编辑器输入多行文字并对其格式进行设置。关于该对话框中各项的含义及编辑器功能,稍后再详细介绍

Note

选　项	含　义
对正(J)	确定所标注文字的对齐方式。选择此选项后，AutoCAD 提示如下： 输入对正方式[左上(TL)/中上(TC)/右上(TR)/左中(ML)/正中(MC)/右中(MR)/左下(BL)/中下(BC)/ 右下(BR)]<左上(TL)>： 这些对齐方式与 Text 命令中的各对齐方式相同，此处不再重复。选择一种对齐方式后按 Enter 键，AutoCAD 回到上一级提示
行距(L)	确定多行文字的行间距，这里所说的行间距是指相邻两文字行的基线之间的垂直距离。选择此选项后，AutoCAD 提示： 输入行距类型[至少(A)/精确(E)]<至少(A)>： 在此提示下有两种方式确定行间距：“至少”方式和“精确”方式。在“至少”方式下，AutoCAD 根据每行文字中最大的字符自动调整行间距；在“精确”方式下，AutoCAD 给多行文字赋予一个固定的行间距。可以直接输入一个确切的间距值，也可以采用输入“nx”的形式，其中 n 是一个具体数，表示行间距设置为单行文字高度的 n 倍，而单行文字高度是本行文字字符高度的 1.66 倍
旋转(R)	确定文字行的倾斜角度。选择此选项后，AutoCAD 提示如下： 指定旋转角度<0>：(输入倾斜角度) 指定对角点或[高度(H)/对正(J)/行距(L)/旋转(R)/样式(S)/宽度(W)/栏(C)]：
样式(S)	确定当前的文字样式
宽度(W)	指定多行文字的宽度。可在屏幕上选取一点与前面确定的第一个角点组成的矩形框的宽作为多行文字的宽度。也可以输入一个数值，精确设置多行文字的宽度。 在创建多行文字时，只要给定了文字行的起始点和宽度，AutoCAD 就会打开如图 5-12 所示的“文字编辑器”选项卡和“多行文字编辑器”，该编辑器包含一个“文字格式”对话框和一个右键快捷菜单。用户可以在编辑器中输入和编辑多行文字，包括设置字高、文字样式以及倾斜角度等
栏(C)	根据栏宽、栏间距宽度和栏高组成矩形框，打开如图 5-12 所示的“文字编辑器”选项卡和“多行文字编辑器”
“文字编辑器”选项卡	用来控制文本文字的显示特性。可以在输入文本文字前设置文本的特性，也可以改变已输入的文本文字特性。要改变已有文本文字显示特性，首先应选择要修改的文本。选择文本的方式有以下 3 种。 (1) 将光标定位到文本文字开始处，按住鼠标左键，拖到文本末尾。 (2) 双击某个文字，则该文字被选中。 (3) 三击鼠标，则选中全部内容。 下面介绍选项卡中部分选项的功能。 (1) “高度”下拉列表框：确定文本的字符高度，可在文本编辑框中直接输入新的字符高度，也可从下拉列表中选择已设定过的高度。 (2) **B** 和 *I* 按钮：设置加粗或斜体效果，只对 TrueType 字体有效。

Note

选　　项	含　　义
"文字编辑器" 选项卡	（3）"删除线"按钮 **A**：用于在文字上添加水平删除线。 （4）"下划线" **U** 与"上划线" **Ō** 按钮：设置或取消上（下）划线。 （5）"堆叠"按钮 **ᵇₐ**：即层叠/非层叠文本按钮，用于层叠所选的文本，也就是创建分数形式。当文本中某处出现"/"、"^"或"♯"这3种层叠符号之一时可层叠文本，方法是选中需层叠的文字，然后单击此按钮，则符号左边的文字作为分子，右边的文字作为分母。AutoCAD 提供了3种分数形式，如果选中"abcd/efgh"后单击此按钮，则得到如图 5-13(a)所示的分数形式；如果选中"abcd^efgh"后单击此按钮，则得到如图 5-13(b)所示的形式，此形式多用于标注极限偏差；如果选中"abcd ♯ efgh"后单击此按钮，则创建斜排的分数形式，如图 5-13(c)所示。如果选中已经层叠的文本对象后单击此按钮，则恢复到非层叠形式。 （6）"倾斜角度"下拉列表框 *0/*：设置文字的倾斜角度。如图 5-14 所示。 （7）"符号"按钮 **@**：用于输入各种符号。单击该按钮，系统打开符号列表，如图 5-15 所示，可以从中选择符号输入到文本中。 （8）"插入字段"按钮 **▦ₐ**：插入一些常用或预设字段。单击该按钮，系统打开"字段"对话框，如图 5-16 所示，用户可以从中选择字段插入标注文本中。 （9）"追踪"按钮 **ab**：增大或减小选定字符之间的空隙。 （10）"多行文字对正"按钮 **A**：显示"多行文字对正"菜单，有9个对齐选项可用。 （11）"宽度因子"按钮 **O**：扩展或收缩选定字符。 （12）"上标"按钮 x^2：将选定文字转换为上标，即在输入线的上方设置稍小的文字。 （13）"下标"按钮 x_2：将选定文字转换为下标，即在输入线的下方设置稍小的文字。 （14）"清除格式"下拉列表框：删除选定字符的字符格式，或删除选定段落的段落格式，或删除选定段落中的所有格式。 ➢ 关闭：如果选择此选项，将从应用了列表格式的选定文字中删除字母、数字和项目符号。不更改缩进状态。 ➢ 以数字标记：应用将带有句点的数字用于列表中的项的列表格式。 ➢ 以字母标记：应用将带有句点的字母用于列表中的项的列表格式。如果列表含有的项多于字母中含有的字母，可以使用双字母继续序列。 ➢ 以项目符号标记：应用将项目符号用于列表中的项的列表格式。 ➢ 启动：在列表格式中启动新的字母或数字序列。如果选定的项位于列表中间，则选定项下面的未选中的项也将成为新列表的一部分。 ➢ 继续：将选定的段落添加到上面最后一个列表然后继续序列。如果选择了列表项而非段落，选定项下面未选中的项将继续序列。 ➢ 允许自动项目符号和编号：在输入时应用列表格式。以下字符可以用作字母和数字后的标点且不能用作项目符号：句点（.）、逗号（,）、右括号（)）、右尖括号（>）、右方括号（]）和右花括号（}）。

续表

选　项	含　义
"文字编辑器"选项卡	➢ 允许项目符号和列表：如果选择此选项，列表格式将应用到外观类似列表的多行文字对象中的所有纯文本。 ➢ 拼写检查：确定输入时拼写检查处于打开还是关闭状态。 ➢ 编辑词典：显示"词典"对话框，从中可添加或删除在拼写检查过程中使用的自定义词典。 ➢ 标尺：在编辑器顶部显示标尺。拖动标尺末尾的箭头可更改文字对象的宽度。列模式处于活动状态时，还显示高度和列夹点。 （15）段落：为段落和段落的第一行设置缩进。指定制表位和缩进，控制段落对齐方式、段落间距和段落行距，如图5-17所示。 （16）输入文字：选择此项，系统打开"选择文件"对话框，如图5-18所示。可选择任意ASCII或RTF格式的文件。输入的文字保留原始字符格式和样式特性，但可以在多行文字编辑器中编辑和格式化输入的文字。选择要输入的文本文件后，可以替换选定的文字或全部文字，或在文字边界内将插入的文字附加到选定的文字中。输入文字的文件必须小于32kB

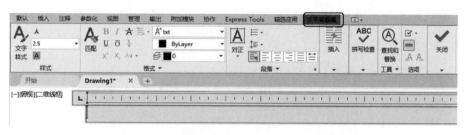

图 5-12　"文字编辑器"选项卡和"多行文字编辑器"

提示：倾斜角度与斜体效果是两个不同的概念，前者可以设置任意倾斜角度，后者是在任意倾斜角度的基础上设置斜体效果，如图5-14所示。其中，第一行倾斜角度为0°，非斜体；第二行倾斜角度为6°，斜体；第三行倾斜角度为12°。

图 5-13　文本层叠　　　　图 5-14　倾斜角度与斜体效果

5.2.3　文字编辑

1．执行方式

命令行：DDEDIT（快捷命令：ED）。

菜单栏：选择菜单栏中的"修改"→"对象"→"文字"→"编辑"命令。

工具栏：单击"文字"工具栏中的"编辑"按钮。

Note

图 5-15　符号列表

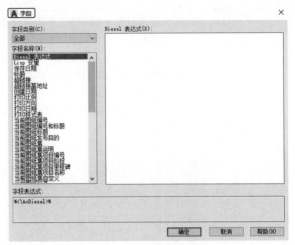

图 5-16　"字段"对话框

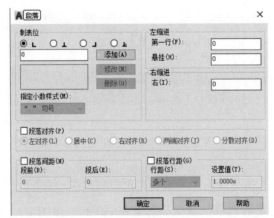

图 5-17　"段落"对话框

图 5-18　"选择文件"对话框

2．操作步骤

单击相应的菜单项，或在命令行输入 DDEDIT 命令后按 Enter 键，AutoCAD 提示：

选择要修改的文本，同时光标变为拾取框。用拾取框单击对象，如果选取的文本是用 TEXT 命令创建的单行文本，选取后则深显该文本，可对其进行修改。如果选取的文本是用 MTEXT 命令创建的多行文本，选取后则打开多行文字编辑器，可根据前面的介绍对各项设置或内容进行修改。

5-1

5.2.4　上机练习——绘制坡口平焊的钢筋接头

练习目标

绘制如图 5-19 所示的坡口平焊的钢筋接头。

设计思路

首先利用直线和多段线命令绘制图形，然后利用多行文字命令添加文字，最终完成对坡口平焊的钢筋接头的绘制。

操作步骤

(1) 单击"默认"选项卡"绘图"面板中的"直线"按钮 ╱，在图形空白位置选择一点为直线起点，水平向右绘制一条长 100 的直线。

(2) 单击"默认"选项卡"绘图"面板中的"直线"按钮 ╱，在上步绘制的水平直线中点上方选择一点为直线起点，竖直向下绘制一条长为 10 的竖线，如图 5-20 所示。

图 5-19　坡口平焊的钢筋接头　　　　　　　图 5-20　绘制直线

(3) 单击"默认"选项卡"绘图"面板中的"多段线"按钮 ⊃，绘制箭头，箭头的定点对准十字的中心，如图 5-21 所示。

(4) 单击"默认"选项卡"绘图"面板中的"直线"按钮 ╱，在箭头的尾部水平线上一点绘制两条倾斜度为 45°的直线。绘制时可先在直线上选取一点，然后在命令行提示输入下一点时输入"@5,5"，绘制一条 45°的直线，再利用镜像命令将其复制到另一侧。绘制完后如图 5-22 所示。

图 5-21　绘制箭头　　　　　　　　图 5-22　绘制斜线

Note

（5）单击"默认"选项卡"注释"面板中的"文字样式"按钮 $A_\prime$，打开"文字样式"对话框，如图 5-3 所示。

（6）单击"新建"按钮，将新建文字样式命名为"标注文字"，如图 5-23 所示。单击"确定"按钮，返回到"文字样式"对话框，在"字体名"下拉列表框中选择 Times New Roman 字体，字符高度设置为 5，单击"应用"按钮并关闭"文字样式"对话框。

图 5-23　新建文字样式

（7）单击"默认"选项卡"注释"面板中的"多行文字"按钮 A，打开"文字编辑器"选项卡，如图 5-24 所示，在斜直线的上方输入"60°"和 b，并将 b 字符倾斜角度设置为 15°。并移动到适当位置，完成绘制。

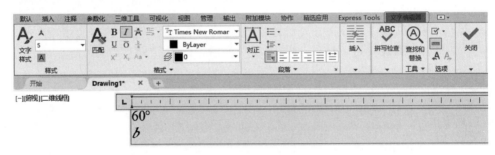

图 5-24　"文字编辑器"选项卡

5.3　表　　格

在以前的版本中，必须采用绘制图线或者图线结合偏移或复制等编辑命令来完成表格的绘制。这样的操作过程烦琐而复杂，不利于提高绘图效率。利用"表格"绘图功能创建表格非常容易，用户可以直接插入设置好样式的表格，而不用绘制由单独的图线组成的表格。

5.3.1　定义表格样式

和文字样式一样，所有 AutoCAD 图形中的表格都有和其相对应的表格样式。当插入表格对象时，AutoCAD 使用当前设置的表格样式。表格样式是用来控制表格基本形状和间距的一组设置。模板文件 ACAD.DWT 和 ACADISO.DWT 中定义了名为 STANDARD 的默认表格样式。

1. 执行方式

命令行：TABLESTYLE。

菜单栏：选择菜单栏中的"格式"→"表格样式"命令。

工具栏：单击"样式"工具栏中的"表格样式管理器"按钮 ⊞。

功能区：单击"默认"选项卡"注释"面板中的"表格样式"按钮 ⊞（图 5-25），或单击"注释"选项卡"表格"面板上的"表格样式"下拉菜单中的"管理表格样式"按钮（图 5-26），或单击"注释"选项卡"表格"面板中的"对话框启动器"按钮 ⊿。

Note

图 5-25　"注释"面板

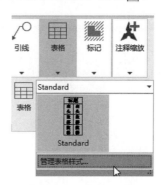

图 5-26　"表格"面板

2．操作步骤

命令：TABLESTYLE↙

在命令行输入 TABLESTYLE 命令，或在"格式"菜单中选择"表格样式"命令，或者在"样式"工具栏中单击"表格样式管理器"按钮，AutoCAD 就会打开"表格样式"对话框。

3．选项说明

"定义表格样式"命令各选项的含义如表 5-5 所示。

表 5-5　"定义表格样式"命令各选项含义

选　　项	含　　义	
"新建"按钮	单击该按钮，系统打开"创建新的表格样式"对话框，如图 5-27 所示。输入新的表格样式名后，单击"继续"按钮，系统打开"新建表格样式：Standard 副本"对话框，如图 5-28 所示。用户可以从中定义新建表格样式	
	"起始表格"选项组	选择起始表格：可以在图形中选择一个要应用新表格样式设置的表格
	"常规"选项组	"表格方向"下拉列表框：包括"向下"或"向上"选项。选择"向上"选项，是指创建由下而上读取的表格，标题行和列标题行都在表格的底部。选择"向下"选项，是指创建由上而下读取的表格，标题行和列标题行都在表格的顶部
	"单元样式"选项组	"单元样式"下拉列表框：选择要应用到表格的单元样式，或通过单击"单元样式"下拉列表框右侧的按钮创建一个新单元样式

135

选　项	含　义
"新建"按钮	**"常规"选项卡** （1）"填充颜色"下拉列表框：指定填充颜色。选择"无"或选择一种背景色，或者单击"选择颜色"命令，在打开的"选择颜色"对话框中选择适当的颜色。 （2）"对齐"下拉列表框：为单元内容指定一种对齐方式。"中心"对齐指水平对齐；"中间"对齐指垂直对齐。 （3）"格式"按钮：设置表格中各行的数据类型和格式。单击 ⋯ 按钮，打开"表格单元格式"对话框，从中可以进一步定义格式选项。 （4）"类型"下拉列表框：将单元样式指定为"标签"格式或"数据"格式，在包含起始表格的表格样式中插入默认文字时使用。也用于在工具选项板上创建表格工具的情况。 （5）"页边距-水平"文本框：设置单元中的文字或块与左右单元边界之间的距离。 （6）"页边距-垂直"文本框：设置单元中的文字或块与上下单元边界之间的距离。 （7）"创建行/列时合并单元"复选框：把使用当前单元样式创建的所有新行或新列合并到一个单元中
	"文字"选项卡 （1）"文字样式"选项：指定文字样式。选择文字样式，或单击 ⋯ 按钮，在弹出的"文字样式"对话框中创建新的文字样式。 （2）"文字高度"文本框：指定文字高度。此选项仅在选定文字样式的文字高度为 0 时使用（默认文字样式STANDARD 的文字高度为 0）。如果选定的文字样式指定了固定的文字高度，则此选项不可用。 （3）"文字颜色"下拉列表框：指定文字颜色。选择一种颜色，或者单击"选择颜色"按钮，在弹出的"选择颜色"对话框中选择适当的颜色。 （4）"文字角度"文本框：设置文字角度，默认的文字角度为 0°。可以输入−359°～+359°之间的任何角度
	"边框"选项卡 （1）"线宽"选项：设置要用于显示的边界的线宽。如果使用加粗的线宽，可能必须修改单元边距才能看到文字。 （2）"线型"选项：通过单击"边框"按钮，设置线型以应用于指定边框。将显示标准线型"随块""随层"和"连续"，或者可以选择"其他"来加载自定义线型。 （3）"颜色"选项：指定颜色以应用于显示的边界。单击"选择颜色"按钮，在弹出的"选择颜色"对话框中选择适当的颜色。 （4）"双线"选项：指定选定的边框为双线型。可以通过在"间距"文本框中输入值来更改行距。

Note

续表

选　项		含　义
"新建"按钮	"边框"选项卡	（5）"边框显示"按钮：应用选定的边框选项。单击此按钮可以将选定的边框选项应用到所有的单元边框，如外部边框、内部边框、底部边框、左边框、顶部边框、右边框或无边框。对话框中的"单元样式预览"选项将更新及显示设置后的效果
"修改"按钮		对当前表格样式进行修改，方式与新建表格样式相同

图 5-27　"创建新的表格样式"对话框

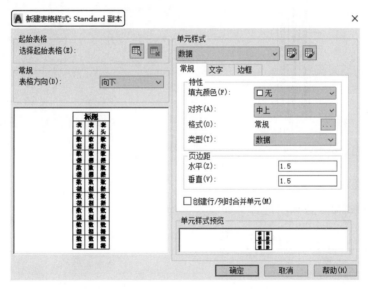

图 5-28　"新建表格样式：Standard 副本"对话框

5.3.2　创建表格

在设置好表格样式后，用户可以利用 TABLE 命令创建表格。

1．执行方式

命令行：TABLE。

菜单栏：选择菜单栏中的"绘图"→"表格"命令。

工具栏：单击"绘图"工具栏中的"表格"按钮 ⊞ 。

功能区：单击"默认"选项卡"注释"面板中的"表格"按钮 ⊞ ，或单击"注释"选项卡

"表格"面板中的"表格"按钮 ▦ 。

2. 操作步骤

命令：TABLE ↙

在命令行输入 TABLE 命令，或者在"绘图"菜单中选择"表格"命令，或者在"绘图"工具栏中单击"表格"按钮，AutoCAD 都会打开"插入表格"对话框，如图 5-29所示。

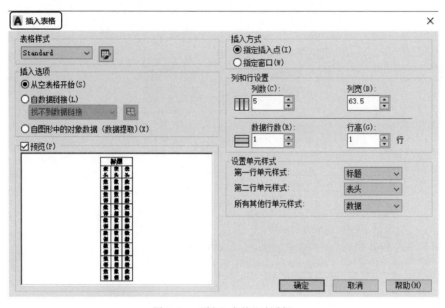

图 5-29 "插入表格"对话框

3. 选项说明

"创建表格"命令各选项的含义如表 5-6 所示。

表 5-6 "创建表格"命令各选项含义

选 项		含 义
"表格样式"选项组		可以在"表格样式"下拉列表框中选择一种表格样式，也可以通过单击后面的 ▦ 按钮来新建或修改表格样式
"插入选项"选项组	"从空表格开始"单选按钮	创建可以手动填充数据的空表格
	"自数据链接"单选按钮	通过启动数据连接管理器来创建表格
	"自图形中的对象数据"单选按钮	通过启动"数据提取"向导来创建表格

选　　项		含　　义
"插入方式"选项组	"指定插入点"单选按钮	指定表格的左上角的位置。可以使用定点设备,也可以在命令行中输入坐标值。如果表格样式将表格的方向设置为由下而上读取,则插入点位于表格的左下角
	"指定窗口"单选按钮	指定表的大小和位置。可以使用定点设备,也可以在命令行中输入坐标值。选择此单选按钮时,行数、列数、列宽和行高取决于窗口的大小以及列和行设置
"列和行设置"选项组		指定列和数据行的数目以及列宽与行高
"设置单元样式"选项组		指定"第一行单元样式""第二行单元样式"和"所有其他单元样式"分别为标题、表头或者数据样式

说明:在"插入方式"选项组中选择了"指定窗口"单选按钮后,列与行设置的两个参数中只能指定一个,另外一个由指定窗口大小自动等分指定。

在上面的"插入表格"对话框中进行相应设置后,单击"关闭"按钮,系统在指定的插入点或在窗口中自动插入一个空表格,并打开"文字编辑器"选项卡,用户可以逐行逐列地输入相应的文字或数据,如图 5-30 所示。

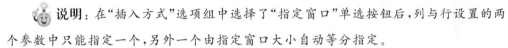

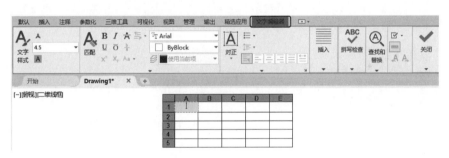

图 5-30　空表格和"文字编辑器"选项卡

说明:在插入表格后的表格中选择某一个单元格,单击后出现钳夹点,通过移动钳夹点可以改变单元格的大小,如图 5-31 所示。

5.3.3　表格文字编辑

1. 执行方式

命令行:TABLEDIT。

快捷菜单:选定表格的一个或多个单元格后右击,从弹出的快捷菜单中选择"编辑文字"命令(图 5-32)。

定点设备:在表单元内双击。

图 5-31　改变单元格大小　　　　　　　　图 5-32　快捷菜单

2．操作步骤

命令：TABLEDIT ↙

执行上述命令后，系统打开"文字编辑器"选项卡，用户可以对指定表格的单元格中的文字进行编辑。

5.4　实例精讲——绘制 A3 样板图

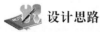 练习目标

绘制如图 5-33 所示的 A3 样板图。

设计思路

计算机绘图与手工画图一样，如要绘制一张标准图纸，也要做很多必要的准备，如设置图层、线型、标注样式、目标捕捉、单位格式、图形界限等。很多重复性的基本设置工作则可以在模板图（如 ACAD.DWT）中预先做好，绘制图纸时即可打开模板，在此基础上开始绘制新图。本例将展示如何绘制 A3 图框，并保存为样板文件，以方便后期绘制使用。

Note

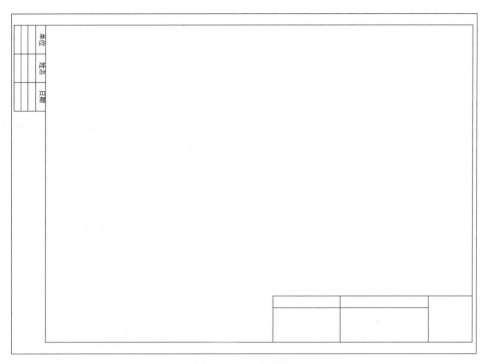

图 5-33 A3 样板图

操作步骤

1. 设置单位和图形边界

（1）打开 AutoCAD 程序，则系统自动建立新图形文件。

（2）选择菜单栏中的"格式"→"单位"命令，打开"图形单位"对话框，如图 5-34 所示。设置"长度"的类型为"小数"，"精度"为 0；"角度"的类型为"十进制度数"，"精度"为 0，系统默认逆时针方向为正。单击"确定"按钮。

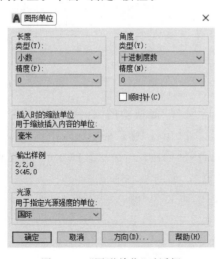

图 5-34 "图形单位"对话框

（3）设置图形边界。国家标准对图纸的幅面大小做了严格规定，在这里，不妨按国家标准 A3 图纸幅面设置图形边界。A3 图纸的幅面为 420mm×297mm。选择菜单栏中的"格式"→"图形界限"命令，命令行提示与操作如下：

```
命令:LIMITS↙
重新设置模型空间界限:
指定左下角点或 [开(ON)/关(OFF)]<0.0000,0.0000>:↙
指定右上角点<12.0000,9.0000>:420,297↙
```

2. 设置文字样式

（1）单击"默认"选项卡"注释"面板中的"文字样式"按钮 A，打开"文字样式"对话框，单击"新建"按钮，打开"新建文字样式"对话框，如图 5-35 所示。接受默认的"样式 1"文字样式名。

图 5-35 "新建文字样式"对话框

（2）单击"确定"按钮，返回到"文字样式"对话框，在"字体名"下拉列表框中选择"宋体"选项，在"宽度因子"文本框中输入 0.7000，将文字高度设置为 5.0000，如图 5-36 所示。单击"应用"按钮，再单击"关闭"按钮。其他文字样式类似设置。

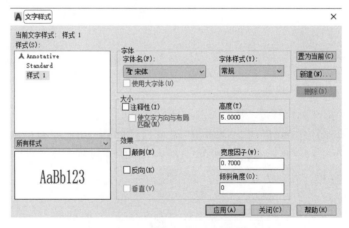

图 5-36 "文字样式"对话框

3. 设置尺寸标注样式

（1）单击"默认"选项卡"注释"面板中的"标注样式"按钮，打开"标注样式管理器"对话框，如图 5-37 所示。在"预览"显示框中显示出标注样式的预览图形。

（2）单击"修改"按钮，打开"修改标注样式：ISO-25"对话框，在该对话框中对标注样式的选项按照需要进行修改，如图 5-38 所示。

（3）其中，在"线"选项卡中，设置"颜色"和"线宽"为 ByLayer，"基线间距"为 6，其他不变。在"符号和箭头"选项卡中，设置"箭头大小"为 1，其他属性默认。在"文字"选项卡中，设置"颜色"为 ByLayer，"文字高度"为 5，其他不变。在"主单位"选项卡中，设置"精度"为 0，其他不变。其他选项卡采用默认设置。

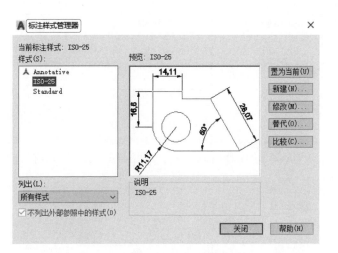

图 5-37 "标注样式管理器"对话框

图 5-38 "修改标注样式：ISO-25"对话框

4．绘制图框

单击"默认"选项卡"绘图"面板中的"矩形"按钮 □，绘制角点坐标为（25，10）和（410，287）的矩形。

说明：国家标准规定 A3 图纸的幅面大小是 420mm×297mm，这里留出了带装订边的图框到图纸边界的距离。

5．绘制标题栏

标题栏示意图如图 5-39 所示，由于分隔线并不整齐，所以可以先绘制一个 9×4（每个单元格的尺寸是 20×10）的标准表格，然后在此基础上编辑或合并单元格以形成如图 5-39 所示的形式。

图 5-39　标题栏示意图

（1）单击"默认"选项卡"注释"面板中的"表格样式"按钮 ，打开"表格样式"对话框，如图 5-40 所示。

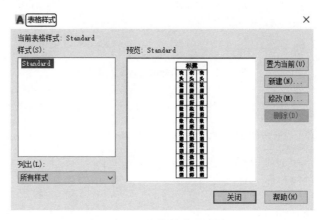

图 5-40　"表格样式"对话框

（2）在此对话框中单击"修改"按钮，打开"修改表格样式：Standard"对话框，在"单元样式"下拉列表框中选择"数据"选项，在下面的"文字"选项卡中将"文字高度"设置为6，如图 5-41 所示。再切换到"常规"选项卡，将"页边距"选项组中的"水平"和"垂直"都设置成 1，如图 5-42 所示。

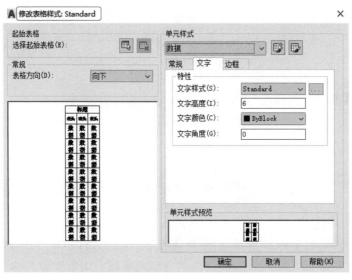

图 5-41　"修改表格样式：Standard"对话框

Note

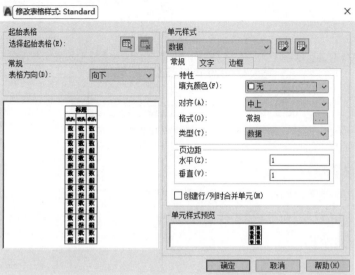

图 5-42 设置"常规"选项卡

（3）单击"确定"按钮，返回到"表格样式"对话框，单击"关闭"按钮。

（4）单击"默认"选项卡"注释"面板中的"表格"按钮 ⊞，打开"插入表格"对话框。在"列和行设置"选项组中将"列数"设置为 9，将"列宽"设置为 20，将"数据行数"设置为 2（加上标题行和表头行共 4 行），将"行高"设置为 1 行（即为 10）；在"设置单元样式"选项组中，将"第一行单元样式""第二行单元样式"和"所有其他行单元样式"都设置为"数据"，如图 5-43 所示。

图 5-43 "插入表格"对话框

（5）在图框线右下角附近指定表格位置，系统生成表格，同时打开"表格和文字编辑器"选项卡，如图 5-44 所示，直接按 Enter 键，不输入文字，生成表格，如图 5-45 所示。

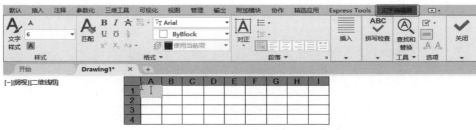

图 5-44　"表格和文字编辑器"选项卡

6. 移动标题栏

因为无法准确确定刚生成的标题栏与图框的相对位置，因此需要移动标题栏。单击"默认"选项卡"修改"面板中的"移动"按钮 ✛ ，将刚绘制的表格准确放置在图框的右下角，如图 5-46 所示。

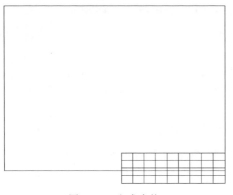

图 5-45　生成表格

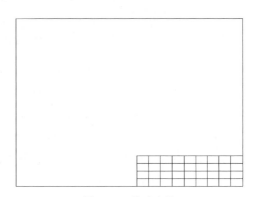

图 5-46　移动表格

7. 编辑标题栏表格

（1）单击标题栏表格的 A 单元格，按住 Shift 键，同时选择 B 和 C 单元格，在"表格单元"选项卡中单击"合并单元"按钮 ▦ ，在其下拉菜单中选择"合并全部"命令，如图 5-47 所示。

（2）重复上述方法，对其他单元格进行合并，结果如图 5-48 所示。

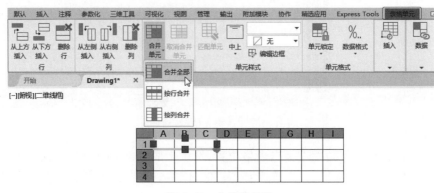

图 5-47　合并单元格

8．绘制会签栏

会签栏的大小和样式如图 5-49 所示。用户可以采取和标题栏相同的绘制方法来绘制会签栏。

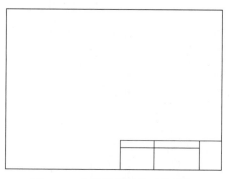

图 5-48　完成标题栏单元格编辑

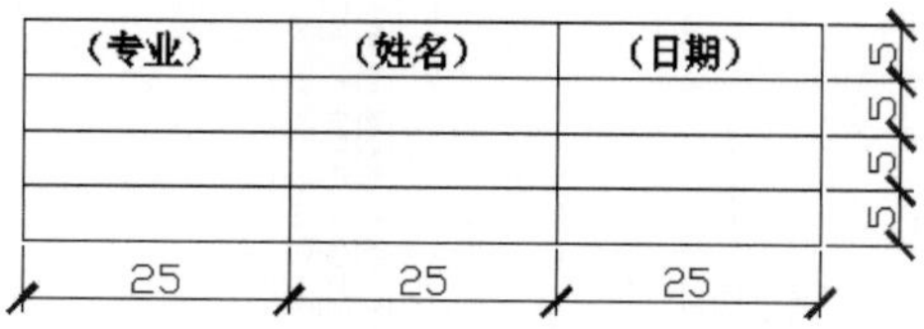

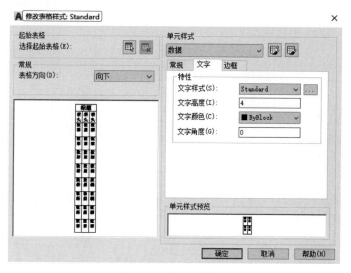

图 5-49　会签栏示意图

（1）在"修改表格样式"对话框中的"文字"选项卡中，将"文字高度"设置为 4，如图 5-50 所示；再把"常规"选项卡中"页边距"选项组中的"水平"和"垂直"都设置为 0.5。

图 5-50　设置表格样式

（2）单击"默认"选项卡"注释"面板中的"表格"按钮 ▦，打开"插入表格"对话框，在"列和行设置"选项组中，将"列数"设置为 3，"列宽"设置为 25，"数据行数"设置为 2，"行高"设置为 1 行；在"设置单元样式"选项组中，将"第一行单元样式""第二行单元样式"和"所有其他行单元样式"都设置为"数据"，如图 5-51 所示。

（3）在表格中输入文字，结果如图 5-52 所示。

9．旋转和移动会签栏

（1）单击"默认"选项卡"修改"面板中的"旋转"按钮 ↻，旋转会签栏，结果如图 5-53 所示。

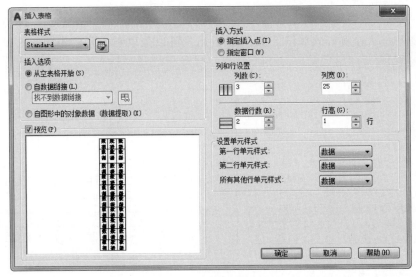

图 5-51　设置表格行和列

图 5-52　会签栏的绘制　　　　　　图 5-53　旋转会签栏

（2）单击"默认"选项卡"修改"面板中的"移动"按钮 ✣，将会签栏移动到图框的左上角，结果如图 5-54 所示。

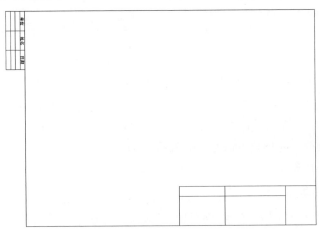

图 5-54　移动会签栏

10．绘制外框

单击"默认"选项卡"绘图"面板中的"矩形"按钮 ，在最外侧绘制一个 420×297 的外框，最终完成样板图的绘制，如图 5-33 所示。

11．保存样板图

单击快速访问工具栏中的"另存为"按钮 ，打开"图形另存为"对话框，将图形保存为 DWT 格式的文件即可，如图 5-55 所示。

图 5-55 "图形另存为"对话框

5.5 上机实验

实验 1 绘制如图 5-56 所示的会签栏。

1．目的要求

本例要求读者利用"表格"和"多行文字"命令，体会表格功能的便捷性。

专业	姓名	日期

图 5-56 会签栏

2．操作提示

（1）单击"绘图"工具栏中的"表格"按钮 ，绘制表格。

（2）单击"绘图"工具栏中的"多行文字"按钮 A，标注文字。

实验 2 绘制如图 5-57 所示的灯具规格表。

1．目的要求

本例在定义了表格样式后再利用"表格"命令绘制表格，最后将表格内容添加完整，如图 5-57 所示。通过本例的练习，读者应掌握表格的创建方法。

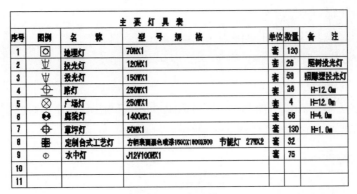

图 5-57　灯具规格表

主要灯具表

序号	图例	名　　称	型　号　规　格	单位	数量	备　　注
1		地埋灯	70WX1	套	120	
2		投光灯	120WX1	套	26	照树投光灯
3		投光灯	150WX1	套	58	照雕塑投光灯
4		路灯	250WX1	套	36	H=12.0m
5		广场灯	250WX1	套	4	H=12.0m
6		庭院灯	1400WX1	套	66	H=4.0m
7		草坪灯	50WX1	套	130	H=1.0m
8		定制台式工艺灯	方钢架罩黑色喷漆1500X1800X900 节能灯 27WX2	套	32	
9		水中灯	J12V100WX1	套	75	
10						
11						

2. 操作提示

（1）定义表格样式。

（2）创建表格。

（3）添加表格内容。

第 6 章

尺寸标注

本章导读

    尺寸标注是绘图设计过程中相当重要的一个环节。因为图形的主要作用是表达物体的形状,而物体各部分的真实大小和确切位置只能通过尺寸标注来描述,因此,如果没有正确的尺寸标注,绘制出的图纸对于加工制造就没什么意义。本章介绍 AutoCAD 的尺寸标注功能,内容主要包括尺寸标注的规则与组成、尺寸样式、尺寸标注、引线标注、尺寸标注编辑等。

学 习 要 点

- ◆ 尺寸样式
- ◆ 标注尺寸
- ◆ 引线标注

6.1 尺 寸 样 式

组成尺寸标注的尺寸界线、尺寸线、尺寸文本及箭头等都可以采用多种多样的形式,在实际标注一个几何对象的尺寸时,尺寸标注样式决定尺寸标注以什么形态出现。在 AutoCAD 2022 中,用户可以利用"标注样式管理器"对话框方便地设置自己需要的尺寸标注样式。下面介绍定制尺寸标注样式的方法。

6.1.1 新建或修改尺寸样式

在进行尺寸标注之前,要建立尺寸标注的样式。如果用户不建立尺寸样式而直接进行标注,系统就会使用默认的、名称为 Standard 的样式。如果用户认为使用的标注样式有某些设置不合适,那么也可以对其进行修改。

1. 执行方式

命令行:DIMSTYLE(快捷命令:D)。

菜单栏:选择菜单栏中的"格式"→"标注样式"命令或"标注"→"标注样式"命令。

工具栏:单击"标注"工具栏中的"标注样式"按钮 。

功能区:单击"默认"选项卡"注释"面板中的"标注样式"按钮 (图 6-1),或单击①"注释"选项卡"标注"面板上的②"标注样式"下拉菜单中的③"管理标注样式"按钮(图 6-2),或单击"注释"选项卡"标注"面板中的"对话框启动器"按钮 。

图 6-1 "注释"面板

图 6-2 "标注"面板

2. 操作步骤

命令:DIMSTYLE✓

执行上述命令后,AutoCAD 打开"标注样式管理器"对话框,如图 6-3 所示。利用此对话框用户可方便直观地设置和浏览尺寸标注样式,包括建立新的标注样式、修改已存在的样式、设置当前尺寸标注样式、标注样式重命名以及删除一个已存在的标注样式等。

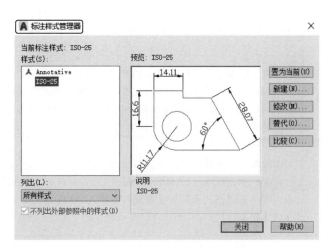

图 6-3 "标注样式管理器"对话框

3. 选项说明

"新建或修改尺寸样式"命令各选项的含义如表 6-1 所示。

表 6-1 "新建或修改尺寸样式"命令各选项含义

选 项		含 义
"置为当前"按钮		单击此按钮,把在"样式"列表框中选中的标注样式设置为当前尺寸标注样式
"新建"按钮		定义一个新的尺寸标注样式。单击此按钮,AutoCAD 打开"创建新标注样式"对话框,如图 6-4 所示,利用此对话框可创建一个新的尺寸标注样式。下面介绍其中各选项的功能
	新样式名	给新的尺寸标注样式命名
	基础样式	选取创建新样式所基于的标注样式。单击右侧的下三角按钮,显示当前已存在的标注样式列表,从中选择一个样式作为定义新样式的基础样式,新的样式是在这个样式的基础上修改一些特性得到的
	用于	指定新样式应用的尺寸类型。单击右侧的下三角按钮,显示尺寸类型列表,如果新建样式应用于所有尺寸标注,则选择"所有标注"选项;如果新建样式只应用于特定的尺寸标注(例如只在标注直径时使用此样式),则选取相应的尺寸类型
	继续	设置好各选项以后,单击"继续"按钮,AutoCAD 打开"新建标注样式"对话框,如图 6-5 所示,利用此对话框可对新样式的各项特性进行设置。该对话框中各部分的含义和功能将在后面介绍
"修改"按钮		修改一个已存在的尺寸标注样式。单击此按钮,AutoCAD 打开"修改标注样式"对话框,该对话框中的各选项与"新建标注样式"对话框中的各选项完全相同,用户可以在此对话框中对已有标注样式进行修改

续表

选　　项	含　　义
"替代"按钮	设置临时覆盖尺寸标注样式。单击此按钮，AutoCAD打开"替代当前样式"对话框，该对话框中的各选项与"新建标注样式"对话框中的各选项完全相同，用户可通过改变选项的设置来覆盖原来的设置，但这种修改只对指定的尺寸标注起作用，而不影响当前尺寸样式变量的设置
"比较"按钮	比较两个尺寸标注样式在参数上的区别，或浏览一个尺寸标注样式的参数设置。单击此按钮，AutoCAD打开"比较标注样式"对话框，如图6-6所示。用户可以把比较结果复制到剪贴板上，然后再粘贴到其他的Windows应用软件上

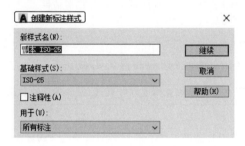

图6-4　"创建新标注样式"对话框

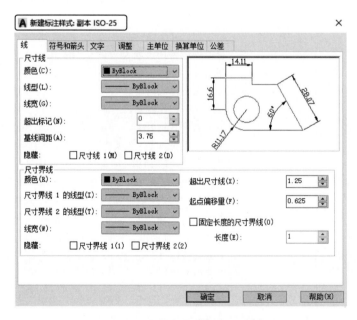

图6-5　"新建标注样式"对话框

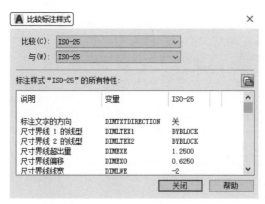

图 6-6 "比较标注样式"对话框

6.1.2 线

在"新建标注样式"对话框中,第一个选项卡就是"线"选项卡,如图 6-5 所示。该选项卡用于设置尺寸线、尺寸界线的形式和特性。下面分别进行说明。

1."尺寸线"选项组

该选项组用于设置尺寸线的特性。其中各主要选项的含义如下。

1)"颜色"下拉列表框

该下拉列表框用于设置尺寸线的颜色。可直接输入颜色名字,也可从下拉列表框中选择,或者单击"选择颜色"命令,打开"选择颜色"对话框,用户可从中选择其他颜色。

2)"线型"下拉列表框

该下拉列表框用于设定尺寸线的线型。

3)"线宽"下拉列表框

该下拉列表框用于设置尺寸线的线宽,此下拉列表框中列出了各种线宽的名字和宽度。AutoCAD 把设置值保存在 DIMLWD 变量中。

4)"超出标记"微调框

当尺寸箭头设置为短斜线、短波浪线等,或尺寸线上无箭头时,可利用此微调框设置尺寸线超出尺寸界线的距离。其相应的尺寸变量是 DIMDLE。

5)"基线间距"微调框

以基线方式标注尺寸时,该微调框用于设置相邻两尺寸线之间的距离,其相应的尺寸变量是 DIMDLI。

6)"隐藏"复选框组

该复选框组用于确定是否隐藏尺寸线及其相应的箭头。选中"尺寸线 1"复选框表示隐藏第一段尺寸线,选中"尺寸线 2"复选框表示隐藏第二段尺寸线。其相应的尺寸变量分别为 DIMSD1 和 DIMSD2。

2."尺寸界线"选项组

该选项组用于确定尺寸界线的形式。其中各主要选项的含义如下。

Note

1）"颜色"下拉列表框

该下拉列表框用于设置尺寸界线的颜色。

2）"线宽"下拉列表框

该下拉列表框用于设置尺寸界线的线宽，AutoCAD把其值保存在DIMLWE变量中。

3）"超出尺寸线"微调框

该微调框用于确定尺寸界线超出尺寸线的距离，其相应的尺寸变量是DIMEXE。

4）"起点偏移量"微调框

该微调框用于确定尺寸界线的实际起始点相对于指定尺寸界线的起始点的偏移量，其相应的尺寸变量是DIMEXO。

5）"隐藏"复选框组

该复选框组用于确定是否隐藏尺寸界线。选中"尺寸界线1"复选框表示隐藏第一段尺寸界线，选中"尺寸界线2"复选框表示隐藏第二段尺寸界线。其相应的尺寸变量分别为DIMSE1和DIMSE2。

6）"固定长度的尺寸界线"复选框

选中该复选框，表示系统以固定长度的尺寸界线标注尺寸。可以在下面的"长度"微调框中输入长度值。

3．尺寸样式显示框

在"新建标注样式"对话框的右上方有一个尺寸样式显示框，该显示框以样例的形式显示用户设置的尺寸样式。

6.1.3　符号和箭头

在"新建标注样式：副本ISO-25"对话框中，第二个选项卡是"符号和箭头"选项卡，如图6-7所示。该选项卡用于设置箭头、圆心标记、弧长符号和半径折弯标注等的形式和特性。下面分别进行说明。

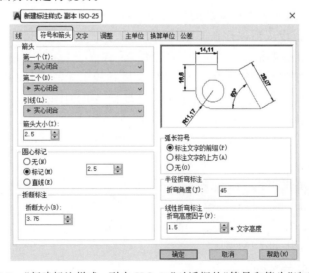

图6-7　"新建标注样式：副本ISO-25"对话框的"符号和箭头"选项卡

1."箭头"选项组

该选项组用于设置尺寸箭头的形式。AutoCAD 提供了多种多样的箭头形状,列在"第一个"和"第二个"下拉列表框中。另外,系统还允许用户采用自定义的箭头形式。两个尺寸箭头可以采用相同的形式,也可以采用不同的形式。

1)"第一个"下拉列表框

该下拉列表框用于设置第一个尺寸箭头的形式。此下拉列表框中列出各种箭头形式的名字及其形状,用户可从中选择自己需要的形式。一旦确定了第一个箭头的类型,第二个箭头则自动与其匹配,要想使第二个箭头选用不同的类型,可在"第二个"下拉列表框中进行设定。AutoCAD 把第一个箭头类型名存放在尺寸变量 DIMBLK1 中。

2)"第二个"下拉列表框

该下拉列表框用于确定第二个尺寸箭头的形式,可与第一个箭头类型不同。AutoCAD 把第二个箭头的名字存放在尺寸变量 DIMBLK2 中。

3)"引线"下拉列表框

该下拉列表框用于确定引线箭头的形式,与"第一个"下拉列表框的设置类似。

4)"箭头大小"微调框

该微调框用于设置箭头的大小,其相应的尺寸变量是 DIMASZ。

2."圆心标记"选项组

该选项组用于设置半径标注、直径标注和中心标注中的中心标记和中心线的形式,其相应的尺寸变量是 DIMCEN。其中各项的含义如下。

1)"无"单选按钮

选择此单选按钮,则既不产生中心标记,也不产生中心线。此时 DIMCEN 变量的值为 0。

2)"标记"单选按钮

选择此单选按钮,则中心标记为一个记号。AutoCAD 将标记大小以一个正值存放在 DIMCEN 变量中。

3)"直线"单选按钮

选择此单选按钮,则中心标记采用中心线的形式。AutoCAD 将中心线的大小以一个负值存放在 DIMCEN 变量中。

4)微调框

它用于设置中心标记和中心线的大小和粗细。

3."弧长符号"选项组

该选项组用于控制弧长标注中圆弧符号的显示,有 3 个单选按钮。

1)"标注文字的前缀"单选按钮

选择此单选按钮,则将弧长符号放在标注文字的前面,如图 6-8(a)所示。

2)"标注文字的上方"单选按钮

选择此单选按钮,则将弧长符号放在标注文字的上方,如图 6-8(b)所示。

3)"无"单选按钮

选择此单选按钮,则不显示弧长符号,如图 6-8(c)所示。

(a)   (b)   (c)

图 6-8 弧长符号

4．"半径折弯标注"选项组

该选项组用于控制折弯（Z 字形）半径标注的显示。

5．"线性折弯标注"选项组

该选项组用于控制线性标注折弯的显示。

6.1.4 文本

在"新建标注样式：副本 ISO-25"对话框中，第三个选项卡是"文字"选项卡，如图 6-9 所示。该选项卡用于设置尺寸文本的形式、位置和对齐方式等。

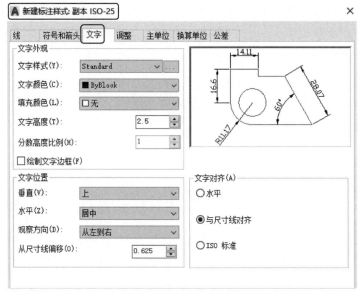

图 6-9 "新建标注样式：副本 ISO-25"对话框的"文字"选项卡

1．"文字外观"选项组

1）"文字样式"下拉列表框

该下拉列表框用于选择当前尺寸文本采用的文字样式。可在下拉列表框中选择一个样式，也可单击右侧的 ... 按钮，打开"文字样式"对话框，以创建新的文字样式或对已存在的文字样式进行修改。AutoCAD 将当前文字样式保存在 DIMTXSTY 系统变量中。

2）"文字颜色"下拉列表框

该下拉列表框用于设置尺寸文本的颜色，其操作方法与设置尺寸线颜色的方法相同。其相应的尺寸变量是 DIMCLRT。

3）"文字高度"微调框

该微调框用于设置尺寸文本的字高,其相应的尺寸变量是 DIMTXT。如果选用的文字样式中已设置了具体的字高(不是 0),则此处的设置无效;如果文字样式中设置的字高为 0,那么以此处的设置为准。

4）"分数高度比例"微调框

该微调框用于确定尺寸文本的比例系数,其相应的尺寸变量是 DIMTFAC。

5）"绘制文字边框"复选框

选中此复选框,AutoCAD 将在尺寸文本的周围加上边框。

2．"文字位置"选项组

1）"垂直"下拉列表框

该下拉列表框用于确定尺寸文本相对于尺寸线在垂直方向上的对齐方式,其相应的尺寸变量是 DIMTAD。在该下拉列表框中,用户可选择的对齐方式有以下 4 种:

(1) 置中:将尺寸文本放在尺寸线的中间,此时 DIMTAD=0。

(2) 上方:将尺寸文本放在尺寸线的上方,此时 DIMTAD=1。

(3) 外部:将尺寸文本放在远离第一条尺寸界线起点的位置,即尺寸文本和所标注的对象分列于尺寸线的两侧,此时 DIMTAD=2。

(4) JIS:使尺寸文本的放置符合 JIS(日本工业标准)规则,此时 DIMTAD=3。

上面几种尺寸文本布置方式如图 6-10 所示。

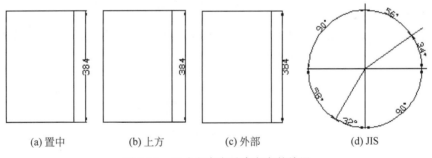

(a) 置中　　(b) 上方　　(c) 外部　　(d) JIS

图 6-10　尺寸文本在垂直方向的放置

2）"水平"下拉列表框

该下拉列表框用于确定尺寸文本相对于尺寸线和尺寸界线在水平方向上的对齐方式,其相应的尺寸变量是 DIMJUST。在此下拉列表框中,用户可选择的对齐方式有以下 5 种:置中、第一条尺寸界线、第二条尺寸界线、第一条尺寸界线上方、第二条尺寸界线上方,其效果如图 6-11 所示。

3）"从尺寸线偏移"微调框

当尺寸文本放在断开的尺寸线中间时,此微调框用来设置尺寸文本与尺寸线之间的距离(尺寸文本间隙),这个值保存在尺寸变量 DIMGAP 中。

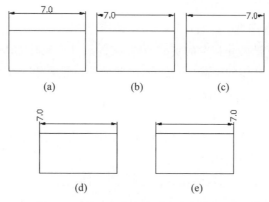

图 6-11　尺寸文本在水平方向上的放置

3．"文字对齐"选项组

该选项组用于控制尺寸文本排列的方向。当尺寸文本在尺寸界线之内时，与其对应的尺寸变量是 DIMTIH；当尺寸文本在尺寸界线之外时，与其对应的尺寸变量是 DIMTOH。

1）"水平"单选按钮

选择此单选按钮，则尺寸文本沿水平方向放置。不论标注什么方向的尺寸，尺寸文本总保持水平。

2）"与尺寸线对齐"单选按钮

选择此单选按钮，则尺寸文本沿尺寸线方向放置。

3）"ISO 标准"单选按钮

选择此单选按钮，则当尺寸文本在尺寸界线之间时，沿尺寸线方向放置；当尺寸文本在尺寸界线之外时，沿水平方向放置。

6.2　标 注 尺 寸

正确地进行尺寸标注是绘图设计过程中非常重要的一个环节，AutoCAD 2022 提供了方便快捷的尺寸标注方法，可通过执行命令实现，也可利用菜单或工具图标实现。本节重点介绍如何对各种类型的尺寸进行标注。

6.2.1　线性标注

1．执行方式

命令行：DIMLINEAR(缩写名：DIMLIN；快捷命令：DLI)。

菜单栏：选择菜单栏中的"标注"→"线性"命令。

工具栏：单击"标注"工具栏中的"线性"按钮 ⊢⊣。

功能区：单击"默认"选项卡"注释"面板中的"线性"按钮 ⊢⊣（图 6-12），或单击"注释"选项卡"标注"面板中的"线性"按钮 ⊢⊣（图 6-13）。

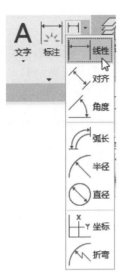

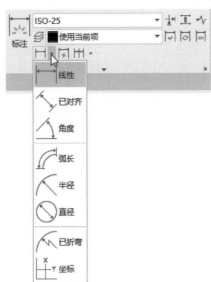

Note

图 6-12　"注释"面板　　　　　图 6-13　"标注"面板

2．操作步骤

命令：DIMLIN↙
指定第一个尺寸界线原点或 <选择对象>：

3．选项说明

在此提示下有两种选择方法，直接按 Enter 键选择要标注的对象或确定尺寸界线的起始点，"线性标注"命令各选项的含义如表 6-2 所示。

表 6-2　"线性标注"命令各选项含义

选　　项	含　　义
直接按 Enter 键	光标变为拾取框，并且在命令行提示： 　选择标注对象： 用拾取框单击要标注尺寸的线段，命令行提示如下： 　指定尺寸线位置或[多行文字(M)/文字(T)/角度(A)/水平(H)/垂直(V)/旋转(R)]： 各项的含义如下： （1）指定尺寸线位置：确定尺寸线的位置。用户可通过移动鼠标来选择合适的尺寸线位置，然后按 Enter 键或单击，AutoCAD 将自动测量所标注线段的长度并标注出相应的尺寸。 （2）多行文字(M)：用多行文字编辑器确定尺寸文本。 （3）文字(T)：在命令行提示下输入或编辑尺寸文本。选择此选项后，AutoCAD 提示： 　输入标注文字 <默认值>：

续表

选　项	含　义
直接按 Enter 键	其中的默认值是 AutoCAD 自动测量得到的被标注线段的长度,直接按 Enter 键即可采用此长度值,也可输入其他数值代替默认值。当尺寸文本中包含默认值时,可使用尖括号"<>"表示默认值。 (4) 角度(A):确定尺寸文本的倾斜角度。 (5) 水平(H):水平标注尺寸,不论被标注线段沿什么方向,尺寸线均水平放置。 (6) 垂直(V):垂直标注尺寸,不论被标注线段沿什么方向,尺寸线总保持垂直。 (7) 旋转(R):旋转标注尺寸,输入尺寸线旋转的角度值
指定第一条尺寸界线的起始点	用鼠标指定需要标注图形的起点和端点

6.2.2　对齐标注

1. 执行方式

命令行:DIMALIGNED(快捷命令:DAL)。

菜单栏:选择菜单栏中的"标注"→"对齐"命令。

工具栏:单击"标注"工具栏中的"对齐"按钮。

功能区:单击"默认"选项卡"注释"面板中的"对齐"按钮,或单击"注释"选项卡"标注"面板中的"已对齐"按钮。

2. 操作步骤

```
命令: DIMALIGNED↵
指定第一个尺寸界线原点或 <选择对象>:
```

这种命令标注的尺寸线与所标注轮廓线平行,标注的尺寸是起始点到终点之间的距离尺寸。

6.2.3　基线标注

基线标注用于产生一系列基于同一条尺寸界线的尺寸标注,适用于长度尺寸标注、角度标注和坐标标注等。在使用基线标注方式之前,应该先标注出一个相关的尺寸。

1. 执行方式

命令行:DIMBASELINE(快捷命令:DBA)。

菜单栏:选择菜单栏中的"标注"→"基线"命令。

工具栏:单击"标注"工具栏中的"基线"按钮。

功能区:单击"注释"选项卡"标注"面板中的"基线"按钮。

2．操作步骤

命令：DIMBASELINE✓
指定第二条尺寸界线原点或 [放弃(U)/选择(S)] <选择>:

3．选项说明

"基线标注"命令各选项的含义如表 6-3 所示。

表 6-3 "基线标注"命令各选项含义

选 项	含 义
指定第二条尺寸界线原点	直接确定另一个尺寸的第二条尺寸界线的起始点,AutoCAD 以上次标注的尺寸为基准,标注出相应尺寸
选择(S)	在上述提示下直接按 Enter 键,AutoCAD 提示： 选择基准标注:(选取作为基准的尺寸标注)

6.2.4 连续标注

连续标注又叫尺寸链标注,用于产生一系列连续的尺寸标注,后一个尺寸标注均把前一个尺寸标注的第二条尺寸界线作为它的第一条尺寸界线。它适用于长度尺寸标注、角度标注和坐标标注等。在使用连续标注方式之前,应该先标注出一个相关的尺寸。

1．执行方式

命令行：DIMCONTINUE(快捷命令：DCO)。
菜单栏：选择菜单栏中的"标注"→"连续"命令。
工具栏：单击"标注"工具栏中的"连续"按钮 ┠┨┨。
功能区：单击"注释"选项卡"标注"面板中的"连续"按钮 ┠┨┨。

2．操作步骤

命令：DIMCONTINUE✓
指定第二条尺寸界线原点或 [放弃(U)/选择(S)] <选择>:

在此提示下的各选项与基线标注中的各选项完全相同,此处不再赘述。

6.2.5 半径标注

1．执行方式

命令行：DIMRADIUS(快捷命令：DRA)。
菜单栏：选择菜单栏中的"标注"→"半径"命令。
工具栏：单击"标注"工具栏中的"半径"按钮 ⟋。
功能区：单击"默认"选项卡"注释"面板中的"半径"按钮 ⟋,或单击"注释"选项卡

"标注"面板中的"半径"按钮。

2．操作步骤

命令:DIMRADIUS↙
选择圆弧或圆:(选择要标注半径的圆或圆弧)
指定尺寸线位置或[多行文字(M)/文字(T)/角度(A)]:(确定尺寸线的位置或选某一选项)

用户可以通过选择"多行文字(M)"项、"文字(T)"项或"角度(A)"项来输入、编辑尺寸文本或确定尺寸文本的倾斜角度,也可以通过直接指定尺寸线的位置来标注出指定圆或圆弧的半径。

其他标注类型还有直径标注、圆心标注和中心线标注、角度标注、快速标注等,这里不再赘述。

6.2.6　标注打断

1．执行方式

命令行：DIMBREAK。

菜单栏：选择菜单栏中的"标注"→"标注打断"命令。

工具栏：单击"标注"工具栏中的"折断标注"按钮。

功能区：单击"注释"选项卡"标注"面板中的"折断"按钮。

2．操作步骤

命令:DIMBREAK↙
选择要添加/删除折断的标注或[多个(M)]:(选择标注,或输入 M 并按 Enter 键)

选择标注后,将显示以下提示：

选择要折断标注的对象或[自动(A)/手动(R)/删除(M)]<自动>:(选择与标注相交或与选定标注的延伸线相交的对象,输入选项,或按 Enter 键)

选择要折断标注的对象后,将显示以下提示：

选择要折断标注的对象:(选择通过标注的对象或按 Enter 键以结束命令)

选择"多个"则指定要向其中添加折断或要从中删除折断的多个标注。选择"自动"则将折断标注放置在与选定标注相交的对象的所有交点处。修改标注或相交对象时,会自动更新使用此选项创建的所有折断标注。在具有任何折断标注的标注上方绘制新对象后,在交点处不会沿标注对象自动应用任何新的折断标注,要添加新的折断标注,必须再次运行此命令。选择"删除"将从选定的标注中删除所有折断标注。选择手动放置折断标注,为折断位置指定标注或延伸线上的两点;如果修改标注或相交对象,则不会更新使用此选项创建的任何折断标注;使用此选项,一次仅可以放置一个手动折断标注。

6.3 引 线 标 注

AutoCAD 提供了引线标注功能,利用该功能用户不仅可以标注特定的尺寸,如圆角、倒角等,还可以在图中添加多行旁注、说明。在引线标注中,指引线可以是折线,也可以是曲线;指引线端部可以有箭头,也可以没有箭头。

6.3.1 利用 LEADER 命令进行引线标注

利用 LEADER 命令可以创建灵活多样的引线标注形式,用户可根据自己的需要把指引线设置为折线或曲线;指引线可带箭头,也可不带箭头;注释文本可以是多行文本,也可以是形位公差,或是从图形其他部位复制的部分图形,还可以是一个图块。

1. 执行方式

命令行:LEADER。

2. 操作步骤

```
命令:LEADER↙
指定引线起点:(输入指引线的起始点)
指定下一点:(输入指引线的另一点)
```

AutoCAD 由上面两点画出指引线并继续提示:

```
指定下一点或 [注释(A)/格式(F)/放弃(U)] <注释>:
```

3. 选项说明

"利用 LEADER 命令进行引线标注"命令各选项的含义如表 6-4 所示。

表 6-4 "利用 LEADER 命令进行引线标注"命令各选项含义

选 项	含 义
指定下一点	直接输入一点,AutoCAD 根据前面的点画出折线作为指引线
注释(A)	输入注释文本,为默认项。在上面提示下直接按 Enter 键,AutoCAD 提示: 输入注释文字的第一行或 <选项>: (1)输入注释文本的第一行 在此提示下输入第一行文本后按 Enter 键,用户可继续输入第二行文本,如此反复执行,直到输入全部注释文本,然后在此提示下直接按 Enter 键,AutoCAD 会在指引线终端标注出所输入的多行文本,并结束 LEADER 命令。 (2)直接按 Enter 键 如果在上面的提示下直接按 Enter 键,则命令行提示如下: 输入注释选项 [公差(T)/副本(C)/块(B)/无(N)/多行文字(M)]<多行文字>: 在此提示下输入一个注释选项或直接按 Enter 键,即选择"多行文字"选项

续表

选　项	含　义
格式(F)	确定指引线的形式。选择该项,命令行提示如下: 输入指引线格式选项 [样条曲线(S)/直线(ST)/箭头(A)/无(N)]<退出>: (选择指引线形式,或直接按 Enter 键回到上一级提示) (1) 样条曲线(S):设置指引线为样条曲线。 (2) 直线(ST):设置指引线为折线。 (3) 箭头(A):在指引线的端部位置画箭头。 (4) 无(N):在指引线的端部位置不画箭头。 (5) 退出:此项为默认选项,选择该选项则退出"格式"选项

6.3.2　利用 QLEADER 命令进行引线标注

利用 QLEADER 命令可快速生成指引线及注释,而且可以通过命令行来优化对话框进行用户自定义,由此可以消除不必要的命令行提示,取得更高的工作效率。

1. 执行方式

命令行: QLEADER。

2. 操作步骤

命令: QLEADER↙
指定第一个引线点或 [设置(S)] <设置>:

3. 选项说明

"利用 QLEADER 命令进行引线标注"命令各选项的含义如表 6-5 所示。

表 6-5　"利用 QLEADER 命令进行引线标注"命令各选项含义

选　项	含　义
指定第一个引线点	在上面的提示下确定一点作为指引线的第一点,命令行提示如下: 指定下一点:(输入指引线的第二点) 指定下一点:(输入指引线的第三点) AutoCAD 提示用户输入的点的数目由"引线设置"对话框确定,如图 6-10 所示。输入完指引线的点后,命令行提示如下: 指定文字宽度 <0.0000>:(输入多行文本的宽度) 输入注释文字的第一行 <多行文字(M)>: (1) 输入注释文字的第一行 在命令行输入第一行文本。系统继续提示: 输入注释文字的下一行:(输入另一行文本) 输入注释文字的下一行:(输入另一行文本或按 Enter 键)

续表

选　　项	含　　义
指定第一个引线点	（2）多行文字（M） 打开多行文字编辑器，输入、编辑多行文字。输入全部注释文本后，在此提示下直接按 Enter 键，AutoCAD 结束 QLEADER 命令并把多行文本标注在指引线的末端附近
设置（S）	在上面提示下直接按 Enter 键或输入 S，AutoCAD 将打开如图 6-14 所示的"引线设置"对话框，允许对引线标注进行设置。该对话框包含"注释""引线和箭头""附着"3 个选项卡，下面分别进行介绍。 （1）"引线和箭头"选项卡如图 6-14 所示。 此选项卡用于设置引线标注中引线和箭头的形式。其中"点数"选项组用于设置执行 QLEADER 命令时，AutoCAD 提示用户输入的点的数目。例如，设置点数为 3，执行 QLEADER 命令时，当用户在提示下指定 3 个点后，AutoCAD 自动提示用户输入注释文本。注意，设置的点数要比用户希望的指引线的段数多 1，可利用微调框进行设置。如果选中"无限制"复选框，AutoCAD 会一直提示用户输入点直到连续按 Enter 键两次为止。"角度约束"选项组用来设置第一段和第二段指引线的角度约束。 （2）"注释"选项卡如图 6-15 所示。 此选项卡用于设置引线标注中注释文本的类型、多行文字的格式并确定注释文本是否多次使用。 （3）"附着"选项卡如图 6-16 所示。 此选项卡用于设置注释文本和指引线的相对位置。如果最后一段指引线指向右边，AutoCAD 则自动把注释文本放在右侧；如果最后一段指引线指向左边，则 AutoCAD 自动把注释文本放在左侧。利用该选项卡中左侧和右侧的单选按钮，分别设置位于左侧和右侧的注释文本与最后一段指引线的相对位置，二者可相同也可不同

图 6-14　"引线和箭头"选项卡

Note

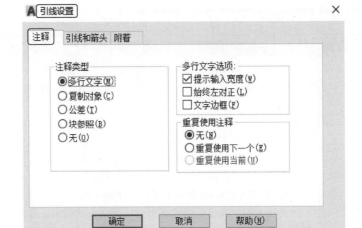

图 6-15 "注释"选项卡

图 6-16 "附着"选项卡

6-1

6.4 实例精讲——卫生间给水管道平面图

 练习目标

绘制如图 6-17 所示的卫生间给水管道平面图。

设计思路

本实例首先设置绘图环境,然后利用直线、圆、矩形等二维绘图命令和修剪、复制等二维编辑命令,绘制给水管道平面图,最后为图形添加尺寸标注和文字说明。

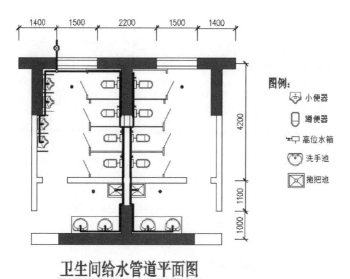

图例:

卫生间给水管道平面图

图 6-17　卫生间给水管道平面图

操作步骤

6.4.1　设置绘图环境

1．建立新文件

单击快速访问工具栏中的"打开"按钮 ⊅，打开下载的源文件中的"卫生间平面图"，如图 6-18 所示。将图形文件另存为"卫生间给水管道平面图"。

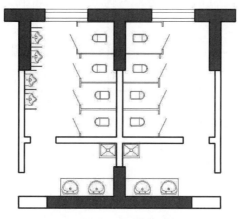

图 6-18　卫生间平面图

2．创建新图层

单击"默认"选项卡"图层"面板中的"图层特性"按钮，打开"图层特性管理器"选项板，新建"给水管道""排水管道""文字标注"和"设备线"等图层。图层参数设置如图 6-19 所示。

Note

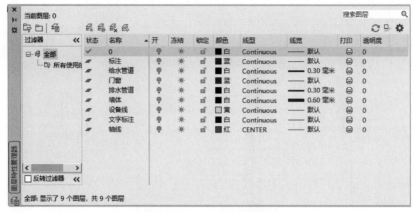

图 6-19　新图层参数设置

6.4.2　给水管道平面图的绘制

1．给水管道绘制

（1）将前面设置的图层"给水管道"置为当前，如图 6-20 所示。

（2）按 F8 键打开"正交"模式。单击"默认"选项卡"绘图"面板中的"直线"按钮 ／，按照图 6-21 绘制直线。

图 6-20　图层控制列表

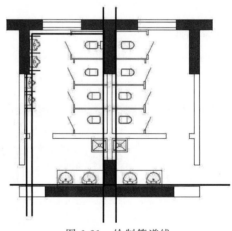

图 6-21　绘制管道线

（3）单击"默认"选项卡"修改"面板中的"修剪"按钮 ，删除多余的线，结果如图 6-22 所示。

对室内给排水平面图中的设备、管道等均用规定的图例表示其类型及平面位置。这些图例符号只是表示具体的某个设备，并不完全反映设备的真实形状和大小，在绘制过程中可以适当放大或缩小，也可以旋转适当角度来配合整个图样。

2．绘制蹲便器高位水箱

（1）打开图层特性管理器，将"设备线"图层置为当前。

（2）单击"默认"选项卡"绘图"面板中的"矩形"按钮 ，绘制一个小矩形，尺寸为

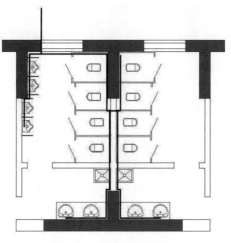

图 6-22　修剪管道结果

275×150。

（3）单击"默认"选项卡"绘图"面板中的"直线"按钮 ╱，绘制出 L 形线和倒 T 形线。

（4）单击"默认"选项卡"绘图"面板中的"圆"按钮 ⊙，在 L 形线与倒 T 形线相交处绘制一个小圆。这样就绘制出蹲便器高位水箱，如图 6-23 所示。

（5）将高位水箱复制到蹲便器处，并在中点处用直线连接，得到蹲便器和高位水箱的示意图，如图 6-24 所示。

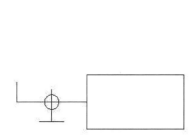

图 6-23　蹲便器高位水箱示意图

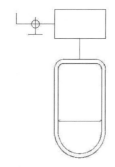

图 6-24　蹲便器和高位水箱示意图

（6）单击"默认"选项卡"修改"面板中的"复制"按钮 ％，将高位水箱复制到每个蹲便器的上方，结果如图 6-25 所示。

3．绘制立管

（1）单击"默认"选项卡"绘图"面板中的"圆"按钮 ⊙，在水管的左上方绘制一个小圆作为立管，管径 100，结果如图 6-26 所示。

（2）单击"默认"选项卡"修改"面板中的"修剪"按钮 ㄨ，将圆中线条修剪掉，得到立管，结果如图 6-27 所示。

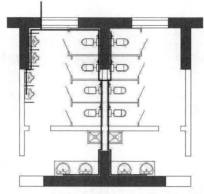

图 6-25　所有蹲便器与高位水箱绘制结果

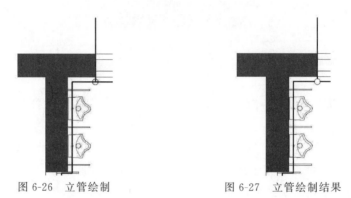

图 6-26　立管绘制　　　　　图 6-27　立管绘制结果

4．绘制分水管

（1）单击"默认"选项卡"绘图"面板中的"圆"按钮⊙，在洗手池和拖把池中绘制出水口，管径 20。

（2）单击"默认"选项卡"绘图"面板中的"直线"按钮╱，绘制出水口和主水管之间的分水管，结果如图 6-28 所示。

（3）在小便池中绘制直线作为多孔水管，然后用直线把多孔水管和主水管连接，结果如图 6-29 所示。

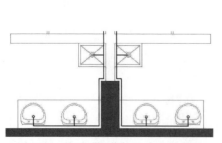

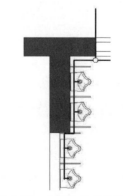

图 6-28　洗手池和拖把池给水示意图　　　图 6-29　小便池给水示意图

5. 绘制地漏

（1）单击"默认"选项卡"绘图"面板中的"圆"按钮 ⊙，在拖把池旁边和小便器右边绘制地漏，管径为 100。

（2）单击"默认"选项卡"绘图"面板中的"图案填充"按钮 ▦，打开"图案填充创建"选项卡，如图 6-30 所示。选择 SOLID 图案类型，拾取地漏中间区域，完成地漏填充。

图 6-30 "图案填充创建"选项卡

（3）单击"默认"选项卡"修改"面板中的"镜像"按钮 ⚠，镜像地漏到对称的卫生间，完成地漏绘制，结果如图 6-31 所示。

6. 绘制阀门

（1）单击"默认"选项卡"绘图"面板中的"圆"按钮 ⊙，在进水管上绘制圆，直径 200。

（2）单击"默认"选项卡"修改"面板中的"修剪"按钮 ✂，将圆中的线条剪掉。

（3）单击"默认"选项卡"绘图"面板中的"直线"按钮 ╱，在圆中绘制如图 6-32 所示的图案。

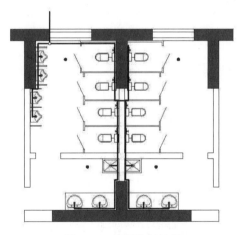

图 6-31 地漏绘制结果

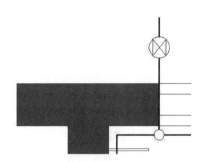

图 6-32 阀门绘制结果

6.4.3 给水管道尺寸标注与文字说明

1. 尺寸标注

（1）将前面设置的"标注"图层置为当前。

Note

(2) 单击"默认"选项卡"注释"面板中的"标注样式"按钮 ，新建标注样式"给排水"，如图 6-33 所示。

图 6-33　创建"给排水"标注样式

(3) 单击"继续"按钮，打开"新建标注样式：给排水"对话框，切换到"文字"选项卡，设置参数如图 6-34 所示。

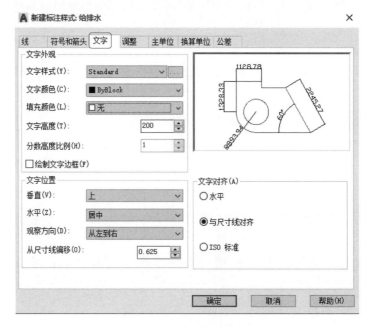

图 6-34　"文字"参数设置

(4) 切换到"符号和箭头"选项卡，设置参数如图 6-35 所示。

(5) 切换到"线"选项卡，修改参数如图 6-36 所示。

(6) 单击"确定"按钮，返回"标注样式管理器"对话框，将"给排水"标注样式"置为当前"。

(7) 单击"关闭"按钮，退出"标注样式管理器"对话框。

这样就完成了标注样式的新建，下面开始尺寸标注。

(8) 单击"默认"选项卡"注释"面板中的"线性"按钮 ┠╌┤，标注卫生间的尺寸，结果如图 6-37 所示。

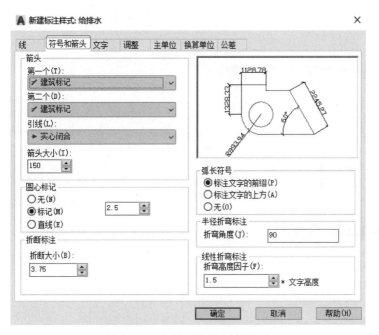

图 6-35 "符号和箭头"参数设置

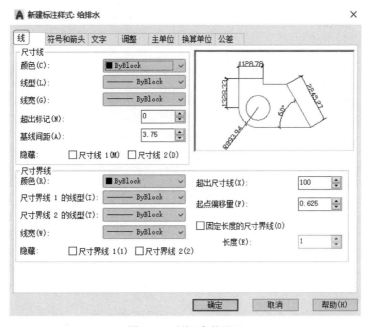

图 6-36 "线"参数设置

2．文字说明

（1）将前面设置的"文字标注"图层置为当前。

（2）单击"默认"选项卡"注释"面板中的"文字样式"按钮 **A**，新建文字样式"给排水文字"，如图 6-38 所示。

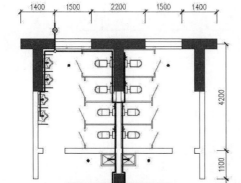

图 6-37 尺寸标注结果

图 6-38 新建"给排水文字"样式

（3）单击"确定"按钮，打开"文字样式"对话框，设置参数如图 6-39 所示。

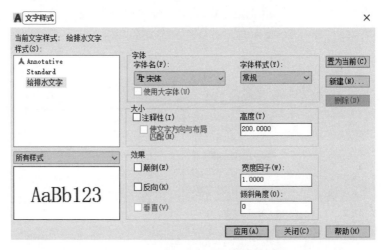

图 6-39 "给排水文字"样式参数设置

（4）单击"默认"选项卡"修改"面板中的"复制"按钮 ，将需要说明的图例复制到平面图的右边。

（5）单击"默认"选项卡"注释"面板中的"多行文字"按钮 **A**，在图例的旁边附上文字说明，结果如图 6-40 所示。

这样卫生间给水管道平面图绘制完毕，下面需要插入图名。

（6）单击"默认"选项卡"注释"面板中的"单行文字"按钮 **A**，在平面图下方标注"卫生间给水管道平面图"字样。

（7）单击"默认"选项卡"绘图"面板中的"多段线"按钮 ，将线宽设为 5000，在文字下面绘制一条多段线，结果如图 6-41 所示。

最终，得到卫生间给水管道平面图，如图 6-17 所示。

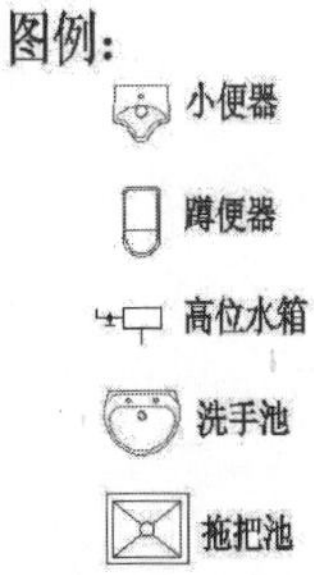

图例：
小便器
蹲便器
高位水箱
洗手池
拖把池

图 6-40　图例绘制结果

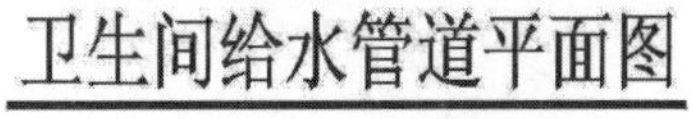

卫生间给水管道平面图

图 6-41　图名绘制结果

6.5　上机实验

实验　绘制如图 6-42 所示的石壁图形。

850
7800
50
1500
8650

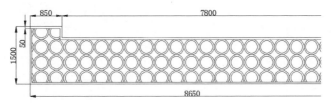

图 6-42　石壁图形

1. 目的要求

本实验绘制并标注石壁图形，在绘制过程中，除了用到“直线”“圆”等基本绘图命令外，还用到“偏移”“矩形阵列”“修剪”和“尺寸标注”等编辑命令。

2. 操作提示

(1) 绘制外侧石壁轮廓。

(2) 向内偏移 50。

(3) 绘制同心圆花纹。

(4) 阵列图形。

(5) 修剪图形。

(6) 给图形标注尺寸。

(7) 保存图形。

第 7 章

模块化绘图

本章导读

　　在绘图过程中经常遇到一些重复出现的图形,如果每次都重新绘制这些图形,不仅会造成大量的重复工作,而且存储这些图形及其信息也要占据很大的磁盘空间。图块提出了模块化作图的方法,这样不仅避免了大量的重复工作,提高了绘图速度,而且可以大大节省磁盘空间。AutoCAD 2022 设计中心也提供了观察和重用设计内容的强大工具,用它可以浏览系统内部的资源,还可以从互联网上下载有关内容。

学 习 要 点

◆ 图块的操作
◆ 图块的属性
◆ 设计中心
◆ 工具选项板

7.1　图块的操作

图块也叫块,它是由一组图形对象组成的集合,一组对象一旦被定义为图块,它们将成为一个整体,拾取图块中任意一个图形对象即可选中构成该图块的所有图形对象。AutoCAD 把一个图块作为一个对象进行编辑修改等操作,用户可根据绘图需要把图块插入图中任意指定的位置,而且在插入时还可以指定不同的缩放比例和旋转角度。如果需要对图块中的单个图形对象进行修改,那么还可以利用"分解"命令把图块分解成若干个对象。图块还可以被重新定义,一旦被重新定义,整个图中基于该块的对象都将随之改变。

7.1.1　定义图块

1. 执行方式

命令行:BLOCK(快捷命令:B)。
菜单栏:选择菜单栏中的"绘图"→"块"→"创建"命令。
工具栏:单击"绘图"工具栏中的"创建块"按钮 。
功能区:单击"默认"选项卡"块"面板中的"创建"按钮 ,或单击"插入"选项卡"块定义"面板中的"创建块"按钮 。

2. 操作步骤

命令:BLOCK ↙

单击相应的菜单命令或工具栏图标,或在命令行输入 BLOCK 后按 Enter 键,打开如图 7-1 所示的"块定义"对话框,利用该对话框可定义图块并为之命名。

图 7-1　"块定义"对话框

3．选项说明

"定义图块"命令各选项的含义如表 7-1 所示。

表 7-1　"定义图块"命令各选项含义

选　项	含　义	
"基点"选项组	确定图块的基点，默认值是(0，0，0)。也可以在下面的 X、Y、Z 文本框中输入块的基点坐标值。单击"拾取点"按钮，AutoCAD 临时切换到绘图屏幕，用鼠标在图形中拾取一点后，返回"块定义"对话框，把所拾取的点作为图块的基点	
"对象"选项组	该选项组用于选择绘制图块的对象以及设置对象的相关属性。 把图 7-2(a)中的正五边形定义为图块中的一个对象，图 7-2(b)为选中"删除"单选按钮的结果，图 7-2(c)为选中"保留"单选按钮的结果	
"设置"选项组	指定在 AutoCAD 设计中心拖动图块时用于测量图块的单位，以及缩放、分解和超链接等设置	
"方式"选项组	"注释性"复选框	指定块为注释性
	"使块方向与布局匹配"复选框	指定在图纸空间视口中的块参照的方向与布局空间视口的方向匹配，如果未选择"注释性"复选框，则该复选框不可用
	"按统一比例缩放"复选框	指定是否阻止块参照按统一比例缩放
	"允许分解"复选框	指定块参照是否可以被分解
"在块编辑器中打开"复选框	选中此复选框，系统则打开块编辑器，可以定义动态块。后面将详细讲述	

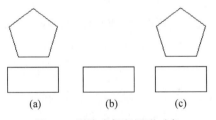

(a)　　　　(b)　　　　(c)

图 7-2　删除或保留图形对象

7.1.2　图块的保存

用 BLOCK 命令定义的图块保存在其所属的图形当中，该图块只能插入该图中，而不能插入其他图中，但是有些图块会在许多图中用到，这时可以用 WBLOCK 命令把图块以图形文件的形式(后缀为.DWG)进行存储，图形文件可以在任意图形中用 INSERT 命令插入。

1．执行方式

命令行：WBLOCK(快捷命令：W)。

功能区：单击"插入"选项卡"块定义"面板中的"写块"按钮。

2．操作步骤

命令：WBLOCK ↙

执行上述命令后，AutoCAD 打开"写块"对话框，如图 7-3 所示，利用此对话框可把图形对象保存为图形文件或把图块转换成图形文件。

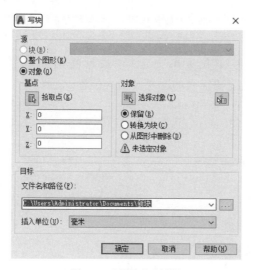

图 7-3　"写块"对话框

3．选项说明

"写块"命令各选项的含义如表 7-2 所示。

表 7-2　"写块"命令各选项含义

选　　项	含　　义
"源"选项组	确定要保存为图形文件的图块或图形对象。如果选中"块"单选按钮，单击右侧的下三角按钮，在下拉列表框中选择一个图块，则将其保存为图形文件。如果选中"整个图形"单选按钮，则把当前的整个图形保存为图形文件。如果选中"对象"单选按钮，则把不属于图块的图形对象保存为图形文件。对象的选取通过"对象"选项组来完成
"目标"选项组	用于指定图形文件的名字、保存路径和插入单位等

7.1.3　图块的插入

在用 AutoCAD 绘图的过程中，用户可根据需要随时把已经定义好的图块或图形文件插入到当前图形的任意位置，在插入的同时还可以改变图块的大小、旋转一定角度或把图块分解等。插入图块的方法有多种，本节逐一进行介绍。

1．执行方式

命令行：INSERT（快捷命令：I）。

菜单栏：选择菜单栏中的"插入"→"块"选项板命令。

工具栏：单击"插入点"工具栏中的"插入块"按钮 🗗，或单击"绘图"工具栏中的"插入块"按钮 🗗。

功能区：单击"默认"选项卡"块"面板中的"插入"下拉菜单，或单击"插入"选项卡"块"面板中的"插入"下拉菜单，如图 7-4 所示。

2．操作步骤

命令：INSERT↙

执行上述命令后，在下拉菜单中选择"最近使用的块"，打开"块"选项板，如图 7-5 所示，用户可以指定要插入的图块及插入位置。

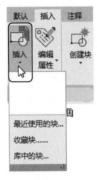

图 7-4 "插入"下拉菜单

图 7-5 图 7-5 "块"选项板

3．选项说明

"块"选项板各选项的含义如表 7-3 所示。

表 7-3 "块"选项板各选项含义

选 项	含 义
"名称"文本框	指定插入图块的名称
"插入点"选项组	指定插入点，插入图块时该点与图块的基点重合。可以在屏幕上用鼠标指定该点，也可以通过在下面的文本框中输入该点坐标值来指定该点
"比例"选项组	确定插入图块时的缩放比例。图块被插入当前图形中时，可以以任意比例进行放大或缩小，如图 7-6 所示。其中，图 7-6(a)是被插入的图块，图 7-6(b)是取比例系数为 1.5 时插入该图块的结果，图 7-6(c)是取比例系数为 0.5 时插入该图块的结果。X 轴方向和 Y 轴方向的比例系数也可以取不同值，如图 7-6(d)中 X 轴方向的比例系数为 1，Y 轴方向的比例系数为 1.5。另外，比例系数还可以是一个负数，当为负数时表示插入图块的镜像，其效果如图 7-7 所示

选　　项	含　　义
"旋转"选项组	不勾选"旋转"复选框,直接在右侧角度文本框中输入旋转角度。图块被插入到当前图形中时,可以绕其基点旋转一定的角度,角度可以是正数(表示沿逆时针方向旋转),也可以是负数(表示沿顺时针方向旋转)。图 7-8(b)所示是图 7-8(a)所示的图块旋转 30°后插入的效果,图 7-8(c)所示是旋转-30°后插入的效果。 勾选"旋转"复选框,插入图块时,在绘图区适当位置单击鼠标左键确定插入点,然后拖拽鼠标可以调整图块的旋转角度,或在命令行直接输入指定角度,最后单击回车键或者鼠标左键以确定图块旋转角度。
"分解"复选框	选中此复选框,则在插入块的同时将其分解,插入到图形中的组成块的对象不再是一个整体,因此可对每个对象单独进行编辑操作

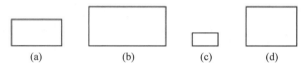

图 7-6　取不同比例系数插入图块的效果

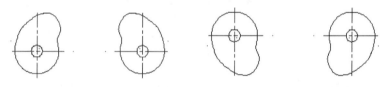

X比例=1,Y比例=1　X比例=-1,Y比例=1　X比例=1,Y比例=-1　X比例=-1,Y比例=-1

图 7-7　取比例系数为负值时插入图块的效果

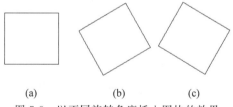

图 7-8　以不同旋转角度插入图块的效果

7.1.4　动态块

动态块具有灵活性和智能性。用户在操作时可以轻松地更改图形中的动态块参照,可以通过自定义夹点或自定义特性来操作动态块参照中的几何图形,这使得用户可以根据需要在位调整块,而不用搜索另一个块以插入或重定义现有的块。

可以使用块编辑器创建动态块。块编辑器是一个专门的编写区域,用于添加能够使块成为动态块的元素。用户可以从头创建块,也可以向现有的块定义中添加动态行为,还可以在绘图区域中创建几何图形。

1. 执行方式

命令行：BEDIT。

菜单栏：选择菜单栏中的"工具"→"块编辑器"命令。

工具栏：单击"标准"工具栏中的"块编辑器"按钮 🗂。

快捷菜单：选择一个块参照。在绘图区域中右击，在弹出的快捷菜单中选择"块编辑器"命令。

功能区：单击"默认"选项卡"块"面板中的"编辑"按钮 🗂，或单击"插入"选项卡"块定义"面板中的"块编辑器"按钮 🗂。

2. 操作步骤

命令：BEDIT↙

执行上述命令后，系统打开"编辑块定义"对话框，如图 7-9 所示。单击"确定"按钮后，系统打开"块编写"选项板和"块编辑器"选项卡，如图 7-10 所示。

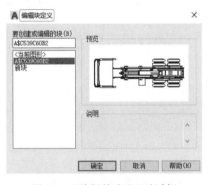

图 7-9 "编辑块定义"对话框

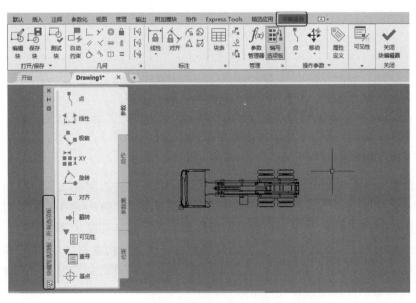

图 7-10 "块编写"选项板和"块编辑器"选项卡

3．选项说明

"动态块"命令各选项的含义如表 7-4 所示。

表 7-4 "动态块"命令各选项含义

选 项		含 义
"块编写"选项板		该选项板中有 4 个选项卡
	"参数"选项卡	提供用于在块编辑器中向动态块定义中添加参数的工具。参数用于指定几何图形在块参照中的位置、距离和角度。将参数添加到动态块定义中时，该参数将定义块的一个或多个自定义特性。此选项卡也可以通过命令 BPARAMETER 来打开。 （1）点参数：此操作用于向动态块定义中添加一个点参数，并定义块参照的自定义 X 和 Y 特性。点参数定义图形中的 X 方向和 Y 方向的位置。在块编辑器中，点参数类似于一个坐标标注。 （2）可见性参数：此操作将用于向动态块定义中添加一个可见性参数，并定义块参照的自定义可见性特性。可见性参数允许用户创建可见性状态并控制对象在块中的可见性。可见性参数总是应用于整个块，并且无须与任何动作相关联。在图形中，单击夹点可以显示块参照中的所有可见性状态的列表。在块编辑器中，可见性参数显示为带有关联夹点的文字。 （3）查寻参数：此操作用于向动态块定义中添加一个查寻参数，并定义块参照的自定义查寻特性。查寻参数用于定义自定义查寻特性，用户可以指定或设置该特性，以便从定义的列表或表格中计算出某个值。该参数可以与单个查寻夹点相关联。在块参照中单击该夹点可以显示可用值的列表。在块编辑器中，查寻参数显示为文字。 （4）基点参数：此操作用于向动态块定义中添加一个基点参数。基点参数用于定义动态块参照相对于块中的几何图形的基点。基点参数无法与任何动作相关联，但可以属于某个动作的选择集。在块编辑器中，基点参数显示为带有十字光标的圆。 其他参数与上面各项类似，在此不再赘述
	"动作"选项卡	提供用于在块编辑器中向动态块定义中添加动作的工具。动作定义了在图形中操作块参照的自定义特性时，动态块参照中的几何图形将如何移动或变化。应将动作与参数相关联。此选项卡也可以通过 BACTIONTOOL 命令来打开。 （1）移动动作：此操作用于在用户将移动动作与点参数、线性参数、极轴参数或 X、Y 参数关联时，将该动作添加到动态块定义中。移动动作类似于 MOVE 命令。在动态块参照中，移动动作将使对象移动指定的距离或角度。 （2）查寻动作：此操作用于向动态块定义中添加一个查寻动作。将查寻动作添加到动态块定义中并将其与查寻参数相关联时，它将创建一个查寻表。可以使用查寻表指定动态块的自定义特性和值。 其他动作与上面各项类似，在此不再赘述

续表

选　　项		含　　义
"块编写"选项板	"参数集"选项卡	提供用于在块编辑器中向动态块定义中添加一个参数和至少一个动作的工具。将参数集添加到动态块中时，动作将自动与参数相关联。将参数集添加到动态块中后，双击黄色警示图标(或使用 BACTIONSET 命令)，然后按照命令行上的提示将动作与几何图形选择集相关联。此选项卡也可以通过 BPARAMETER 命令来打开。 (1)点移动：此操作用于向动态块定义中添加一个点参数。系统会自动添加与该点参数相关联的移动动作。 (2)线性移动：此操作用于向动态块定义中添加一个线性参数。系统会自动添加与该线性参数的端点相关联的移动动作。 (3)可见性集：此操作用于向动态块定义中添加一个可见性参数并允许用户定义可见性状态。无须添加与可见性参数相关联的动作。 (4)查寻集：此操作用于向动态块定义中添加一个查寻参数。系统会自动添加与该查寻参数相关联的查寻动作。 其他参数集与上面各项类似，在此不再赘述
	"约束"选项卡	应用对象之间或对象上的点之间的几何关系并使其永久保持。将几何约束应用于一对对象时，选择对象的顺序以及选择每个对象的点可能会影响对象彼此间的放置方式。 (1)重合：约束两个点使其重合，或者约束一个点使其位于曲线(或曲线的延长线)上。 (2)垂直：使选定的直线位于彼此垂直的位置。 (3)平行：使选定的直线彼此平行。 (4)相切：将两条曲线约束为保持彼此相切或其延长线保持彼此相切。 (5)水平：使直线或点对位于与当前坐标系的 X 轴平行的位置。 其他约束与上面各项类似，在此不再赘述
"块编辑器"选项卡		该选项卡提供了用于在块编辑器中使用、创建动态块以及设置可见性状态的工具
	定义属性	打开"属性定义"对话框
	更新参数和动作文字大小	此操作用于在块编辑器中重生成显示，并更新参数和动作的文字、箭头、图标以及夹点大小。在块编辑器中进行对象缩放时，文字、箭头、图标和夹点大小将根据缩放比例发生相应的变化。在块编辑器中重生成显示时，文字、箭头、图标和夹点将按指定的值显示，如图 7-11 所示
	可见性模式	设置 BVMODE 系统变量。此操作可以使在当前可见性状态中不可见的对象变暗或隐藏
	管理可见性状态	用户从中可以创建、删除、重命名或设置当前可见性状态。在列表框中选择一种状态后右击，从弹出的快捷菜单中选择"新状态"命令，然后可以设置可见性状态。 其他选项与"块编写"选项板中的相关选项类似，在此不再赘述

(a) 原始图形　　(b) 缩小显示　(c) 更新参数和动作文字大小后情形

图 7-11　更新参数和动作文字大小

7.1.5　上机练习——绘制指北针图块

　练习目标

本实例绘制一个指北针图块,如图 7-12 所示。

　设计思路

本例应用二维绘图及编辑命令绘制指北针,利用写块命令将其定义为图块。

操作步骤

(1) 单击"默认"选项卡"绘图"面板中的"圆"按钮 ⊙,绘制一个半径为 24 的圆。

(2) 单击"默认"选项卡"绘图"面板中的"直线"按钮 ╱,绘制圆的竖直直径。结果如图 7-13 所示。

　　　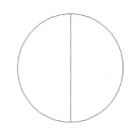

图 7-12　指北针图块　　　　　图 7-13　绘制竖直直径

(3) 单击"默认"选项卡"修改"面板中的"偏移"按钮 ⊜,使直径向左右两边各偏移 1.5mm,结果如图 7-14 所示。

(4) 单击"默认"选项卡"修改"面板中的"修剪"按钮,选取圆作为修剪边界,修剪偏移后的直线。

(5) 单击"默认"选项卡"绘图"面板中的"直线"按钮 ╱,绘制直线,结果如图 7-15 所示。

(6) 单击"默认"选项卡"修改"面板中的"删除"按钮,删除多余直线。

(7) 单击"默认"选项卡"绘图"面板中的"图案填充"按钮 ▦,打开"图案填充创建"选项卡,选择 SOLID 图案类型,并选择指针作为图案填充对象进行填充,结果如图 7-15 所示。

(8) 执行 WBLOCK 命令,打开"写块"对话框,如图 7-16 所示。单击"拾取点"按钮,拾取指北针的顶点为基点,单击"选择对象"按钮,拾取下面的图形为对象,输入图块名称"指北针图块"并指定路径,单击"确定"按钮进行保存。

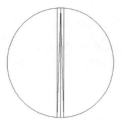

图 7-14　偏移直线　　　　　图 7-15　绘制直线

图 7-16　"写块"对话框

7.2　图块的属性

图块除了包含图形对象以外,还可以包含非图形信息,例如把一个椅子的图形定义为图块后,还可把椅子的号码、材料、重量、价格以及说明等文本信息一并加入图块当中。图块的这些非图形信息叫作图块的属性,它是图块的一个组成部分,与图形对象一起构成一个整体,在插入图块时,AutoCAD把图形对象连同图块属性一起插入图形中。

7.2.1　定义图块属性

1. 执行方式

命令行:ATTDEF(快捷命令:ATT)。

菜单栏:选择菜单栏中的"绘图"→"块"→"定义属性"命令。

功能区:单击"插入"选项卡"块定义"面板中的"定义属性"按钮 ✎ ,或单击"默认"

选项卡"块"面板中的"定义属性"按钮 。

2. 操作步骤

命令：ATTDEF↙

单击相应的菜单项或在命令行输入 ATTDEF 后按 Enter 键，系统打开"属性定义"对话框，如图 7-17 所示。

图 7-17 "属性定义"对话框

3. 选项说明

"定义图块属性"命令各选项的含义如表 7-5 所示。

表 7-5 "定义图块属性"命令各选项含义

选 项	含 义	
"模式"选项组	用于确定属性的模式。其中包括以下复选框	
	"不可见"复选框	选中此复选框则属性为不可见显示方式，即插入图块并输入属性值后，属性值在图中并不显示出来
	"固定"复选框	选中此复选框则属性值为常量，即属性值在定义属性时给定，在插入图块时，AutoCAD 不再提示输入属性值
	"验证"复选框	选中此复选框，当插入图块时，AutoCAD 重新显示属性值并让用户验证该值是否正确
	"预设"复选框	选中此复选框，当插入图块时，AutoCAD 自动把事先设置好的默认值赋予属性，而不再提示输入属性值
	"锁定位置"复选框	选中此复选框，当插入图块时，AutoCAD 锁定块参照中属性的位置。解锁后，属性值可以相对于使用夹点编辑的块的其他部分进行移动，并且可以调整多行属性值的大小
	"多行"复选框	指定属性值可以包含多行文字。选中此复选框后，用户可以指定属性值的边界宽度

续表

选 项	含 义		
"属性"选项组	用于设置属性值。在每个文本框中 AutoCAD 允许用户输入不超过 256 个字符		
	"标记"文本框	输入属性标签。属性标签可由除空格和感叹号以外的所有字符组成,AutoCAD 自动把小写字母改为大写字母	
	"提示"文本框	输入属性提示。属性提示是插入图块时 AutoCAD 要求输入属性值的提示,如果不在此文本框内输入文本,则以属性标签作为提示。如果在"模式"选项组中选中"固定"复选框,即设置属性为常量,则不需设置属性提示	
	"默认"文本框	设置默认的属性值。可把使用次数较多的属性值作为默认值,也可不设默认值	
"插入点"选项组	确定属性文本的位置。可以在插入时由用户在图形中确定属性文本的位置,也可在 X、Y、Z 文本框中直接输入属性文本的位置坐标值		
"文字设置"选项组	设置属性文本的对正方式、文字样式、字高和旋转角度等		
"在上一个属性定义下对齐"复选框	选中此复选框表示把属性标签直接放在前一个属性的下面,而且该属性继承前一个属性的文字样式、字高和旋转角度等特性		

说明:在动态块中,由于属性的位置包括在动作的选择集中,因此必须将其锁定。

7.2.2　修改属性的定义

在定义图块之前,可以对属性进行修改,不仅可以修改属性标签,还可以修改属性提示和属性默认值。文字编辑命令的调用方法有如下两种。

命令行:DDEDIT(快捷命令:ED)。

菜单栏:选择菜单栏中的"修改"→"对象"→"文字"→"编辑"命令。

执行上述命令后,根据系统提示选择要修改的属性定义,AutoCAD 打开"编辑属性定义"对话框,如图 7-18 所示。该对话框中显示要修改的属性的标记为"轴号",提示为"输入轴号",无默认值,可在各文本框中对各项进行修改。

图 7-18　"编辑属性定义"对话框

7.2.3　图块属性编辑

当属性被定义到图块当中,甚至图块被插入图形当中之后,用户还可以对属性进行编辑。利用 ATTEDIT 命令可以通过对话框对指定图块的属性值进行修改;利用-ATTEDIT

命令不仅可以修改属性值,而且可以对属性的位置、文本等其他设置进行编辑。

1. 执行方式

命令行:ATTEDIT(快捷命令:ATE)。

菜单栏:选择菜单栏中的"修改"→"对象"→"属性"→"单个"命令。

工具栏:单击"修改 II"工具栏中的"编辑属性"按钮 。

功能区:单击"默认"选项卡"块"面板中的"编辑属性"按钮 。

2. 操作步骤

执行该命令后,根据系统提示选择块参照,同时光标变为拾取框,选择要修改属性的图块,打开如图 7-19 所示的"编辑属性"对话框,该对话框中显示出所选图块中包含的前 8 个属性的值,用户可对这些属性值进行修改。如果该图块中还有其他属性,可单击"上一个"和"下一个"按钮进行查看和修改。

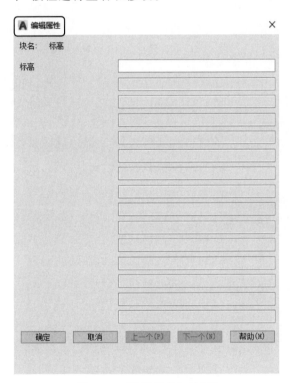

图 7-19　"编辑属性"对话框

当用户通过菜单或工具栏执行上述命令时,系统打开"增强属性编辑器"对话框,如图 7-20 所示。利用该对话框不仅可以编辑属性值,还可以编辑属性的文字选项和图层、线型、颜色等特性值。

另外,还可以通过"块属性管理器"对话框来编辑属性,方法是:单击"默认"选项卡"块"面板中的"块属性管理器"按钮 。执行此命令后,系统打开"块属性管理器"对话框,如图 7-21 所示。单击"编辑"按钮,打开"编辑属性"对话框,如图 7-22 所示。可以通过该对话框编辑属性。

Note

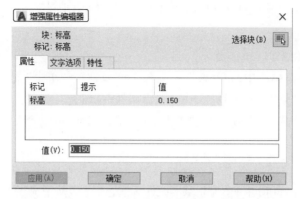

图 7-20 "增强属性编辑器"对话框

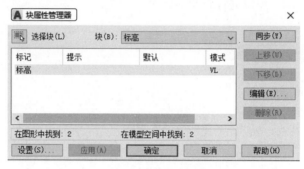

图 7-21 "块属性管理器"对话框

图 7-22 "编辑属性"对话框

7.2.4 上机练习——标注标高符号

7-2

 练习目标

标注标高符号,如图 7-23 所示。

 设计思路

打开下载好的源文件中的图形,并结合定义属性功能和插入等命令为图形添加标高。

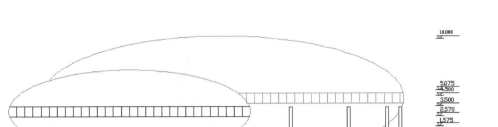

图 7-23 标注标高符号

 **操作步骤**

（1）单击"默认"选项卡"绘图"面板中的"直线"按钮 ∕ ，绘制如图 7-24 所示的标高符号图形。

图 7-24 绘制标高符号

（2）选择菜单栏中的"绘图"→"块"→"定义属性"命令，打开"属性定义"对话框，选择模式为"验证"，并进行如图 7-25 所示的设置。

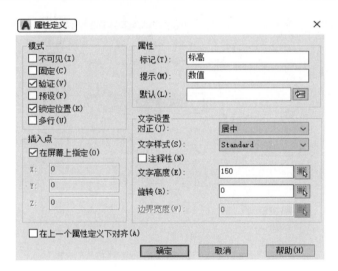

图 7-25 "属性定义"对话框

（3）单击"默认"选项卡"块"面板中的"创建"按钮 ，打开"块定义"对话框，如图 7-26 所示。拾取图 7-27 图形下尖点为基点，以此图形为对象，输入图块名称并指定路径，确认退出。

（4）单击"默认"选项卡"块"面板中的"插入"按钮 ，找到刚才保存的图块，在屏幕上指定插入点和旋转角度，将该图块插入图 7-23 所示的图形中，这时，命令行会提示输入属性，并要求验证属性值，此时输入标高数值 0.150，就完成了一个标高的标注。

（5）继续插入标高符号图块，并输入不同的属性值作为标高数值，直到完成所有标高符号标注。

图 7-26 "块定义"对话框

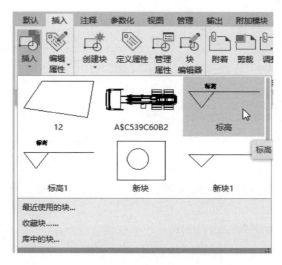

图 7-27 "插入"对话框

7.3 设 计 中 心

　　使用 AutoCAD 设计中心,用户可以很容易地组织设计内容,并把它们拖动到自己的图形中,同时,用户还可以使用 AutoCAD 设计中心窗口的内容显示框,来观察用 AutoCAD 设计中心的资源管理器所浏览资源的细目。如图 7-28 所示,左边方框为 AutoCAD 设计中心的资源管理器,右边方框为 AutoCAD 设计中心窗口的内容显示框。内容显示框的上面窗口为文件显示框,中间窗口为图形预览显示框,下面窗口为说明文本显示框。

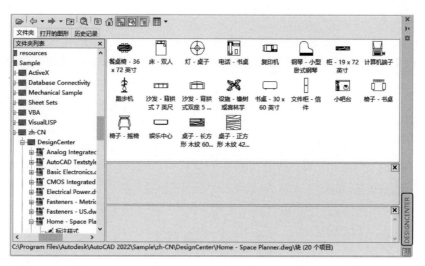

图 7-28 AutoCAD 设计中心的资源管理器和内容显示区

7.3.1 启动设计中心

1. 执行方式

命令行：ADCENTER（快捷命令：ADC）。
菜单栏：选择菜单栏中的"工具"→"选项板"→"设计中心"命令。
工具栏：单击"标准"工具栏中的"设计中心"按钮 ▦ 。
功能区：单击"视图"选项卡"选项板"面板中的"设计中心"按钮 ▦ 。
快捷键：Ctrl+2。

2. 操作步骤

命令：ADCEnter ↙

执行上述命令后，系统打开设计中心。第一次启动设计中心时，默认打开的选项卡为"文件夹"选项卡。内容显示区采用大图标显示方式显示图标，左边的资源管理器采用 tree view 显示方式显示系统文件的树形结构，用户浏览资源时，会在内容显示区显示所浏览资源的有关细目或内容。

可以通过拖动边框来改变 AutoCAD 设计中心资源管理器和内容显示区以及 AutoCAD 绘图区的大小，但内容显示区的最小尺寸应能显示两列大图标。

如果要改变 AutoCAD 设计中心的位置，可拖动设计中心工具栏的上部到相应位置，松开鼠标后，AutoCAD 设计中心便处于当前位置，到新位置后，仍可以用鼠标改变各窗口的大小。也可以通过设计中心边框左边下方的"自动隐藏"按钮来自动隐藏设计中心。

7.3.2 显示图形信息

在 AutoCAD 设计中心中，可以通过选项卡和工具栏两种方式来显示图形信息。下面分别对其进行简要介绍。

1．选项卡

AutoCAD 设计中心有以下 3 个选项卡。

（1）"文件夹"选项卡：显示设计中心的资源，如图 7-28 所示。该选项卡与 Windows 资源管理器类似。"文件夹"选项卡用于显示导航图标的层次结构，包括网络和计算机、Web 地址（URL）、计算机驱动器、文件夹、图形和相关的支持文件、外部参照、布局、填充样式和命名对象，以及图形中的块、图层、线型、文字样式、标注样式和打印样式等。

（2）"打开的图形"选项卡：显示在当前环境中打开的所有图形，其中包括已经最小化的图形，如图 7-29 所示。此时选择某个文件，就可以在右边的内容显示框中显示该图形的有关设置，如标注样式、布局块、图层外部参照等。

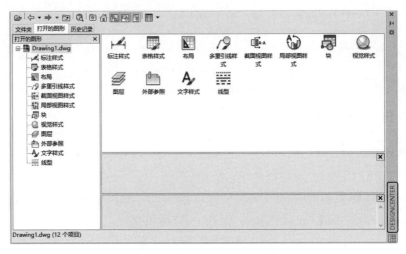

图 7-29　"打开的图形"选项卡

（3）"历史记录"选项卡：显示用户最近访问过的文件及其具体路径，如图 7-30 所示。双击列表中的某个图形文件，则可以在"文件夹"选项卡中的树状视图中定位此图形文件并将其内容加载到内容区域中。

图 7-30　"历史记录"选项卡

Note

2．工具栏

设计中心窗口顶部是工具栏，其中包括"加载""上一页"（"下一页"或"上一级"）"搜索""收藏夹""主页""树状图切换""预览""说明"和"视图"等按钮。

（1）"加载"按钮 ：打开"加载"对话框，用户可以利用该对话框从 Windows 桌面、收藏夹或 Internet 中加载文件。

（2）"搜索"按钮 ：查找对象。单击该按钮，打开"搜索"对话框，如图 7-31 所示。

图 7-31　"搜索"对话框

（3）"收藏夹"按钮 ：在"文件夹列表"中显示 Autodesk 文件夹中的内容。用户可以通过收藏夹来标记存放在本地磁盘、网络驱动器或 Internet 网页上的内容，如图 7-32所示。

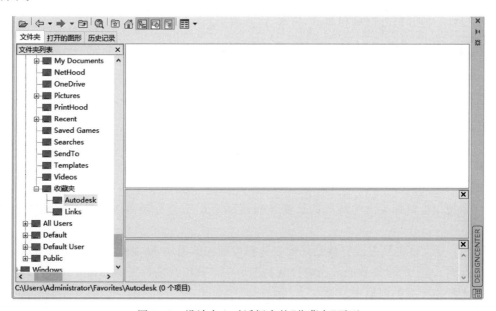

图 7-32　设计中心对话框中的"收藏夹"页面

（4）"主页"按钮 ：快速定位到设计中心文件夹中，该文件夹位于 AutoCAD 2022/Sample 下，如图 7-33 所示。

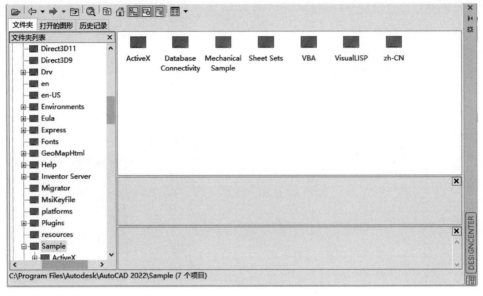

图 7-33　设计中心对话框中的"主页"页面

7.3.3　查找内容

可以单击 AutoCAD 2022 设计中心工具栏中的"搜索"按钮 ，打开"搜索"对话框，从中寻找图形和其他的内容。在设计中心可以查找的内容有：图形、填充图案、填充图案文件、图层、块、图形和块、外部参照、文字样式、线型、标注样式和布局等。

在"搜索"对话框中有 3 个选项卡，分别给出 3 种搜索方式：通过"图形"信息搜索、通过"修改日期"信息搜索和通过"高级"信息搜索。

7.3.4　插入图块

可以将图块插入图形中。当将一个图块插入图形中时，块定义就被复制到图形数据库中。在一个图块被插入图形中后，如果原来的图块被修改，那么插入到图形中的图块也随之改变。

当其他命令正在执行时，不能将图块插入图形中。例如，如果在插入块时提示行正在执行一个命令，那么鼠标指针会变成一个带斜线的圆，提示操作无效。另外，一次只能插入一个图块。

系统根据鼠标拉出的线段的长度与角度确定比例与旋转角度。插入图块的步骤如下。

（1）从文件夹列表或查找结果列表选择要插入的图块，将其拖动到打开的图形中。

此时，选中的对象被插入当前打开的图形中。利用当前设置的捕捉方式，可以将对象插入任何存在的图形中。

（2）单击一点作为插入点，移动鼠标，鼠标位置点与插入点之间的距离为缩放比例,单击确定比例。采用同样方法移动鼠标,鼠标指定位置与插入点之间的连线与水平线所成的角度为旋转角度,被选择的对象就根据鼠标指定的缩放比例和旋转角度插入图形当中。

7.3.5　图形复制

1. 在图形之间复制图块

用户可以利用 AutoCAD 设计中心浏览和装载需要复制的图块,然后将图块复制到剪贴板上,利用剪贴板将图块粘贴到图形中。具体方法如下:

(1) 在控制板选择需要的图块,右击打开右键快捷菜单,从中选择"复制"命令;

(2) 将图块复制到剪贴板上,然后通过"粘贴"命令将图块粘贴到当前图形上。

2. 在图形之间复制图层

用户可以利用 AutoCAD 设计中心从任何一个图形中复制图层到其他图形中。例如,如果已经绘制了一个包括设计所需的所有图层的图形,在绘制另外的新图形时可以新建一个图形,并通过 AutoCAD 设计中心将已有的图层复制到新的图形中,这样不仅可以节省时间,而且可以保证图形间的一致性。

(1) 拖动图层到已打开的图形中:确认要复制图层的目标图形文件已被打开,并且是当前的图形文件。在控制板或查找结果列表框中选择要复制的一个或多个图层。拖动图层到打开的图形文件中,松开鼠标,则被选择的图层被复制到打开的图形中。

(2) 复制或粘贴图层到打开的图形:确认要复制的图层的图形文件已被打开,并且是当前的图形文件。在控制板或查找结果列表框中选择要复制的一个或多个图层,右击打开右键快捷菜单,从中选择"复制到粘贴板"命令。如果要粘贴图层,应确认粘贴的目标图形文件已被打开,并为当前文件。右击打开右键快捷菜单,从中选择"粘贴"命令。

7.4　工具选项板

工具选项板可以提供组织、共享和放置块及填充图案等的有效方法。工具选项板还可以包含由第三方开发人员提供的自定义工具。

7.4.1　打开工具选项板

1. 执行方式

命令行:TOOLPALETTES(快捷命令:TP)。

菜单栏:选择菜单栏中的"工具"→"选项板"→"工具选项板"命令。

工具栏:单击"标准"工具栏中的"工具选项板窗口"按钮。

快捷键:Ctrl+3。

功能区:单击"视图"选项卡"选项板"面板中的"工具选项板"按钮。

2．操作步骤

命令：TOOLPALETTES✓

执行上述命令后，系统自动打开工具选项板窗口，如图 7-34 所示。

3．选项说明

在工具选项板中，系统设置了一些常用图形的选项卡，这些选项卡可以方便用户绘图。

7.4.2　工具选项板的显示控制

1．移动和缩放工具选项板窗口

用户可以用鼠标按住工具选项板窗口的深色边框，移动鼠标即可移动工具选项板窗口。将鼠标指向工具选项板的窗口边缘，会出现一个双向伸缩箭头，拖动它即可缩放工具选项板窗口。

2．自动隐藏

在工具选项板窗口的深色边框下面有一个"自动隐藏"按钮，单击该按钮可自动隐藏工具选项板窗口，再次单击则自动打开工具选项板窗口。

3．"透明度"控制

在工具选项板窗口的深色边框下面有一个"特性"按钮，单击该按钮，打开快捷菜单，选择"透明度"命令，系统打开"透明"对话框。通过调节按钮可以调节工具选项板窗口的透明度。

图 7-34　工具选项板窗口

7.4.3　新建工具选项板

用户可以建立新工具选项板，这样有利于个性化绘图，也能够满足用户特殊作图的需要。

1．执行方式

命令行：CUSTOMIZE。

菜单栏：选择菜单栏中的"工具"→"自定义"→"工具选项板"命令。

快捷菜单：在任意工具栏上右击，从弹出的快捷菜单中选择"自定义"选项板。

工具选项板："特性"按钮→自定义选项板。

2．操作步骤

命令：CUSTOMIZE✓

执行上述命令后，系统打开"自定义"对话框，如图 7-35 所示。在"选项板"列表框中右击，打开快捷菜单，如图 7-36 所示，从中选择"新建选项板"命令，打开"新建选项板"对话框。在该对话框中可以为新建的工具选项板命名。单击"确定"按钮后,工具选项板中就增加了一个新的选项卡,如图 7-37 所示。

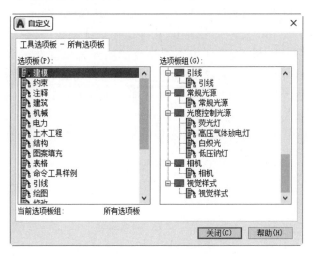

图 7-35 "自定义"对话框

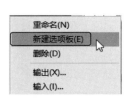

图 7-36 快捷菜单

图 7-37 新增选项卡

7.4.4　向工具选项板添加内容

（1）将图形、块和图案填充从设计中心拖动到工具选项板上。

例如，在 Designcenter 文件夹上右击，从弹出的快捷菜单中选择"创建块的工具选项板"命令，如图 7-38(a)所示，设计中心中储存的图元就出现在工具选项板中新建的 Designcenter 选项卡上，如图 7-38(b)所示。这样就可以将设计中心与工具选项板结合起来，建立一个快捷方便的工具选项板。将工具选项板中的图形拖动到另一个图形中时，图形将作为块插入。

（2）使用"剪切""复制"和"粘贴"命令将一个工具选项板中的工具移动或复制到另一个工具选项板中。

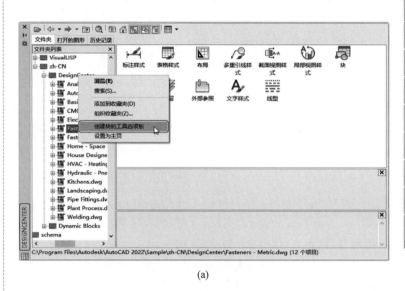

(a) (b)

图 7-38　将设计中心中储存的图元拖动到工具选项板上

7.5　实例精讲——建立图框集

7-3

 练习目标

绘制如图 7-39 所示的图框集。

设计思路

绘制环境图时，其图框大小是固定的，分为 A0～A4 几种。本章讲解图框的画法，以便将其作为常用图块存入 AutoCAD 的设计中心图纸库，方便以后绘图调用。

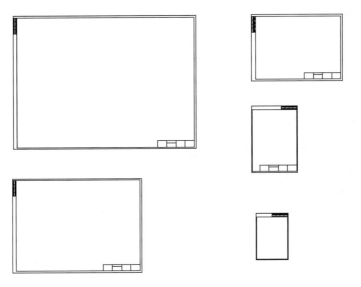

图 7-39　图框集

7.5.1　建立文件

操作步骤

打开 AutoCAD,单击快速访问工具栏中的"新建"按钮 ,以无样板打开-公制方式建立新文件。单击"保存"按钮 ,将文件保存为"图框集",如图 7-40 所示。

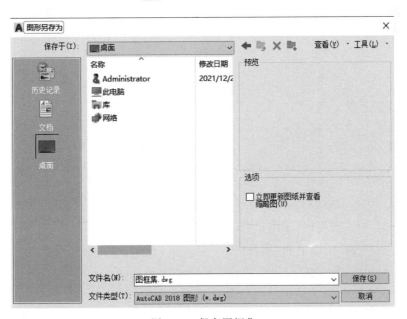

图 7-40　保存图框集

7.5.2 绘制图框

操作步骤

1. A0 图框创建

（1）第 1 章介绍了图框的具体形式，以及图框线所用的线宽情况。绘图时，首先绘制幅面线，线宽保持默认值，单击"默认"选项卡"绘图"面板中的"矩形"按钮 □ ，在命令行中输入第一点坐标：0，0，确认后在命令行中输入对角点：1189，841，创建幅面矩形，如图 7-41 所示。将线宽设置为 0.40，如图 7-42 所示。

图 7-41　绘制幅面线

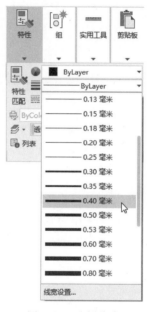

图 7-42　选择线宽

命令行提示如下：

```
命令：_RECTANG
指定第一个角点或 [倒角(C)/标高(E)/圆角(F)/厚度(T)/宽度(W)]：0,0↙
指定另一个角点或 [面积(A)/尺寸(D)/旋转(R)]：1189,841↙
```

（2）再一次单击矩形绘制工具，在命令行中输入：35，10，按 Enter 键后，输入对角点：1179，831，绘制图框线，如图 7-43 所示。单击"视图"选项卡"选项板"面板中的"设计中心"按钮 ▦ ，如图 7-44 所示，打开设计中心，选择之前创建的常用表格文件，单击块选项，插入后的结果如图 7-45 所示。

（3）将常用表格拖入绘图区域内，单击"默认"选项卡"修改"面板中的"分解"按钮 ⬚ ，选择图形为分解对象，然后删除材料明细表。

图 7-43　绘制图框线

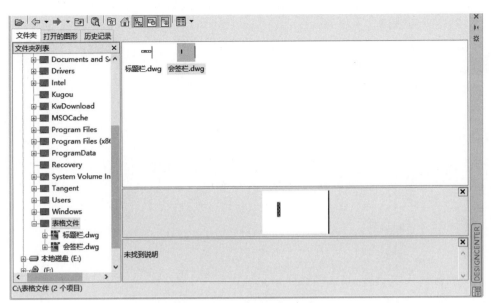

图 7-44　打开常用表格模块库

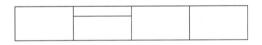

图 7-45　插入标题栏和会签栏

（4）单击"默认"选项卡"修改"面板中的"移动"按钮 ，选择会签栏的右上角点，作为移动点，将其移动到图框线的左上角，如图 7-46 所示。同理，将标题栏移动至图框线的右下角，如图 7-47 所示。这样就完成了 A0 图框的绘制，最终效果如图 7-48 所示。

（5）单击"默认"选项卡"块"面板中的"创建"按钮 ，选择 A0 图框，将其保存为 A0 图框模块，如图 7-49 所示。

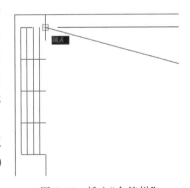

图 7-46　插入"会签栏"

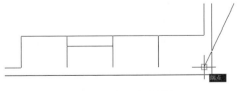

图 7-47　插入标题栏

Note

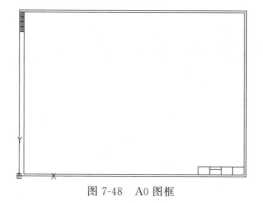

图 7-48　A0 图框

图 7-49　保存模块

2. 其他图框绘制

其他图框线的绘制过程和 A0 图框类似,不再详述,绘制完成的图框如图 7-50 所示。

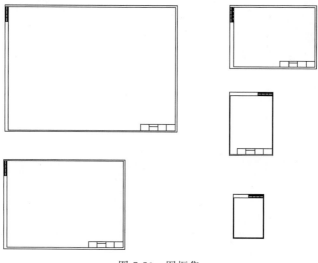

图 7-50　图框集

7.6　上机实验

实验 1　给如图 7-51 所示的地形设置标高。

1．目的要求

利用"样条曲线""直线"等绘图命令绘制地形图，再利用图块及其属性创建标高符号图块。

2．操作提示

(1) 利用"样条曲线"命令绘制地形图。

(2) 利用"直线"命令绘制标高符号。

(3) 将绘制的标高符号属性定义成图块。

(4) 保存图块。

(5) 在地形图中插入标高图块，每次插入时输入不同的标高值作为属性值。

实验 2　利用设计中心创建一个常用建筑图块工具选项板，并利用该选项板绘制如图 7-52 所示的公园茶室。

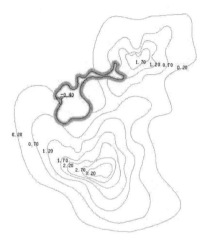

图 7-51　地形图

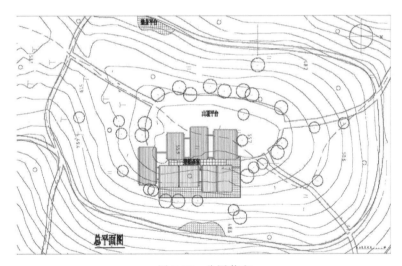

图 7-52　公园茶室

1．目的要求

设计中心与工具选项板的优点是能够建立一个完整的图形库，并且能够快速、简洁地绘制图形。希望通过本例平面图形的绘制，可以使读者掌握利用设计中心创建工具选项板的方法。

2．操作提示

（1）打开设计中心与工具选项板。

（2）创建一个新的工具选项板选项卡。

（3）在设计中心查找已经绘制好的常用建筑图形。

（4）将查找到的常用建筑图拖入到新创建的工具选项板选项卡中。

（5）打开一个新图形文件。

（6）将需要的图形文件模块从工具选项板上拖入到当前图形中，并进行适当的缩放、移动、旋转等操作，最终完成如图 7-52 所示的图形。

本篇导读:

本篇主要讲解利用AutoCAD 2022进行某城市垃圾转运站和废水处理厂工程图设计的操作步骤、方法技巧等,包括平面图、立面图、剖面图、部分建筑详图等的绘制。

本篇通过具体的环境工程设计实例来加深读者对AutoCAD功能的理解和掌握,使其熟悉环境工程图设计的方法。

内容要点:

◆ 垃圾转运站案例

◆ 废水处理厂案例

第 2 篇　工程案例

第**8**章

垃圾转运站设计综合实例

本章导读

> 垃圾转运站是为了减少垃圾清运过程的运输费用而在垃圾产地(或集中地点)至处理厂之间所设的垃圾中转站。在此,将各收集点清运来的垃圾集中起来,再换装到大型的或其他运费较低的运载车辆中继续运往处理场。转运站的转运能力在 $100\sim500t/d$ 之间。转运站的设置地点及规模是垃圾清运工作中重要的经济管理问题。有时将垃圾转运站与垃圾回收利用场建在一起,这种情况下转运出去的垃圾已改变原来的性状和数量,而成为回收利用后的残留物。

学 习 要 点

◆ 垃圾转运站一层平面图绘制
◆ 垃圾转运站立面图绘制
◆ 垃圾转运站剖面图绘制
◆ 垃圾转运站部分建筑详图绘制

8-1

8.1 垃圾转运站一层平面图绘制

本节首先绘制垃圾转运站的定位轴线,接着在已有轴线的基础上绘出垃圾转运站的墙线,然后借助已有图库或图形模块绘制垃圾转运站的门窗、楼梯台阶和室内设备,最后进行尺寸和文字标注。以下就按照这个思路绘制垃圾转运站的一层平面图(如图 8-1 所示)。

8.1.1 设置绘图环境

1. 创建图形文件

启动 AutoCAD 2022 中文版软件,选择菜单栏中的"格式"→"单位"命令,在弹出的"图形单位"对话框中设置角度"类型"为"十进制度数",角度"精度"为 0,如图 8-2 所示。

(1)"插入时的缩放单位"下拉列表框。控制使用工具选项板(例如 DesignCenter 或 i-drop)拖入当前图形的块的测量单位。如果块或图形创建时使用的单位与该选项指定的单位不同,则在插入这些块或图形时,将对其按比例缩放。插入比例是源块或图形使用的单位与目标图形使用的单位之比。如果插入块时不按指定单位缩放,应选择"无单位"选项。

(2)"方向"按钮。单击该按钮,系统打开"方向控制"对话框,如图 8-3 所示。可以在该对话框中进行方向控制设置。

 说明:在使用 AutoCAD 2022 绘图的过程中,如果无法弹出"启动"对话框,可以通过改变默认设置的方法使"启动"对话框显示出来。步骤如下:选择菜单栏中的"工具"→"选项"→命令,打开"选项"对话框;切换到"系统"选项卡,在"基本选项"中找到"启动"下拉列表,选中"显示'启动'对话框"复选框,然后单击"确定"按钮,完成设置。更改设置后,重新启动 AutoCAD 2022,系统就会自动弹出"启动"对话框,以利于使用者更方便地进行绘图环境的设置。

2. 命名图形

单击快速访问工具栏中的"保存"按钮 ，打开"图形另存为"对话框。在"文件名"下拉列表框中输入图形名称"一层平面图.dwg",如图 8-4 所示。单击"保存"按钮,建立图形文件。

3. 设置图层

单击"默认"选项卡"图层"面板中的"图层特性"按钮 ，打开图层特性管理器,依次创建平面图中的基本图层,如轴线、墙体、柱、楼梯、门窗、家具、设备、散水、标注和文字等,如图 8-5 所示。

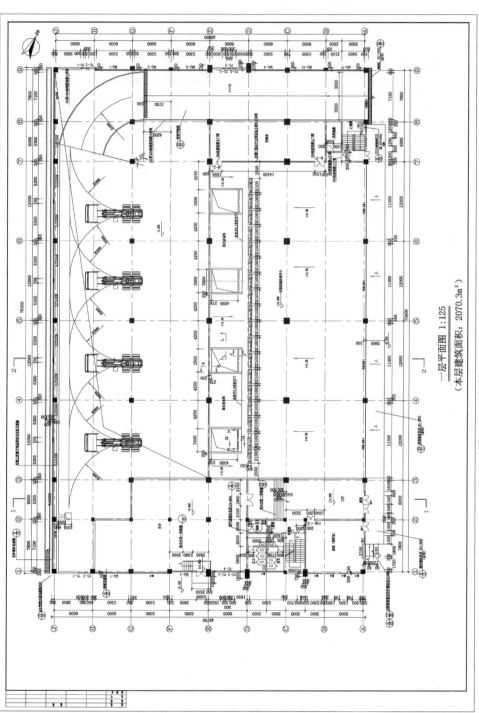

一层平面图 1:125

（本层建筑面积：2070.3m²）

图 8-1 垃圾转运站的一层平面图

Note

图 8-2 "图形单位"对话框 　　　　图 8-3 "方向控制"对话框

图 8-4 命名图形

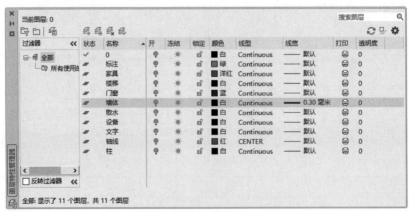

图 8-5 "图层特性管理器"选项板

说明：在使用 AutoCAD 2022 绘图的过程中,应经常性地保存已绘制的图形文件,以避免因软件系统的不稳定导致软件的瞬间关闭而无法及时保存文件,丢失大量已绘制的信息。AutoCAD 2022 软件有自动保存图形文件的功能,使用者只需在绘图时将该功能激活即可。设置步骤如下:

选择菜单栏中的"工具"→"选项"命令,打开"选项"对话框。切换到"打开和保存"选项卡,在"文件安全措施"选项组中选中"自动保存"复选框,根据个人需要输入保存间隔分钟数,如图 8-6 所示。单击"确定"按钮,完成设置。

图 8-6　"打开和保存"选项卡

8.1.2　绘制轴线

(1) 将"轴线"图层设置为当前层,单击"默认"选项卡"绘图"面板中的"直线"按钮 ╱,绘制一条长为 89141 的水平线和一条长为 60748 的竖直线,选中轴线右击,单击"特性"选项,打开"特性"选项板,设置线型比例为 100,如图 8-7 所示。修改线型比例后的轴线如图 8-8 所示。

(2) 单击"默认"选项卡"修改"面板中的"移动"按钮 ✛,将竖直线向右移动 8134,向下移动 7687,如图 8-9 所示。

(3) 单击"默认"选项卡"修改"面板中的"偏移"按钮 ⊆,将水平线依次向上偏移 3500、2500、3000、3000、3000、3000、6000、6000、6000、6000 和 6000,竖直线依次向右偏移 3800、2000、2000、6000、12000、12000、12000、12000、1500、4500 和 7800,并调整轴线长度,结果如图 8-10 所示。

8-2

图 8-7 修改线型比例

图 8-8 绘制轴线

图 8-9 移动轴线

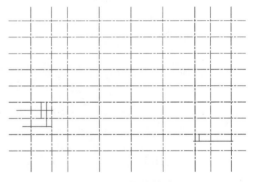

图 8-10 偏移轴线

（4）将 0 层设置为当前层，单击"默认"选项卡"绘图"面板中的"圆"按钮 ⊙ ，绘制半径为 500 的圆，如图 8-11 所示。

（5）选择菜单栏中的"绘图"→"块"→"定义属性"命令，打开"属性定义"对话框，如图 8-12 所示。单击"确定"按钮，在圆心位置输入一个块的属性值。设置完成后结果如图 8-13 所示。

（6）单击"默认"选项卡"块"面板中的"创建"按钮 ，打开"块定义"对话框，如图 8-14 所示。在"名称"文本框中

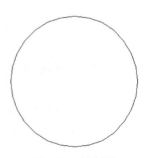

图 8-11 绘制圆

图 8-12 "属性定义"对话框

图 8-13 在圆心位置写入属性值

图 8-14 "块定义"对话框

输入"轴号",指定绘制圆底部端点为定义基点;选择圆和输入的"轴号"标记为定义对象。单击"确定"按钮,打开如图 8-15 所示的"编辑属性"对话框,在轴号文本框内输入1,单击"确定"按钮,轴号效果图如图 8-16 所示。

Note

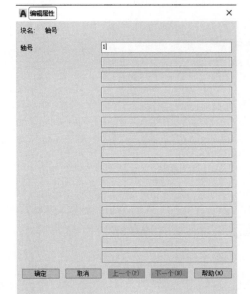

图 8-15 "编辑属性"对话框

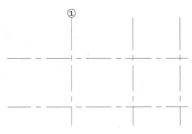

图 8-16 输入轴号

（7）单击"默认"选项卡"块"面板中的"插入"按钮 ，将轴号图块插入到轴线上，依次插入并修改插入的轴号图块属性，最终完成图形中所有轴号的插入，其效果如图 8-17 所示。

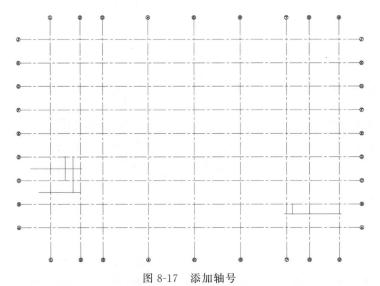

图 8-17 添加轴号

8.1.3 绘制墙体和柱子

（1）将"柱"图层设置为当前层，单击"默认"选项卡"绘图"面板中的"矩形"按钮，绘制一个 700×700 的矩形，如图 8-18 所示。

（2）单击"默认"选项卡"绘图"面板中的"图案填充"按钮 ，打开"图案填充创建"

8-3

选项卡,如图 8-19 所示,选择 SOLID 图案类型,单击"拾取点"按钮  ,选择上步绘制的矩形为填充区域,完成柱子的图案填充。效果如图 8-20 所示。

（3）单击"默认"选项卡"修改"面板中的"复制"按钮 ,将柱子复制到图中合适的位置处,如图 8-21 所示。

（4）同理,在其他位置处布置剩余柱子,如图 8-22 所示。

（5）将"墙体"图层设置为当前层,选择菜单栏中的"格式"→"多线样式"命令,打开"多线样式"对话框,如图 8-23 所示。

图 8-18 绘制矩形

Note

图 8-19 "图案填充创建"选项卡

图 8-20 填充图形

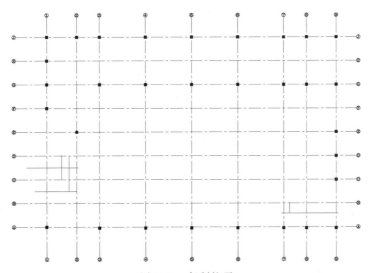

图 8-21 复制柱子

Note

图 8-22　布置剩余柱子

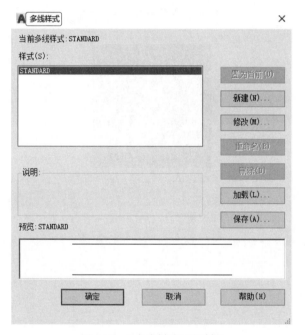

图 8-23　"多线样式"对话框

（6）在"多线样式"对话框中，"样式"列表框中只有系统自带的 STANDARD 样式，单击右侧的"新建"按钮，打开"创建新的多线样式"对话框，如图 8-24 所示。在"新样式名"文本框中输入 200，作为多线的名称。单击"继续"按钮，打开"新建多线样式：200"对话框，如图 8-25 所示。

（7）墙体的宽度为 200，这里将偏移分别修改为 100 和－100，单击"确定"按钮，回到"多线样式"对话框。单击"置为当前"按钮，将创建的多线样式设为当前多线样式，单击"确定"按钮，回到绘图状态。

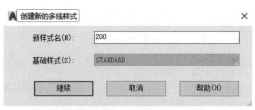

图 8-24　新建多线样式

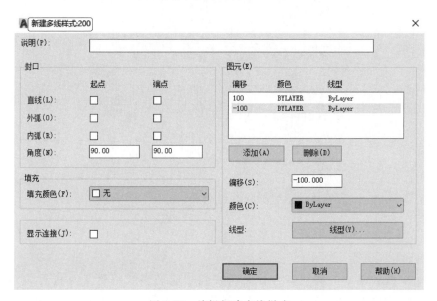

图 8-25　编辑新建多线样式

（8）选择菜单栏中的"绘图"→"多线"命令，绘制一层平面图中的 200 厚的墙体，如图 8-26 所示。

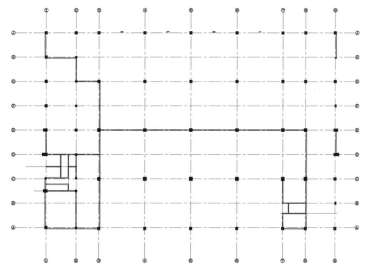

图 8-26　绘制墙体

（9）选择菜单栏中的"修改"→"对象"→"多线"命令，打开"多线编辑工具"对话框，如图 8-27 所示。该对话框中提供了 12 种多线编辑工具，用户可根据不同的多线交叉方式选择相应的工具进行编辑。

图 8-27　"多线编辑工具"对话框

（10）少数较复杂的墙线结合处无法找到相应的多线编辑工具进行编辑，因此单击"默认"选项卡"修改"面板中的"分解"按钮，将多线分解，然后单击"默认"选项卡"修改"面板中的"修剪"按钮，对该结合处的线条进行修整，结果如图 8-28 所示。

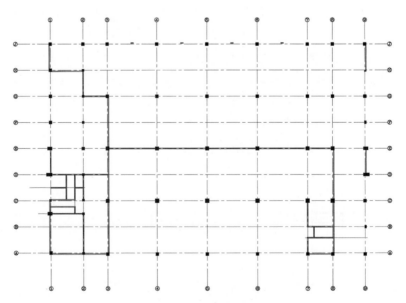

图 8-28　编辑墙线

8-4

Note

8.1.4　绘制门窗

（1）单击"默认"选项卡"修改"面板中的"偏移"按钮 ，将 J 轴线依次向下偏移 3850、500、300 和 500，如图 8-29 所示。

（2）单击"默认"选项卡"修改"面板中的"修剪"按钮 ，修剪掉多余的直线，并将修剪后得到的直线替换到"墙体"图层中，结果如图 8-30 所示。

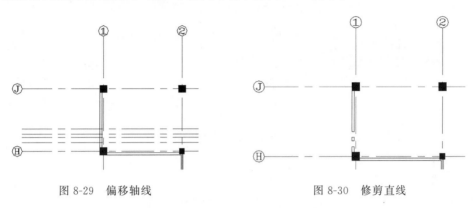

图 8-29　偏移轴线　　　　　　图 8-30　修剪直线

（3）同理，修剪其他位置处的门窗洞口，结果如图 8-31 所示。

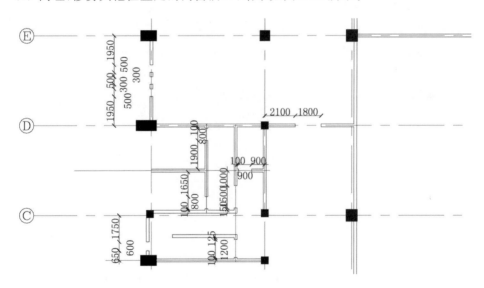

图 8-31　修剪门窗洞口

（4）将"门窗"图层设置为当前层，选择菜单栏中的"格式"→"点样式"命令，打开"点样式"对话框，进行如图 8-32 所示的设置。

（5）单击"默认"选项卡"绘图"面板中的"定数等分"按钮 ，将直线 1 等分为 3 份，如图 8-33 所示。

（6）单击"默认"选项卡"绘图"面板中的"直线"按钮 ，用直线将三等分点连接起来，如图 8-34 所示。

Note

图 8-32 "点样式"对话框

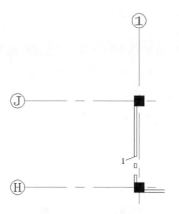

图 8-33 等分直线

（7）利用同样的方法绘制其他位置处的窗户，最后将"点样式"重新进行设置，完成窗户的绘制，如图 8-35 所示。

（8）单击"默认"选项卡"绘图"面板中的"直线"按钮，在空白处绘制一条长为 900 的竖直线和一条同样长的水平直线，如图 8-36 所示。

（9）单击"默认"选项卡"绘图"面板中的"圆弧"按钮，以竖直线的下端点为起点、水平直线的右端点为端点、两直线交点为圆心绘制圆弧，然后删除水平直线，完成单扇门的绘制，如图 8-37 所示。

（10）单击"默认"选项卡"块"面板中的"创建"按钮，打开"块定义"对话框，将绘制的单扇门创建成名为"单扇门"的图块。

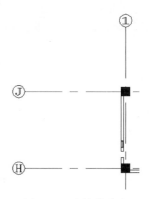

图 8-34 连接等分点

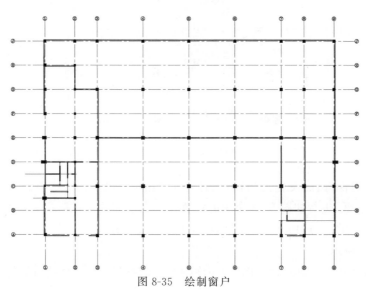

图 8-35 绘制窗户

图 8-36　绘制直线

图 8-37　绘制单扇门

（11）单击"默认"选项卡"块"面板中的"插入"按钮 ，将创建的"单扇门"图块插入到对应的位置，对部分不同尺寸的门进行适当的比例缩放，并使用"旋转"命令调整门的朝向，如图 8-38 所示。

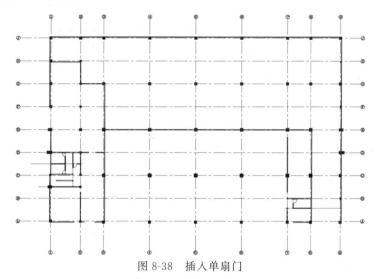

图 8-38　插入单扇门

（12）单击"默认"选项卡"绘图"面板中的"直线"按钮 和"圆弧"按钮 ，绘制宽为 1300 的双扇门，如图 8-39 所示。

（13）单击"默认"选项卡"块"面板中的"创建"按钮 ，打开"块定义"对话框，将绘制的双扇门创建成名为"双扇门"的图块。

图 8-39　绘制双扇门

（14）单击"默认"选项卡"块"面板中的"插入"按钮 ，将创建的"双扇门"图块插入到对应的位置，对部分不同尺寸的门进行适当的比例缩放，并使用"旋转"命令调整门的朝向，如图 8-40 所示。

（15）采用同样的方法将"子母门"插入到图中对应的位置，完成门的插入，如图 8-41 所示。

（16）单击"默认"选项卡"绘图"面板中的"直线"按钮 ，绘制电动卷帘门，如图 8-42 所示。

8.1.5　绘制楼梯和台阶

楼梯和台阶都是建筑的重要组成部分，是人们在室内和室外进行垂直交通的必要建筑构件。在本例垃圾转运站的首层平面中，坡道、楼梯以及室内台阶按照不同的规范绘制，所绘图形如图 8-43 所示。

8-5

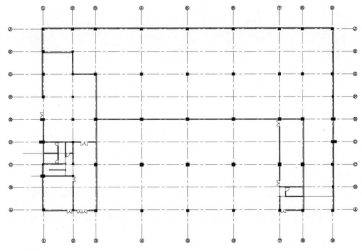

图 8-40　插入双扇门

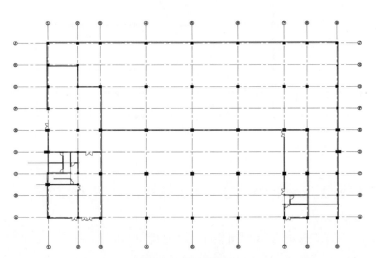

图 8-41　插入子母门

卷帘门

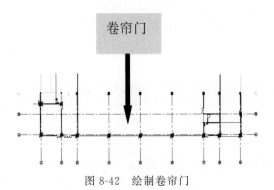

图 8-42　绘制卷帘门

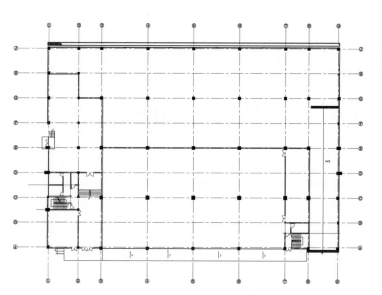

图 8-43　楼梯、台阶和坡道绘制

1. 绘制楼梯

楼梯是上下楼层之间的交通通道,通常由楼梯段、休息平台和栏杆(或栏板)组成。在本例垃圾转运站中,楼梯为常见的双跑式。楼梯宽度为 3000mm,踏步宽为 280mm,高 156mm;楼梯平台净宽 1440mm。本节只介绍首层垃圾转运站平面图的画法,以首层平面图中的楼梯为例来绘制,至于二层楼梯画法,将在后面的章节中进行介绍。

首层楼梯平面的绘制过程分为三个阶段:首先绘制楼梯踏步线;然后在踏步线两侧(或一侧)绘制楼梯扶手;最后绘制楼梯剖断线以及用来标识方向的带箭头引线和文字,进而完成楼梯平面的绘制。

(1) 在"图层"下拉列表框中选择"楼梯"图层,将其设置为当前图层。

(2) 绘制楼梯踏步线:单击"默认"选项卡"绘图"面板中的"直线"按钮 ╱,以平面图上相应位置点作为起点(通过计算得到的第一级踏步的位置),绘制一条竖直直线,如图 8-44 所示。然后单击"默认"选项卡"修改"面板中的"偏移"按钮 ⊑,将上步绘制的直线向右偏移,间距为 280,共偏移 12 次,如图 8-45 所示。最后单击"默认"选项卡"修改"面板中的"修剪"按钮 ╈ 和"删除"按钮 ✎,对踏步线进行修剪处理,以及整理图形,如图 8-46 所示。

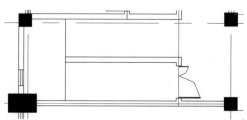

图 8-44　绘制楼梯踏步线

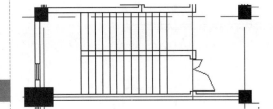

图 8-45　偏移直线　　　　　　　　　　图 8-46　完成踏步线绘制

（3）绘制楼梯扶手：单击"默认"选项卡"修改"面板中的"偏移"按钮 ⊆ ，将中间墙线分别向两边偏移，偏移量为 60（即扶手宽度），然后对其进行修剪处理，如图 8-47 所示。

（4）绘制剖断线：单击"默认"选项卡"绘图"面板中的"构造线"按钮 ，设置角度为 45°，绘制剖断线。单击"默认"选项卡"绘图"面板中的"直线"按钮 ／，绘制 Z 字形折断线。然后单击"默认"选项卡"修改"面板中的"修剪"按钮 ，修剪楼梯踏步线和栏杆线，如图 8-48 所示。

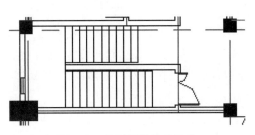

图 8-47　绘制楼梯踏步边线　　　　　　图 8-48　绘制楼梯剖断线

（5）绘制带箭头引线

① 在命令行中输入 Qleader 命令，继续在命令行中输入 S，设置引线样式。

② 在"引线设置"对话框中进行如下设置：在"引线和箭头"选项卡中，选择引线为"直线"，箭头为"实心闭合"，如图 8-49 所示；在"注释"选项卡中，选择注释类型为"无"，如图 8-50 所示。

图 8-49　引线设置——引线和箭头

图 8-50　引线设置——注释

N o t e

③ 以上侧楼梯段第一条楼梯踏步线中点为起点,水平向左绘制带箭头引线;采用同样的方法在下侧楼梯段中点处绘制带箭头引线,如图 8-51 所示。

（6）标注文字：单击"默认"选项卡"注释"面板中的"多行文字"按钮 **A**,设置文字高度为 375,在引线下端输入文字为"上"和"下",如图 8-52 所示。

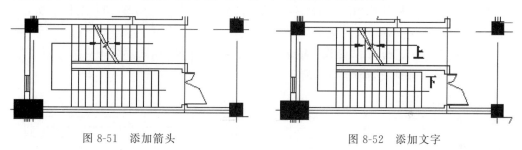

图 8-51　添加箭头　　　　　　　　　　图 8-52　添加文字

说明：楼梯平面图是在距地面 1m 以上位置,用一个假想的剖切平面,沿水平方向剖开(尽量剖到楼梯间的门窗),然后向下作投影得到的投影图。楼梯平面一般是分层绘制的,按照特点可分为底层平面、标准层平面和顶层平面。

在楼梯平面图中,按国标规定,各层被剖切到的楼梯均在平面图中以一根 45° 的折断线表示。在每一梯段处画有一个长箭头,并注写"上"或"下"字标明方向。

楼梯的底层平面图只有一个被剖切的梯段及栏板,和一个注有"上"字的长箭头。

（7）其他楼梯的绘制方法与上面相同,这里不再赘述。绘制完成的楼梯如图 8-53 所示。

2. 绘制台阶

本例中有两处室内台阶和两处室外台阶,下面介绍室内台阶的绘制方法。

台阶的绘制思路与前面介绍的楼梯平面绘制思路基本相似,因此,可以参考楼梯画法进行绘制。

（1）单击"默认"选项卡"图层"面板中的"图层特性"按钮,打开图层特性管理器,创建新图层,将新图层命名为"台阶",并将其设置为当前图层。

Note

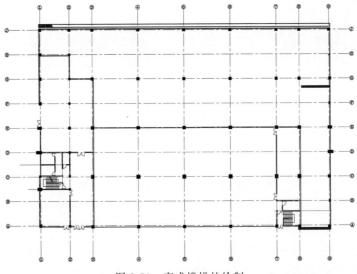

图 8-53　完成楼梯的绘制

（2）单击"默认"选项卡"绘图"面板中的"直线"按钮 ╱，在适当位置处绘制开间长度的水平直线；然后使用"偏移"命令，将绘制的水平直线向上偏移 300，偏移 5 次，如图 8-54 所示。

（3）单击"默认"选项卡"绘图"面板中的"直线"按钮 ╱，以踏步线中点为起点和端点绘制一条竖直辅助线，如图 8-55 所示。

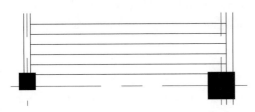

图 8-54　绘制台阶踏步线

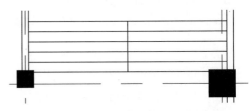

图 8-55　绘制竖直辅助线

（4）单击"默认"选项卡"修改"面板中的"偏移"按钮 ⊑ 和"修剪"按钮 ，将上步绘制的竖直辅助线分别向左右各偏移 30，然后使用 Delete 键将辅助线删除，如图 8-56 所示。

（5）绘制方向箭头：选择菜单栏中的"标注"→"多重引线"命令，在台阶踏步的适当位置绘制带箭头的引线，标示踏步方向，如图 8-57 所示。

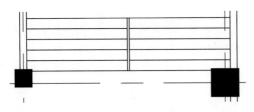

图 8-56　偏移竖直辅助线

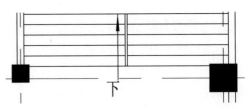

图 8-57　完成室内台阶绘制

（6）室内其他台阶以及室外台阶的绘制方法与此相同，这里不再赘述。绘制完成的台阶如图 8-58 所示。

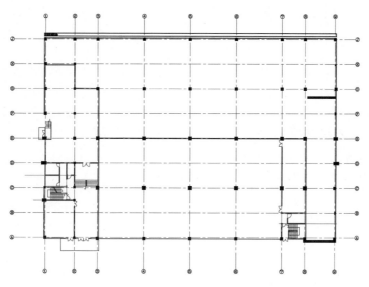

图 8-58　完成台阶绘制

3．绘制坡道

本例中有三处坡道，分别为一处室内坡道和两处室外坡道，下面介绍室外无障碍坡道及扶手的绘制方法。

（1）单击"默认"选项卡"图层"面板中的"图层特性"按钮 ，打开图层特性管理器，创建新图层，将新图层命名为"坡道"，并将其设置为当前图层。

（2）单击"默认"选项卡"绘图"面板中的"矩形"按钮 ，在适当位置处绘制一个 60×2100 的矩形，表示无障碍坡道的扶手，如图 8-59 所示。

（3）单击"默认"选项卡"修改"面板中的"复制"按钮 ，将上步绘制的矩形向下进行复制，复制间距为 1200，如图 8-60 所示。

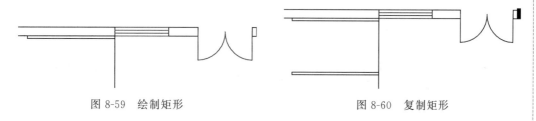

图 8-59　绘制矩形　　　　　　　　　图 8-60　复制矩形

（4）单击"默认"选项卡"绘图"面板中的"直线"按钮 ，在两个矩形之间适当位置处绘制一条竖直线，如图 8-61 所示。

（5）绘制方向箭头：选择菜单栏中的"标注"→"多重引线"命令，在坡道的中央位置绘制带箭头的引线，表示坡道方向，如图 8-62 所示。

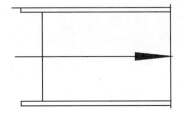

图 8-61　绘制直线　　　　　　　　　图 8-62　添加方向箭头

（6）单击"默认"选项卡"注释"面板中的"多行文字"
按钮 **A**，为坡道方向添加文字说明，如图 8-63 所示。

（7）其他位置处的坡道绘制方法与此相同，这里不
再赘述。绘制完成的坡道如图 8-64 所示。

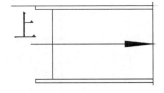

图 8-63　标注文字

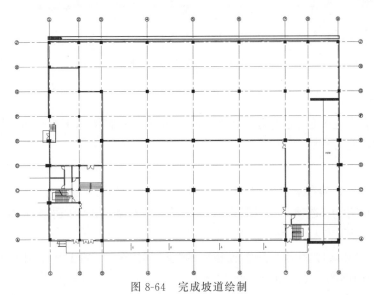

图 8-64　完成坡道绘制

8.1.6　绘制卫生间

8-6

一般在公共场合都设有公共卫生间和无障碍卫生间，此垃圾转运站也不例外。下
面以公共卫生间为例来布置。

操作步骤如下。

1.绘制卫生间隔断

公共卫生间一般都设有两个及两个以上的蹲坑，因此，在卫生间内要设有隔断将各
个蹲坑隔开，其隔间宽为 870，进深为 1200，隔板厚为 30，如图 8-65 所示。

（1）单击"默认"选项卡"图层"面板中的"图层特性"按钮 ，打开图层特性管理
器，创建新图层，将新图层命名为"卫生间"，并将其设置为当前图层。

（2）单击"默认"选项卡"绘图"面板中的"直线"按钮 ╱，在右侧墙体处绘制长为

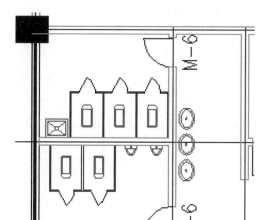

图 8-65　公共卫生间

1200 的竖直直线，然后使用"偏移"命令将此竖直直线分别向左偏移 30、870、30、870、30、870、30，如图 8-66 所示。

（3）单击"默认"选项卡"绘图"面板中的"直线"按钮 ／，在隔板上侧绘制一条水平直线，然后使用"偏移"命令将水平直线向下偏移 30，如图 8-67 所示。

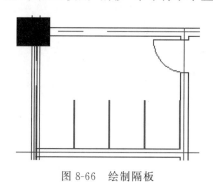

图 8-66　绘制隔板

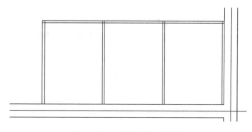

图 8-67　绘制水平隔板

（4）单击"默认"选项卡"修改"面板中的"修剪"按钮，将绘制的隔板进行修剪处理，如图 8-68 所示。

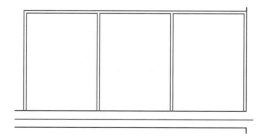

图 8-68　修剪处理

（5）单击"默认"选项卡"绘图"面板中的"直线"按钮 ／，在卫生间隔板左侧拐角处绘制一条竖直线，然后使用"偏移"命令将竖直线分别向右偏移 210、450、450、450、450，如图 8-69 所示。

（6）单击"默认"选项卡"修改"面板中的"修剪"按钮 ，将门洞修剪出来，然后将绘制的辅助线删除，如图 8-70 所示。

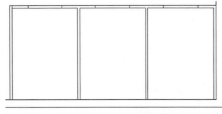

图 8-69　绘制直线

图 8-70　修剪门洞

（7）单击"默认"选项卡"块"面板中的"插入"按钮 ，选择"最近使用的块"选项，系统弹出"块"选项板，单击选项板右上侧的"显示文件导航对话框"按钮 ，选择"单扇门"图形模块，如图 8-71 所示，将其插入到相应的门洞口，并采用"缩放""旋转"命令调整插入的门，结果如图 8-72 所示。

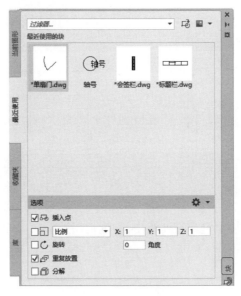

图 8-71　"块"选项板（一）

（8）按照同样的方法在男厕内设置隔间，结果如图 8-73 所示。

（9）在"图层"下拉列表框中选择"家具"图层，将其设置为当前图层。

（10）单击"默认"选项卡"块"面板中的"插入"按钮 ，选择"最近使用的块"选项，系统弹出"块"选项板，单击选项板右上侧"显示文件导航对话框"按钮 ，选择"蹲坑"图形模块，如图 8-74 所示，将其插入相对应的位置处，并采用"缩放""旋转"命令调整插入的块，结果如图 8-75 所示。

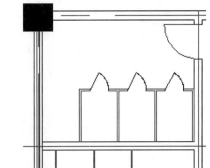
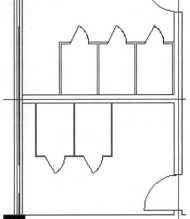

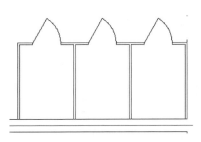

图 8-72 插入门

图 8-73 设置卫生间隔间

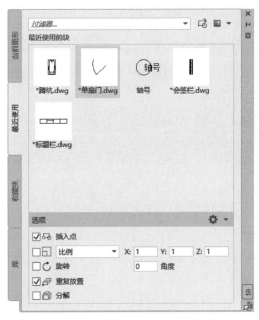

图 8-74 "块"选项板(二)

(11) 按照同样的方法,在图库中选择"墩布池""小便池"图形模块分别插入各个卫生间内,也可配合使用复制命令完成卫生间图形的布置,结果如图 8-76 所示。

2. 绘制盥洗室

卫生间的另外一部分为盥洗室,一般将男、女卫生间的外侧设置为公共盥洗室。下面介绍盥洗室洁具的布置方法。

(1) 单击"默认"选项卡"绘图"面板中的"直线"按钮 ∕,绘制洗手台,绘制结果如图 8-77 所示。

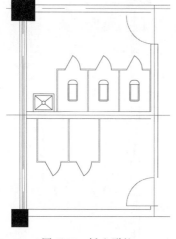

图 8-75 插入蹲坑

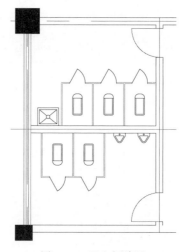

图 8-76 卫生间洁具

（2）打开 CAD 图库，在"洁具和厨具"一栏中选择"洗手盆"，进行复制后，依次粘贴到平面图中的相应位置，绘制结果如图 8-78 所示。

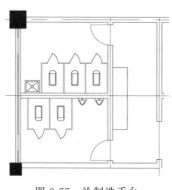

图 8-77 绘制洗手台

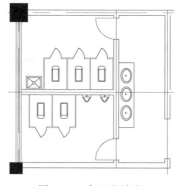

图 8-78 布置盥洗室

（3）按照同样的方法布置无障碍卫生间，这里不再赘述。绘制结果如图 8-79 所示。

8.1.7 绘制设备

本垃圾转运站具有多个不同的设备间以及不同的办公设施，主要设备间为收集储存仓、受料仓、压缩仓、除尘设备间等。下面将几个主要设备一一进行绘制和插入。

1．绘制压缩仓

压缩仓内是一个沉降坑，由地平面往下 4200，主要设备为垃圾压缩机、通风口以及混凝土栏板，如图 8-80 所示。本压缩仓一共设有 4 台压缩机，压缩机的旋转半径均为 1000。

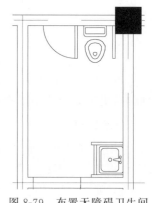

图 8-79 布置无障碍卫生间

8-7

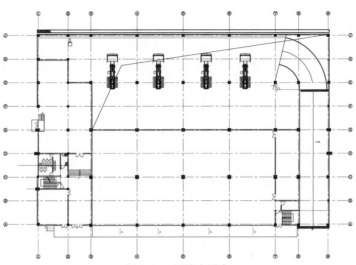

图 8-80　压缩仓设备

（1）在"图层"下拉列表框中选择"设备"图层,将其设置为当前图层。

（2）单击"默认"选项卡"绘图"面板中的"直线"按钮 ╱ ,在压缩仓适当位置处绘制混凝土栏板,如图 8-81 所示。

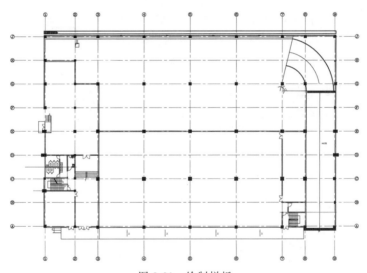

图 8-81　绘制栏板

（3）单击"默认"选项卡"块"面板中的"插入"按钮 ,选择"最近使用的块"选项,系统弹出"块"选项板,单击选项板右上侧的"显示文件导航对话框"按钮 ,选择"压缩机"图形模块,如图 8-82 所示,将其插入到相对应的位置处。然后使用"复制"命令完成压缩机的布置,结果如图 8-83 所示。

（4）单击"默认"选项卡"绘图"面板中的"直线"按钮 ╱ ,在房间的适当位置处绘制通风口,如图 8-84 所示。

（5）单击"默认"选项卡"绘图"面板中的"直线"按钮 ╱ ,在房间内绘制折线,表示此处为基坑,如图 8-85 所示。

237

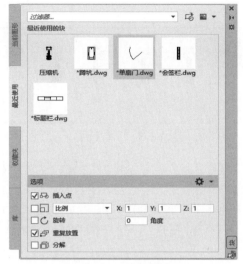

图 8-82　"块"选项板

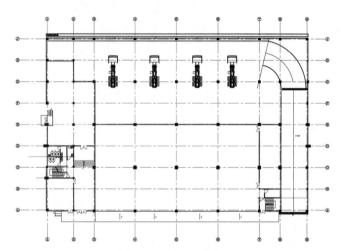

图 8-83　插入压缩机

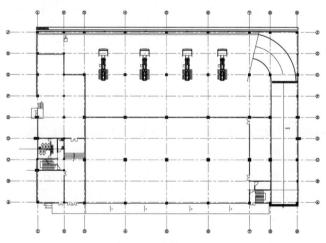

图 8-84　绘制通风口

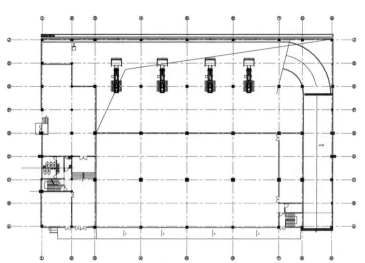

图 8-85　绘制折线

2．绘制除尘设备间

（1）单击"默认"选项卡"绘图"面板中的"直线"按钮 ∕，绘制垃圾除尘设备 1，如图 8-86 所示。

（2）单击"默认"选项卡"绘图"面板中的"直线"按钮 ∕，在除尘设备 1 内绘制折线，如图 8-87 所示。

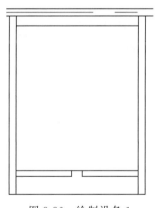
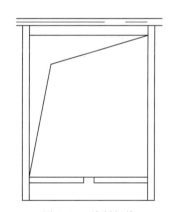

图 8-86　绘制设备 1　　　　　　图 8-87　绘制折线

（3）单击"默认"选项卡"修改"面板中的"复制"按钮 ⁂，将绘制的除尘设备 1 依次向右进行复制，结果如图 8-88 所示。

（4）单击"默认"选项卡"绘图"面板中的"直线"按钮 ∕，在绘制的除尘设备 1 之间绘制两条水平直线，如图 8-89 所示。

（5）单击"默认"选项卡"绘图"面板中的"矩形"按钮 ▭，在适当位置处绘制垃圾除尘设备 2 的外轮廓，即绘制一个 2200×500 的矩形，如图 8-90 所示。

（6）单击"默认"选项卡"修改"面板中的"偏移"按钮 ⊑，将绘制的矩形向内偏移 50，如图 8-91 所示。

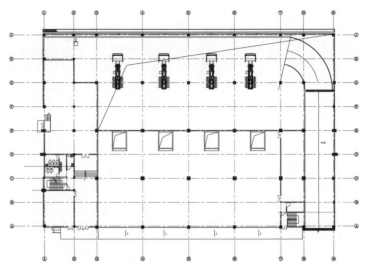

图 8-88　复制设备 1

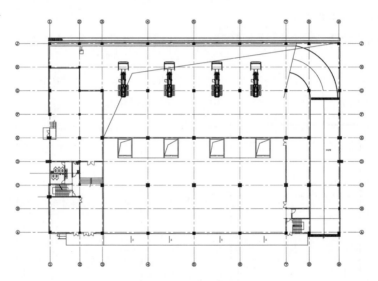

图 8-89　绘制水平直线

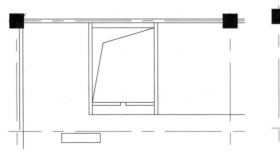

图 8-90　绘制矩形

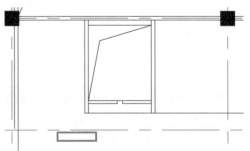

图 8-91　偏移矩形

（7）单击"默认"选项卡"绘图"面板中的"直线"按钮 ╱ ，绘制设备2内部的图形，如图8-92所示。

（8）单击"默认"选项卡"绘图"面板中的"圆"按钮 ⊙ ，在设备2内部绘制一个适当大小的圆，并使用图案填充命令将其填充，如图8-93所示。

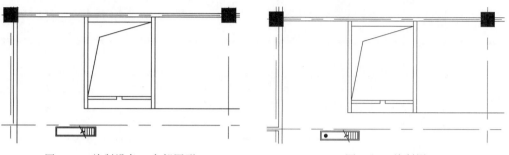

图 8-92　绘制设备2内部图形　　　　图 8-93　绘制圆

（9）单击"默认"选项卡"绘图"面板中的"多段线"按钮 ⌐⊃ ，在设备2内绘制箭头，表示走向，如图8-94所示。

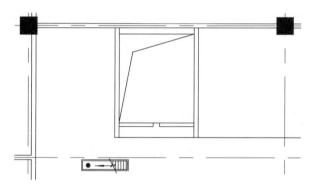

图 8-94　绘制箭头

（10）单击"默认"选项卡"修改"面板中的"复制"按钮 ⸬ ，将绘制的设备2向右复制，间距为300，结果如图8-95所示。

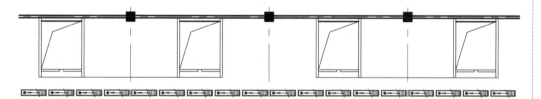

图 8-95　复制设备2

3. 绘制其他设备间

其他设备的绘制方法与上面相同，这里不再赘述。绘制结果如图8-96所示。

241

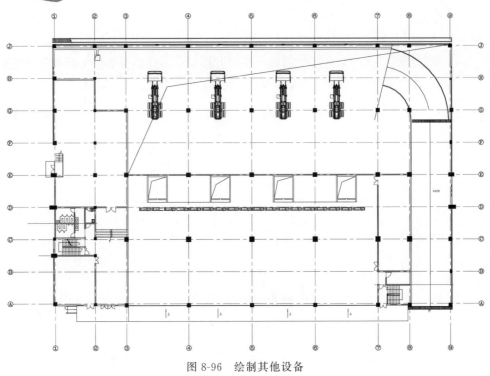

图 8-96　绘制其他设备

8.1.8　平面标注

在垃圾转运站平面图中,标注主要包括五部分,即平面标高、尺寸标注、文字标注、箭头标注以及图名标注。

下面将依次介绍这几种标注方式的绘制方法。

操作步骤如下。

1. 平面标高

建筑物中的某一部分与所确定的标准基点的高度差称为该部位的标高,在图纸中通常用标高符号结合数字来表示。建筑制图标准规定,标高符号应以直角等腰三角形表示。

（1）在"图层"下拉列表中选择"标注"图层,将其设置为当前图层。

（2）单击"默认"选项卡"绘图"面板中的"多边形"按钮◇,绘制边长为 530 的正方形。

（3）单击"默认"选项卡"修改"面板中的"旋转"按钮 ⟳,将正方形旋转 45°;然后单击"默认"选项卡"绘图"面板中的"直线"按钮 ╱,连接正方形左右两个端点,绘制水平对角线。

（4）单击水平对角线,将十字光标移动到其右端点处单击,将夹持点激活（此时,夹持点呈红色）,然后鼠标向右移动,在命令行中输入 1570 后按 Enter 键完成绘制。单击"默认"选项卡"修改"面板中的"修剪"按钮 ▼,对多余线段进行修剪。

（5）单击"默认"选项卡"块"面板中的"创建"按钮 ⟲,将如图 8-97 所示的标高符号定义为图块。

（6）单击"默认"选项卡"块"面板中的"插入"按钮 ⟲,将已创建的图块插入到平面图中需要标高的位置。

（7）单击"默认"选项卡"注释"面板中的"多行文字"按钮 **A**，设置字体为"宋体"、文字高度为300，在标高符号的长直线上方添加具体的标注数值。

图8-98所示为台阶处室外地面标高。

图8-97　标高符号　　　　　图8-98　台阶处室外标高

（8）单击"默认"选项卡"修改"面板中的"复制"按钮，将标高符号复制到其他需要标高的对应位置处，然后对标高数值作相应的修改，结果如图8-99所示。

说明：一般在平面图上绘制的标高是相对标高，而不是绝对标高。绝对标高指的是以我国青岛市附近的黄海海平面作为零点而测定的高度尺寸。

通常情况下，室内标高要高于室外标高，在绘图中，常见的是将建筑首层室内地面的高度设为零点，标作"±0.000"；低于此高度的建筑部位标高值为负值，在标高数字前加"—"号；高于此高度的建筑部位标高值为正值，标高数字前不加任何符号。

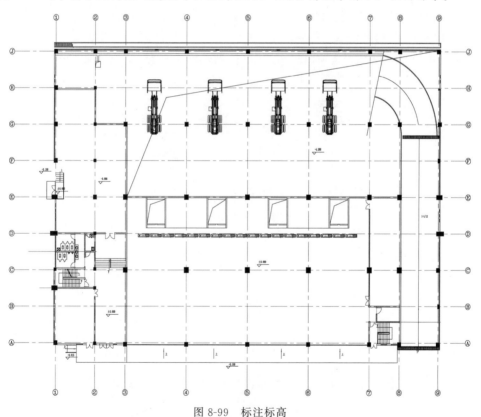

图8-99　标注标高

2. 尺寸标注

本例中采用的尺寸标注分三道，分别为各个建筑物的定位尺寸、各轴线之间的距离以及平面总长度或总宽度。

（1）设置标注样式：

① 单击"默认"选项卡"注释"面板中的"标注样式"按钮 ，打开"标注样式管理器"对话框，如图 8-100 所示；单击"新建"按钮，打开"创建新标注样式"对话框，在"新样式名"文本框中输入"平面标注"，如图 8-101 所示。

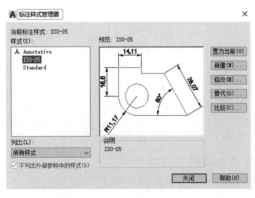
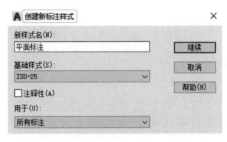

图 8-100 "标注样式管理器"对话框   图 8-101 "创建新标注样式"对话框

② 单击"继续"按钮，打开"新建标注样式：平面标注"对话框。

③ 切换到"符号和箭头"选项卡，在"箭头"选项组中的"第一个"和"第二个"下拉列表框中均选择"建筑标记"选项，在"引线"下拉列表框中选择"实心闭合"选项，在"箭头大小"微调框中输入 100，如图 8-102 所示。

图 8-102 "符号和箭头"选项卡

④ 切换到"文字"选项卡，在"文字外观"选项组中的"文字高度"微调框中输入 300，如图 8-103 所示。

⑤ 单击"确定"按钮，返回到"标注样式管理器"对话框。在"样式"列表框中激活"平面标注"标注样式，如图 8-104 所示，单击"置为当前"按钮。单击"关闭"按钮，完成标注样式的设置。

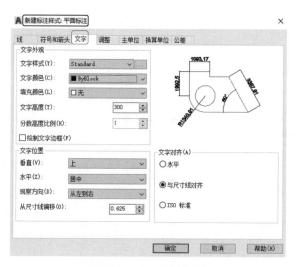

图 8-103　"文字"选项卡

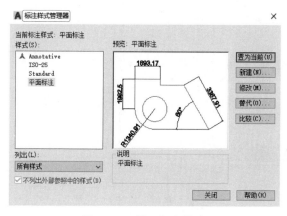

图 8-104　设置标注样式

（2）单击"注释"选项卡"标注"面板中的"线性"按钮┝┥和"连续"按钮┝╫，标注内部各个建筑物的定位尺寸（即标注内部的细部尺寸），结果如图 8-105 所示。

（3）单击"默认"选项卡"绘图"面板中的"直线"按钮╱，在适当位置处绘制一条水平直线，然后单击"默认"选项卡"绘图"面板中的"圆弧"按钮╭，绘制压缩机的旋转弧线，结果如图 8-106 所示。

（4）单击"默认"选项卡"注释"面板中的"半径"按钮╱和"角度"按钮△，对绘制的弧线和拐角处弧线的角度进行标注，如图 8-107 所示。

（5）单击"注释"选项卡"标注"面板中的"线性"按钮┝┥和"连续"按钮┝╫，标注外部各个建筑物的定位尺寸（即标注第一道尺寸线），结果如图 8-108 所示。

（6）单击"注释"选项卡"标注"面板中的"线性"按钮┝┥和"连续"按钮┝╫，标注各轴线之间的距离（即标注第二道尺寸线），结果如图 8-109 所示。

（7）单击"默认"选项卡"注释"面板中的"线性"按钮┝┤，标注总尺寸（即标注第三道尺寸线），结果如图 8-110 所示。

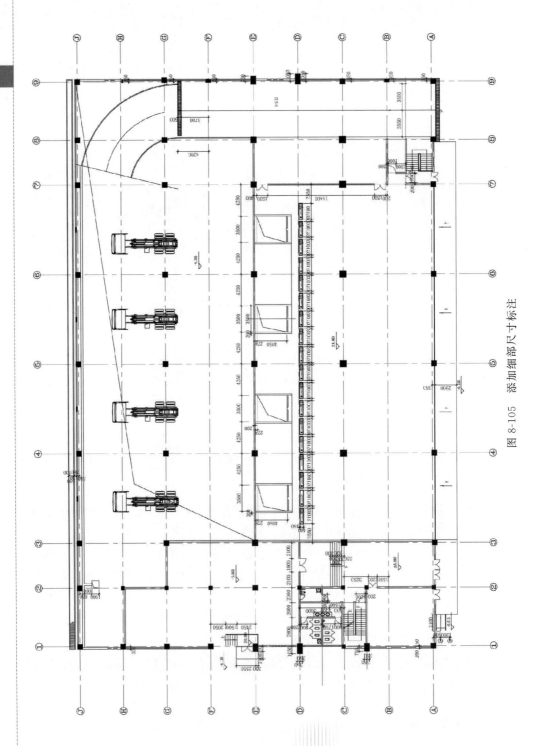

图 8-105　添加细部尺寸标注

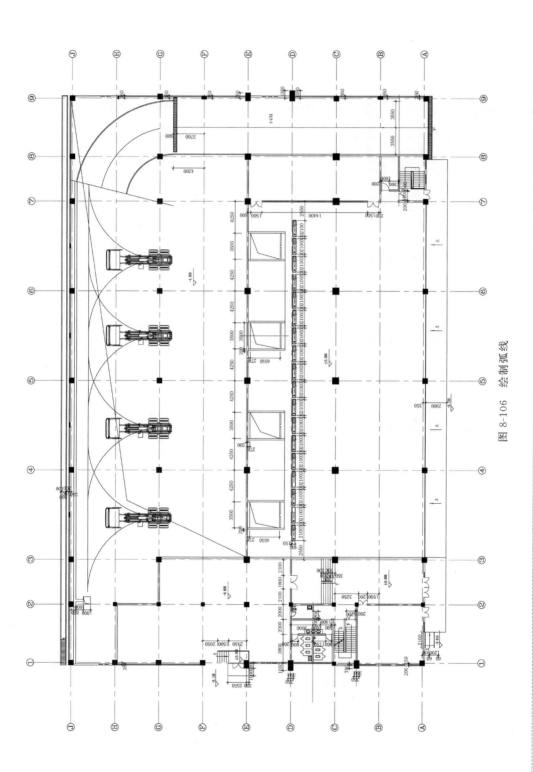

图 8-106 绘制弧线

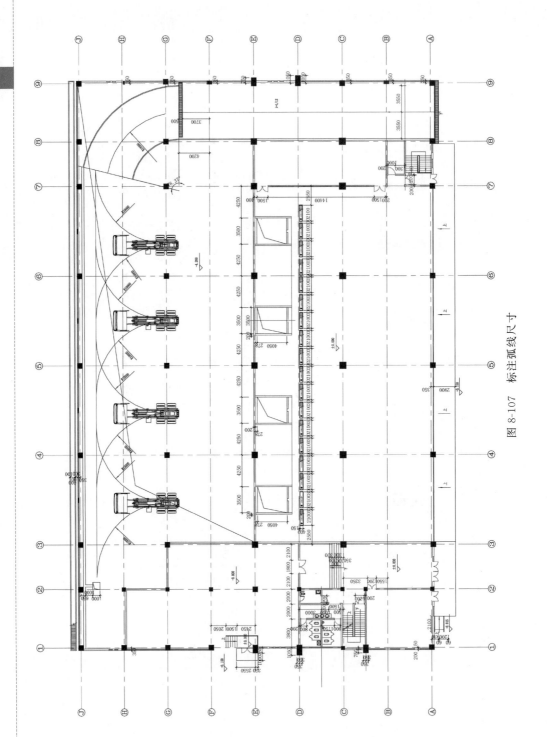

图 8-107 标注弧线尺寸

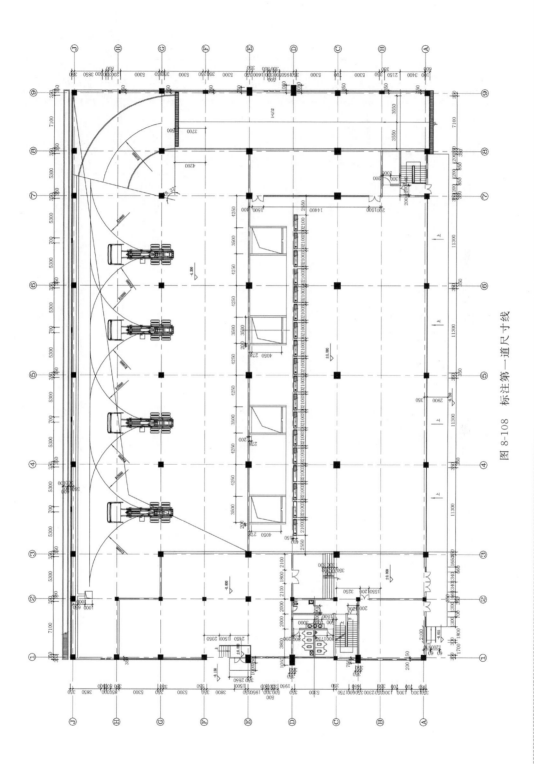

图 8-108 标注第一道尺寸线

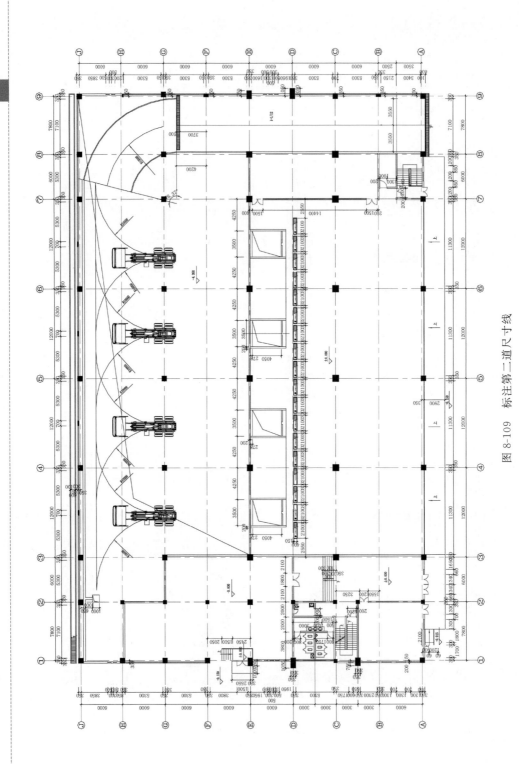

图 8-109 标注第二道尺寸线

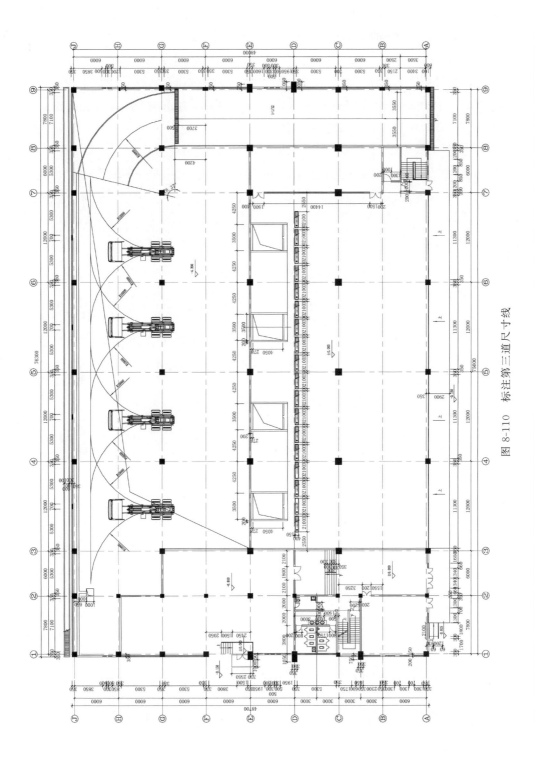

图 8-110 标注第三道尺寸线

3．文字标注

在平面图中，各房间的功能或用途可以用文字进行标识。下面以首层平面中的值班室为例，介绍文字标注的具体方法。

（1）在"图层"下拉列表框中选择"文字"图层，将其设置为当前图层。

（2）单击"默认"选项卡"注释"面板中的"多行文字"按钮 **A**，在平面图中指定文字插入位置后，打开"文字编辑器"选项卡，如图8-111所示；在选项卡中设置文字样式为Standard、字体为"仿宋"、文字高度为375。

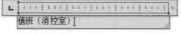

图8-111　"文字编辑器"选项卡

（3）在文字编辑框中输入文字"值班（消控室）"，并拖动"宽度控制"滑块来调整文本框的宽度，完成该处的文字标注。文字标注结果如图8-112所示。

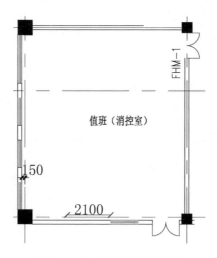

图8-112　标注消控室文字

（4）使用相同的方法标注其他房间内的文字，这里不再赘述。标注结果如图8-113所示。

（5）单击"默认"选项卡"注释"面板中的"多行文字"按钮 **A**，标注门窗名称，如图8-114所示。

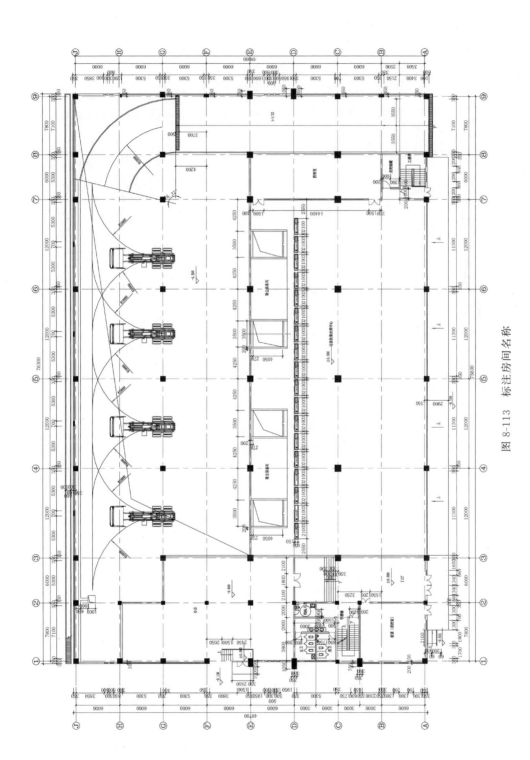

图 8-113 标注房间名称

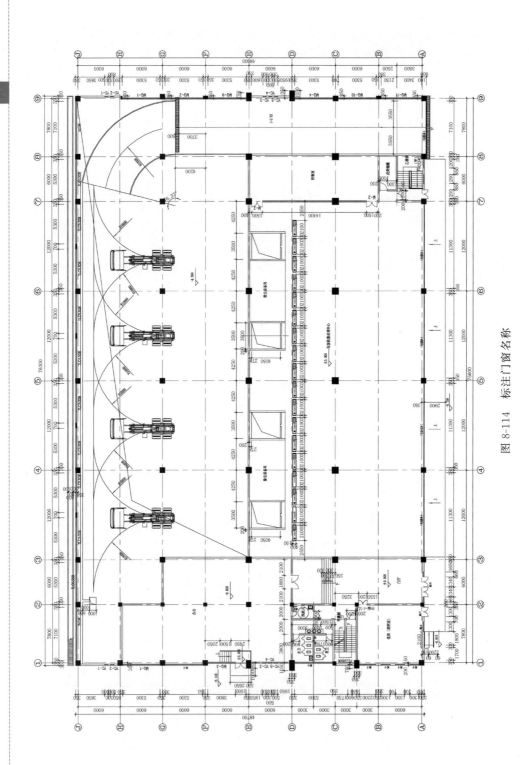

图 8-114 标注门窗名称

（6）单击"默认"选项卡"绘图"面板中的"直线"按钮 ∕ ，由图形向外引出竖直线，然后单击"默认"选项卡"注释"面板中的"多行文字"按钮 **A** ，在引出线的上下方分别标注文字，如图 8-115 所示。

（7）单击"默认"选项卡"绘图"面板中的"圆"按钮 ⊙ ，在引出线的末端处绘制半径为 650 的圆，然后单击"默认"选项卡"注释"面板中的"多行文字"按钮 **A** ，分别在上半圆和下半圆内输入数值，如图 8-116 所示。

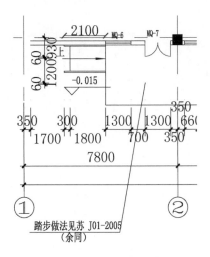

图 8-115 绘制引出线

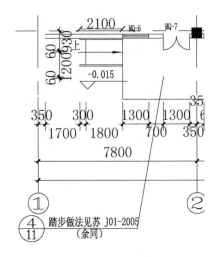

图 8-116 绘制索引符号

（8）其他索引符号以及文字说明的标注方法与上面相同，这里不再赘述。标注结果如图 8-117 所示。

4．箭头标注

（1）单击"默认"选项卡"绘图"面板中的"多段线"按钮 ⤵ ，在除尘设备处绘制箭头，

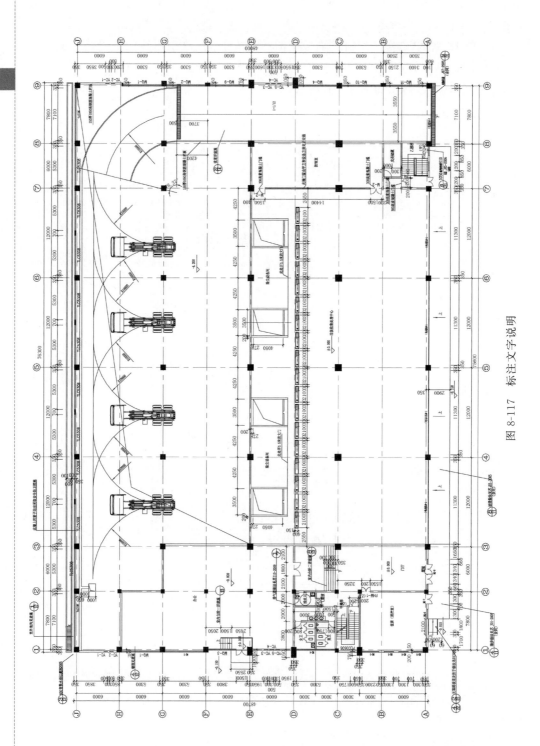

图 8-117 标注文字说明

表示垃圾的走向,然后单击"默认"选项卡"注释"面板中的"多行文字"按钮 A,在箭头处标注字母,如图 8-118 所示。

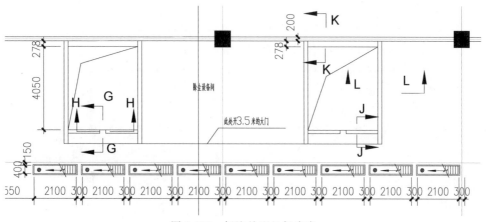

图 8-118　标注处理垃圾走向

(2) 单击"默认"选项卡"绘图"面板中的"多段线"按钮 ⌐ 和"注释"面板中的"多行文字"按钮 A,标注其他位置处的箭头走向,如图 8-119 所示。

5.图名标注

(1) 单击"默认"选项卡"注释"面板中的"多行文字"按钮 A,打开多行文字编辑器,设置字体为"宋体",文字高度为 1000,标注图名"一层平面图 1∶125"。

(2) 单击"默认"选项卡"绘图"面板中的"多段线"按钮 ⌐ 和"直线"按钮 ∕,设置起点宽度和终点宽度均为 125,在图名下绘制适当长度的多段线和同样长度的水平直线,如图 8-120 所示。

(3) 单击"默认"选项卡"注释"面板中的"多行文字"按钮 A,打开"文字编辑器"选项卡,设置字体为"宋体",文字高度为 1000,在直线下方适当位置标注文字说明,如图 8-121 所示。

8.1.9　绘制指北针和剖切符号

在建筑首层平面图中应绘制指北针以标明建筑方位;如果需要绘制建筑的剖面图,则还应在首层平面图中画出剖切符号以标明剖面剖切位置。

下面分别介绍平面图中指北针和剖切符号的绘制方法。

操作步骤如下。

1.绘制指北针

(1) 单击"默认"选项卡"图层"面板中的"图层特性"按钮 ▤,打开图层特性管理器,创建新图层,将新图层命名为"指北针与剖切符号",并将其设置为当前图层。

(2) 单击"默认"选项卡"绘图"面板中的"圆"按钮 ⊙,绘制直径为 1355 的圆。

(3) 单击"默认"选项卡"绘图"面板中的"直线"按钮 ∕,在圆内绘制折线,表示指示方向,如图 8-122 所示。

(4) 单击"默认"选项卡"绘图"面板中的"图案填充"按钮 ▨,打开"图案填充创建"选项卡,选择填充类型为"预定义"图案为 SOLID,对下半侧三角形进行填充。

8-9

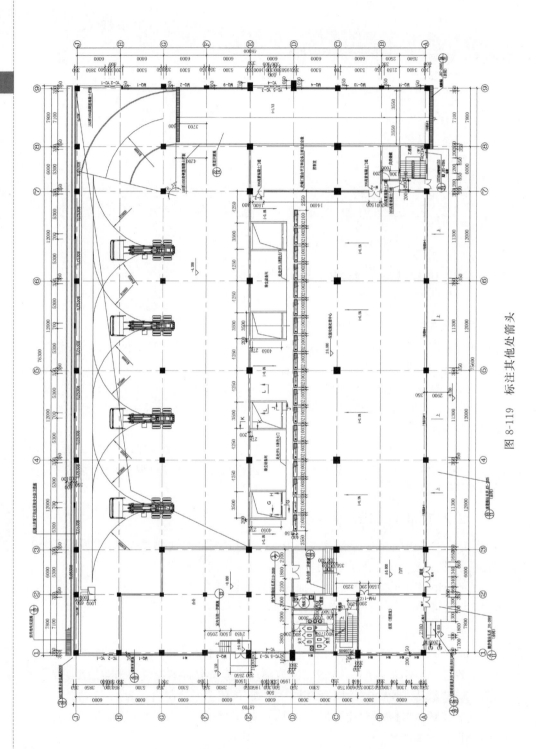

图 8-119 标注其他处箭头

一层平面图 1:125

图 8-120　标注图名

一层平面图 1:125

（本层建筑面积：2070.3m²）

图 8-121　文字说明

（5）单击"默认"选项卡"注释"面板中的"多行文字"按钮 A，设置文字高度为 625，在三角形顶点的正上方书写大写的英文字母 N，并使用"旋转"命令标示平面图的正北方向，如图 8-123 所示。

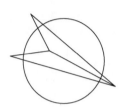

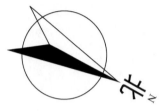

图 8-122　圆与三角形　　　　图 8-123　指北针

2．绘制剖切符号

（1）单击"默认"选项卡"绘图"面板中的"直线"按钮，在平面图中绘制剖切面的定位线，并使得该定位线两端伸出被剖切外墙面适当距离，如图 8-124 所示。

（2）单击"默认"选项卡"绘图"面板中的"直线"按钮，分别以剖切面定位线的两端点为起点，向剖面图投影方向绘制剖视方向线，长度为 1250。

（3）单击"默认"选项卡"绘图"面板中的"圆"按钮，分别以定位线两端点为圆心，绘制两个半径为 1875 的圆。

（4）单击"默认"选项卡"修改"面板中的"修剪"按钮，修剪两圆之间的投影线条；然后删除两圆，得到两条剖切位置线。

（5）将剖切位置线和剖视方向线的线宽都设置为 0.40。

（6）单击"默认"选项卡"注释"面板中的"多行文字"按钮 A，设置文字高度为 300，在平面图两侧剖视方向线的端部书写剖面剖切符号的编号为 1。

（7）使用同样的方法标注 2-2 剖切符号，结果如图 8-125 所示。

说明：剖面的剖切符号应由剖切位置线及剖视方向线组成，均应以粗实线绘制。剖视方向线应垂直于剖切位置线，长度应短于剖切位置线，绘图时，剖面剖切符号不宜与图面上的图线相接触。

剖面剖切符号的编号宜采用阿拉伯数字，按顺序由左至右、由下至上连续编排，并应注写在剖视方向线的端部。

8.1.10　插入图框

单击"默认"选项卡"块"面板中的"插入"按钮，在下拉菜单中选择"最近使用的块"，打开"块"选项板，如图 8-126 所示。单击选项板右上侧的"显示文件导航对话框"按钮，打开"选择要插入的文件"对话框，选择下载的源文件中的"A2 图框"图块，将其放置到图形适当位置，最终完成垃圾转运站一层平面图的绘制，如图 8-1 所示。

8-10

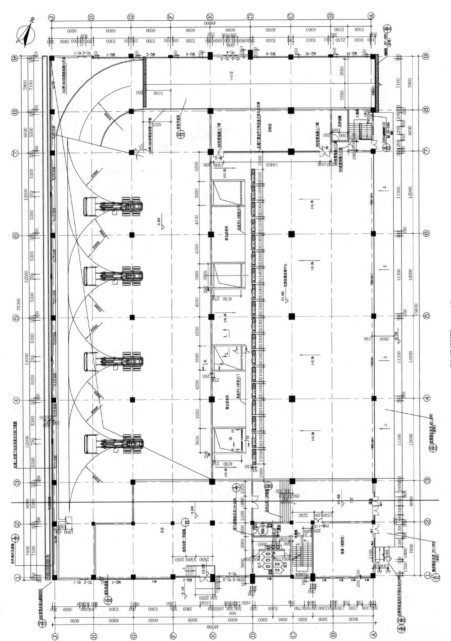

一层平面图 1:125
（本层建筑面积：2070.3m²）

图 8-124　绘制剖切面定位线

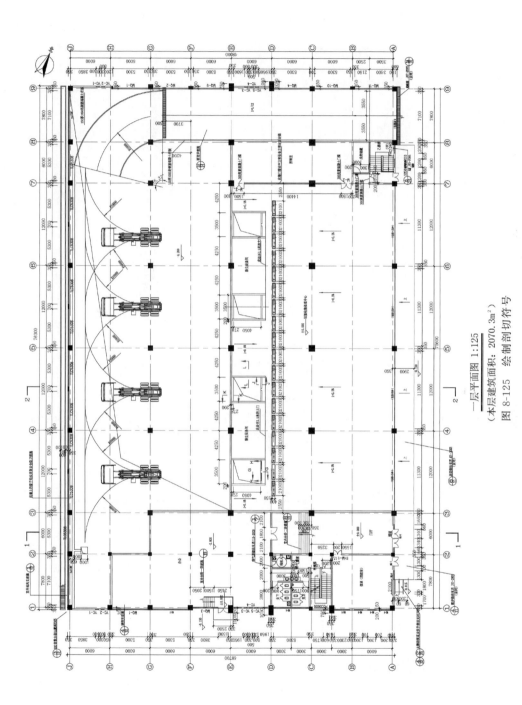

一层平面图 1:125
（本层建筑面积：2070.3m²）
图 8-125 绘制剖切符号

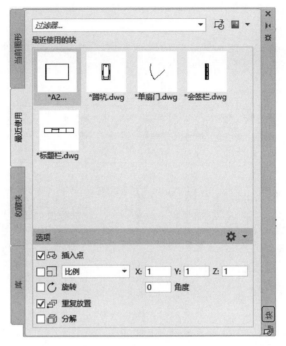

图 8-126　"块"选项板

8.2　垃圾转运站立面图绘制

本例绘制①-⑨立面图,首先确定定位辅助线,再根据辅助线运用直线命令、偏移命令、多行文字命令完成绘制。本例绘制的立面图如图 8-127 所示。

①-⑨立面图 1:125

图 8-127　①-⑨立面图

8-11

8.2.1　设置绘图环境

（1）用 LIMITS 命令设置图幅,大小为 42000×29700。

（2）单击"默认"选项卡"图层"面板中的"图层特性"按钮 ，打开图层特性管理器,创建"立面"图层。

8.2.2　绘制定位辅助线

（1）单击快速访问工具栏中的"打开"按钮 📂，打开下载的"源文件/垃圾转运站一层平面"文件。

（2）单击"默认"选项卡"修改"面板中的"删除"按钮 🖊，删除图形中不需要的部分，并整理图形，如图 8-128 所示。

（3）单击"默认"选项卡"修改"面板中的"复制"按钮 🗗，选取整理过的一层平面图，将其复制到新样板图中。

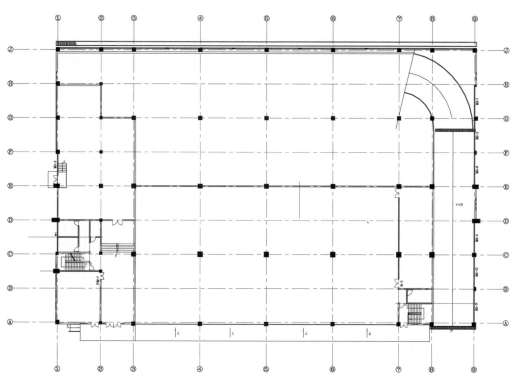

图 8-128　整理图形

（4）将当前图层设置为"立面"图层。单击"默认"选项卡"绘图"面板中的"多段线"按钮 ⤵，指定起点宽度为 100、端点宽度为 100，在一层平面图下方绘制一条地坪线，地坪线上方需留出足够的绘图空间，如图 8-129 所示。

（5）单击"默认"选项卡"绘图"面板中的"直线"按钮 ✏，由一层平面图向下引出定位辅助线，结果如图 8-130 所示。

（6）单击"默认"选项卡"修改"面板中的"偏移"按钮 ⊑，根据室内外高差、各层层高、屋面标高等确定楼层定位辅助线，然后将偏移后的直线分解，如图 8-131 所示。

（7）单击"默认"选项卡"绘图"面板中的"直线"按钮 ✏ 和"圆"按钮 ⊙，标注轴线编号，结果如图 8-132 所示。

Note

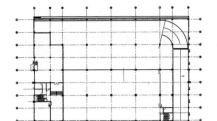

图 8-129 绘制地坪线

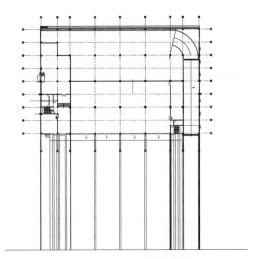

图 8-130 绘制一层竖向辅助线

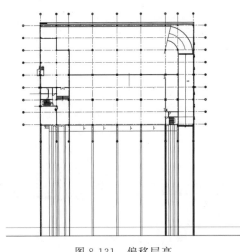

图 8-131 偏移层高

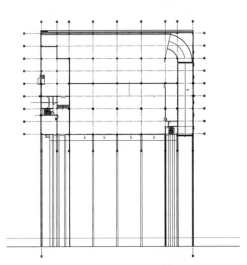

图 8-132 绘制轴线编号

（8）单击"默认"选项卡"修改"面板中的"修剪"按钮，对引出的辅助线进行修剪，结果如图 8-133 所示。

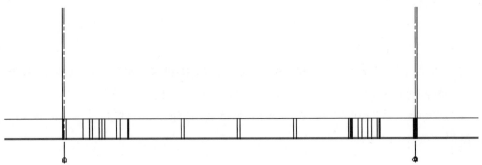

图 8-133 修剪线段

8.2.3　绘制立面图

（1）单击"默认"选项卡"修改"面板中的"偏移"按钮 ⊆，将前面偏移的层高线连续向上偏移，偏移距离分别为 2900、3300，如图 8-134 所示。

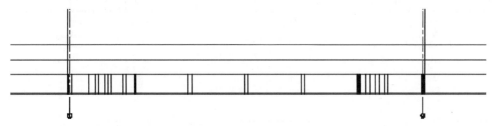

图 8-134　偏移层高线（一）

（2）单击"默认"选项卡"修改"面板中的"偏移"按钮 ⊆，将最上侧的辅助线向下偏移 700，如图 8-135 所示。

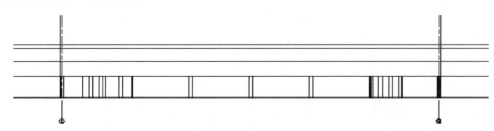

图 8-135　偏移层高线（二）

（3）单击"默认"选项卡"修改"面板中的"延伸"按钮 →│，将竖直辅助线延伸至上步偏移的水平辅助线处，如图 8-136 所示。

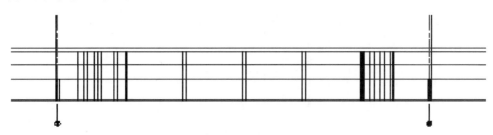

图 8-136　延伸竖直线

（4）单击"默认"选项卡"修改"面板中的"修剪"按钮 ⅄，对辅助线进行修剪处理，然后删除不需要的辅助线，如图 8-137 所示。

（5）单击"默认"选项卡"修改"面板中的"偏移"按钮 ⊆ 和"修剪"按钮 ⅄，绘制窗户，如图 8-138 所示。

（6）单击"默认"选项卡"修改"面板中的"偏移"按钮 ⊆，将一层辅助线分别向下偏移 50、100，如图 8-139 所示。

（7）单击"默认"选项卡"绘图"面板中的"直线"按钮 ╱ 和"修改"面板中的"修剪"按钮 ⅄，沿着绘制的辅助线绘制出雨棚，然后删除掉不需要的直线，如图 8-140 所示。

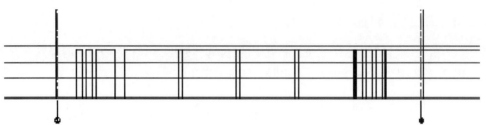

图 8-137 修剪偏移线段

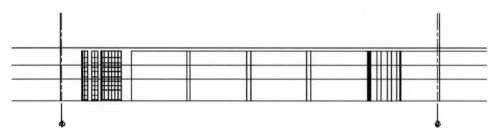

图 8-138 绘制窗户

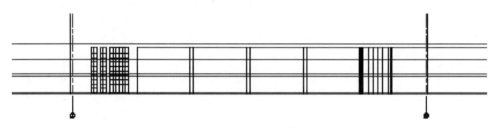

图 8-139 偏移直线

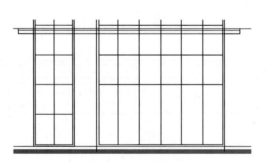

图 8-140 绘制雨棚

（8）单击"默认"选项卡"修改"面板中的"修剪"按钮 ，对绘制的雨棚进行修剪处理，如图 8-141 所示。

（9）单击"默认"选项卡"修改"面板中的"偏移"按钮 ，将室内地坪线向上偏移 4200，如图 8-142 所示。

（10）单击"默认"选项卡"修改"面板中的"修剪"按钮 ，将立面的卷帘门洞修剪出来，如图 8-143 所示。

（11）单击"默认"选项卡"修改"面板中的"偏移"按钮 ，将修剪后的直线分别向

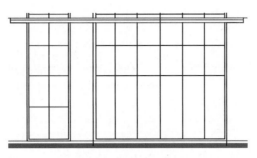

图 8-141 修剪处理

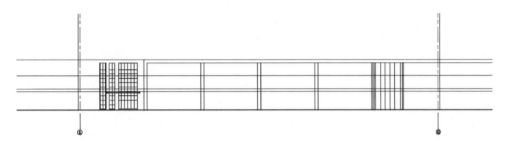

图 8-142 偏移室内地坪线

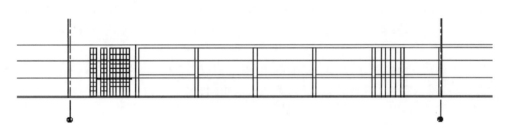

图 8-143 修剪门洞

下偏移 200、60，将两边的柱子线向内偏移 60，然后使用"修剪"命令对直线进行修剪处理，如图 8-144 所示。

图 8-144 绘制电动卷帘门

（12）其他电动卷帘门的绘制方法与上面相同，这里不再赘述。绘制结果如图 8-145 所示。

（13）单击"默认"选项卡"修改"面板中的"偏移"按钮 ⊑，绘制轴线⑦-⑧处的门窗立面图，将左侧柱子线向内偏移，偏移距离分别为 60、540、540、60，然后将修剪后的水平直线向下偏移，偏移距离分别为 200、60、940、1000、1940，如图 8-146 所示。

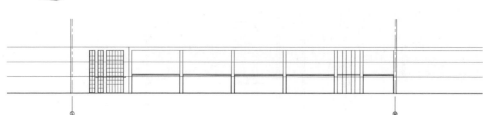

图 8-145　完成电动卷帘门的绘制

（14）单击"默认"选项卡"修改"面板中的"修剪"按钮▼，将偏移后的直线进行修剪处理，绘制轴线⑧-⑨处的门窗立面图，然后将直线颜色改为"白"色，如图 8-147所示。

（15）同样使用"偏移"和"修剪"命令绘制轴线⑦-⑧处的其他窗立面图，然后删除不需要的辅助线，如图 8-148 所示。

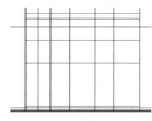  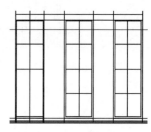

图 8-146　偏移直线　　　　　图 8-147　修剪直线　　　　图 8-148　绘制门窗立面图

（16）单击"默认"选项卡"绘图"面板中的"多段线"按钮 ⌐⌐，设置多段线宽为 30，在适当位置处绘制高为 700、伸出柱子 700 的檐沟轮廓，如图 8-149 所示。

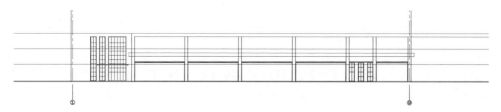

图 8-149　绘制檐沟轮廓

（17）单击"默认"选项卡"修改"面板中的"修剪"按钮▼，对绘制的檐沟进行修剪处理，如图 8-150 所示。

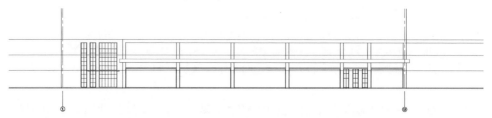

图 8-150　修剪图形 1

Note

（18）单击"默认"选项卡"绘图"面板中的"直线"按钮 ⁄，绘制雨水管，如图 8-151 所示。

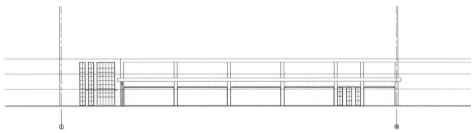

图 8-151　绘制雨水管

（19）单击"默认"选项卡"修改"面板中的"复制"按钮 ，将绘制的雨水管复制到其他需要雨水管的位置处，如图 8-152 所示。

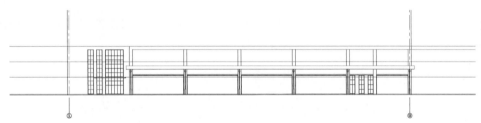

图 8-152　复制雨水管

（20）单击"默认"选项卡"绘图"面板中的"多段线"按钮 ，沿着柱子线条绘制挑檐，如图 8-153 所示。

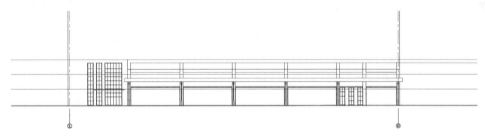

图 8-153　绘制挑檐

（21）单击"默认"选项卡"修改"面板中的"修剪"按钮 和"删除"按钮 ，对上步绘制的图形进行修剪处理，将不需要的直线删除，如图 8-154 所示。

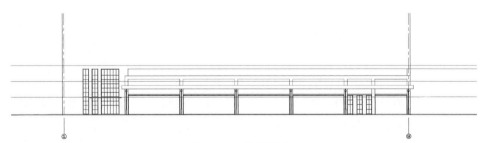

图 8-154　修剪图形 2

（22）单击"默认"选项卡"绘图"面板中的"多段线"按钮，绘制墙线和屋顶处的檐沟，如图 8-155 所示。

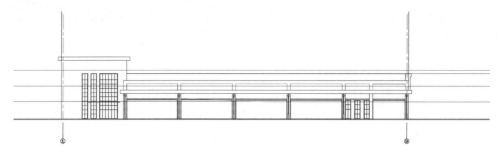

图 8-155　绘制墙线和屋顶檐沟

（23）单击"默认"选项卡"修改"面板中的"修剪"按钮和"删除"按钮，将复制过来的一层平面图删除。

（24）单击"默认"选项卡"修改"面板中的"修剪"按钮，对绘制的屋顶处檐沟进行修剪处理，删除不需要的辅助线，结果如图 8-156 所示。

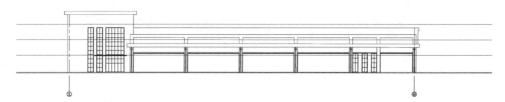

图 8-156　修剪处理图形

（25）单击"默认"选项卡"绘图"面板中的"矩形"按钮，在适当的位置处绘制三个矩形，大小分别为 3100×900、3300×900、4000×900，如图 8-157 所示。

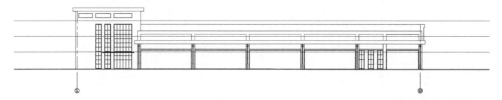

图 8-157　绘制矩形

（26）单击"默认"选项卡"绘图"面板中的"直线"按钮，在矩形内绘制折线，如图 8-158 所示。

图 8-158　绘制折线

（27）单击"默认"选项卡"绘图"面板中的"直线"按钮，在左边的矩形下面绘制装饰栏杆，栏杆高为 300，如图 8-159 所示。

（28）单击"默认"选项卡"修改"面板中的"复制"按钮，将上步绘制的装饰栏杆复

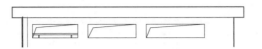

图 8-159 绘制栏杆

制到其他矩形适当的位置处,并使用"延伸""移动"命令对其图形进行调整,如图 8-160 所示。

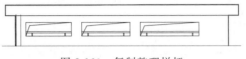

图 8-160 复制整理栏杆

(29)单击"默认"选项卡"绘图"面板中的"直线"按钮 ∕,在三层屋顶处绘制高为 600 的栏杆扶手,如图 8-161 所示。

图 8-161 绘制水平直线

(30)单击"默认"选项卡"修改"面板中的"偏移"按钮 ⊆,将上步绘制的水平直线向下偏移 60,如图 8-162 所示。

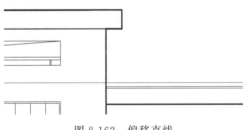

图 8-162 偏移直线

(31)单击"默认"选项卡"绘图"面板中的"直线"按钮 ∕ 和"修改"面板中的"复制"按钮 ☐,在绘制的栏杆扶手下绘制栏杆,栏杆的宽度为 30,间距为 110,如图 8-163 所示。

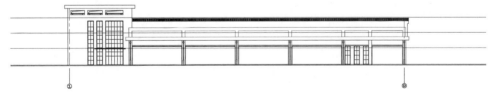

图 8-163 绘制装饰栏杆

(32)继续使用"直线""偏移"和"复制"命令绘制其他位置处的装饰栏杆,如图 8-164 所示。

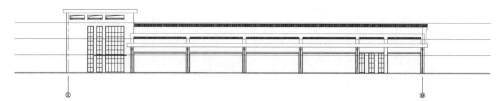

图 8-164　绘制其他处的栏杆

8.2.4　绘制装饰部分

（1）单击"默认"选项卡"绘图"面板中的"图案填充"按钮 ▨，打开"图案填充创建"选项卡，进行如图 8-165 所示的设置。拾取电动卷帘门区域内一点，完成电动卷帘门的图案填充，如图 8-166 所示。

图 8-165　"图案填充创建"选项卡

图 8-166　填充卷帘门

（2）单击"默认"选项卡"绘图"面板中的"图案填充"按钮 ▨，打开"图案填充创建"选项卡，进行如图 8-167 所示的设置。拾取墙体区域内一点，完成墙体的图案填充，如图 8-168 所示。

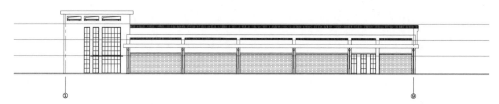

图 8-167　"图案填充创建"选项卡

（3）单击"默认"选项卡"绘图"面板中的"直线"按钮 ∕，绘制种植区域，如图 8-169 所示。

（4）单击"默认"选项卡"绘图"面板中的"直线"按钮 ∕，绘制两侧立面檐沟外排水以及绘制图形的细节部分，如图 8-170 所示。

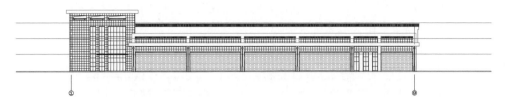

图 8-168 填充墙面

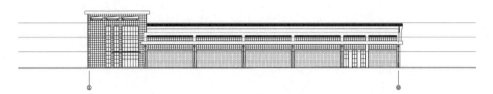

图 8-169 绘制种植区域

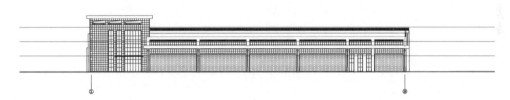

图 8-170 绘制细节部分

（5）单击"默认"选项卡"绘图"面板中的"图案填充"按钮 ，对图形其他部分进行图案填充，如图 8-171 所示。

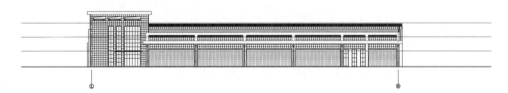

图 8-171 填充其他部分

8.2.5 添加文字说明

（1）在命令行中输入 qleader 命令，为图形添加引线。单击"默认"选项卡"注释"面板中的"多行文字"按钮 A ，为图形添加文字说明，如图 8-172 所示。

8-15

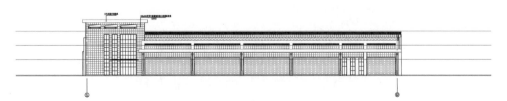

图 8-172 添加引线及文字说明

（2）使用同样的方法添加其他位置处的文字说明，部分文字说明处使用"圆"命令，绘制索引符号，结果如图 8-173 所示。

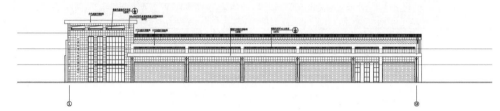

图 8-173　完成文字说明的添加

8-16

8.2.6　标注尺寸

（1）单击"默认"选项卡"注释"面板中的"标注样式"按钮，打开"标注样式管理器"对话框，如图 8-174 所示；单击"新建"按钮，打开"创建新标注样式"对话框，在"新样式名"一栏中输入 DIMN，如图 8-175 所示。

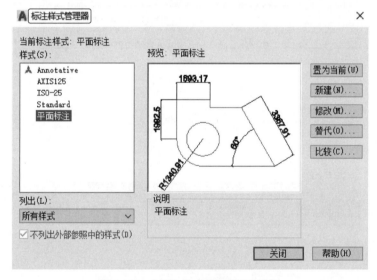

图 8-174　"标注样式管理器"对话框

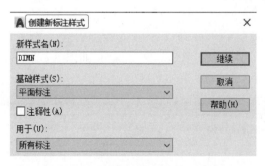

图 8-175　"创建新标注样式"对话框

（2）单击"继续"按钮，打开"新建标注样式：DIMN"对话框。

（3）切换到"线"选项卡，设置"超出尺寸线"为 250，"起点偏移量"为 300，如图 8-176 所示。

（4）切换到"符号和箭头"选项卡，在"箭头"选项组中的"第一个"和"第二个"下拉列表框中均选择"建筑标记"选项，在"引线"下拉列表框中选择"实心闭合"选项，在"箭头大小"微调框中输入 100，如图 8-177 所示。

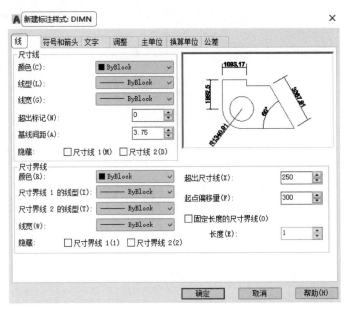

图 8-176　"线"选项卡

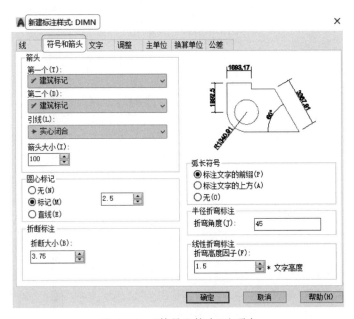

图 8-177　"符号和箭头"选项卡

（5）切换到"文字"选项卡，在"文字外观"选项组的"文字高度"微调框中输入 350，如图 8-178 所示。

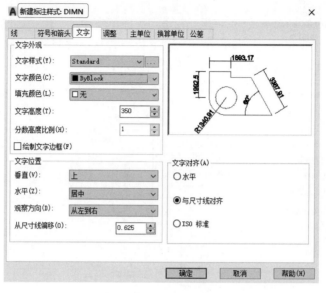

图 8-178 "文字"选项卡

（6）切换到"主单位"选项卡，在"线性标注"选项组的"精度"下拉列表框中选择 0，"小数分隔符"下拉列表框中选择"句点"选项，如图 8-179 所示。

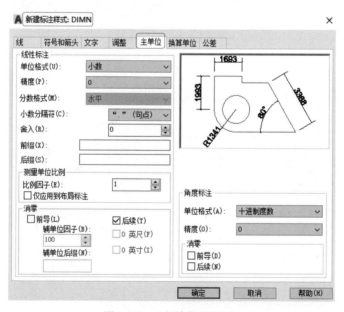

图 8-179 "主单位"选项卡

（7）单击"确定"按钮，回到"标注样式管理器"对话框。在"样式"列表框中激活"平面标注"标注样式，如图 8-180 所示，单击"置为当前"按钮。单击"关闭"按钮，完成标注样式的设置。

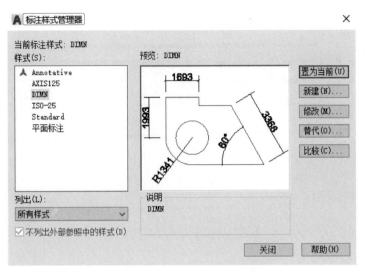

图 8-180 "标注样式管理器"对话框

（8）单击"注释"选项卡"标注"面板中的"线性"按钮├┤和"连续"按钮├┼┤，标注立面图的第一道尺寸线，并调整辅助线的长度，结果如图 8-181 所示。

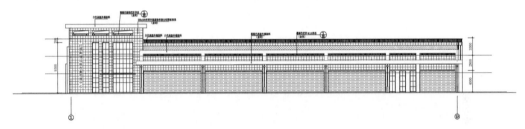

图 8-181 标注第一道尺寸

（9）单击"注释"选项卡"标注"面板中的"线性"按钮├┤和"连续"按钮├┼┤，标注立面图的第二道尺寸线，结果如图 8-182 所示。

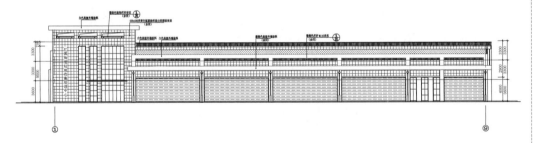

图 8-182 标注第二道尺寸

（10）单击"默认"选项卡"注释"面板中的"线性"按钮├┤，标注立面图的内部细节尺寸，结果如图 8-183 所示。

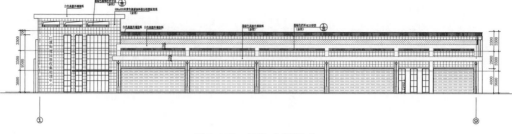

图 8-183　标注内部尺寸

8.2.7　绘制标高

（1）单击"默认"选项卡"绘图"面板中的"直线"按钮
，绘制标高，如图 8-184 所示。

（2）单击"默认"选项卡"注释"面板中的"多行文字"
按钮 A，在标高上添加文字，最终完成标高的绘制。

图 8-184　绘制标高

（3）单击"默认"选项卡"修改"面板中的"复制"按钮 和"旋转"按钮 ，选取已经绘制完成的标高进行复制，双击标高上的文字可以对其进行修改。最终完成所有标高的绘制，如图 8-185 所示。

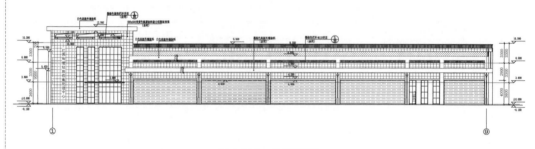

图 8-185　绘制标高

（4）单击"默认"选项卡"注释"面板中的"多行文字"按钮 A、"多段线"按钮 和
"直线"按钮 ，设置文字高度为 1000，多段线宽度为 125，为图形添加图名，如图 8-186
所示。

①–⑨立面图　1∶125

图 8-186　添加图名

8.2.8　插入图框

（1）单击快速访问工具栏中的"打开"按钮 ，打开下载的"源文件/9/⑨-①立面
图"，然后选择菜单栏中的"编辑"→"带复制点"命令，任意指定打开图形的一点，将其粘

贴到绘图区域内。

（2）单击"默认"选项卡"修改"面板中的"移动"按钮 ✛，调整⑨-①立面图与①-⑨立面图的相对位置，如图 8-187 所示。

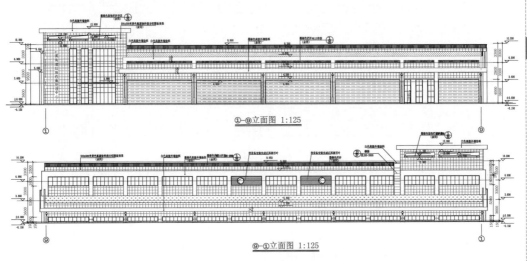

①—⑨立面图 1:125

⑨—①立面图 1:125

图 8-187　调整图形的相对位置

（3）单击"默认"选项卡"块"面板中的"插入"按钮 ，在下拉菜单中选择"最近使用的块"，打开"块"选项板，如图 8-188 所示。单击选项板右上侧的"显示文件导航对话框"按钮 ，打开"选择要插入的文件"对话框，选择"A2＋图框"图块，将其放置到图形中适当位置，最终完成垃圾转运站立面图的绘制，如图 8-189 所示。

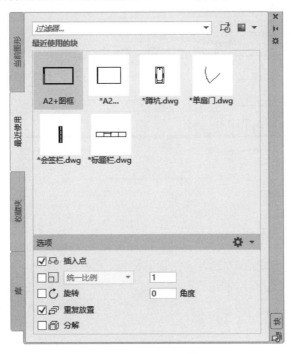

图 8-188　"块"选项板

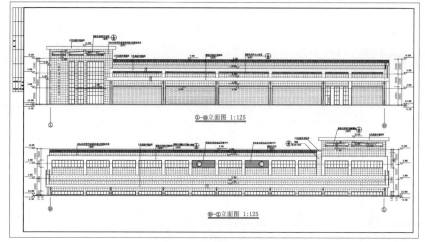

图 8-189   插入图框

8.3   垃圾转运站剖面图绘制

建筑剖面图是与平面图和立面图相互配合表达建筑物的重要图样,它主要反映建筑物的结构形式、垂直空间利用、各层构造做法和门窗洞口高度等。

本节以垃圾转运站剖面图为例,通过绘制墙体、门窗等剖面图形建立剖面轮廓图,完成整个剖面图绘制。如图 8-190 所示为垃圾转运站 1—1 剖面图。

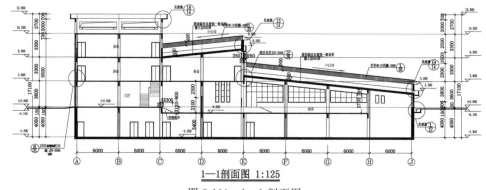

图 8-190   1—1 剖面图

8.3.1   设置绘图环境

(1) 在命令行中输入 LIMITS 命令设置图幅,大小为 42000×29700。

(2) 单击“默认”选项卡“图层”面板中的“图层特性”按钮,创建“剖面”图层,并将其设置为当前图层。

8.3.2   图形整理

(1) 单击快速访问工具栏中的“打开”按钮,打开下载的“源文件/9/地下层平面

8-19

8-20

Note

图"。删除不需要的部分,整理图形,如图 8-191 所示。

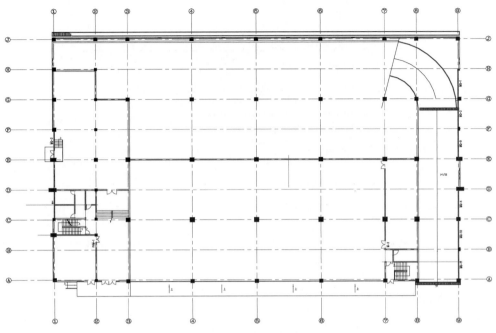

图 8-191　整理图形

（2）框选并右击图形,在弹出的快捷菜单中选择"剪贴板"→"带基点复制"命令,如图 8-192 所示。选取任意一点为基点复制一层平面图。

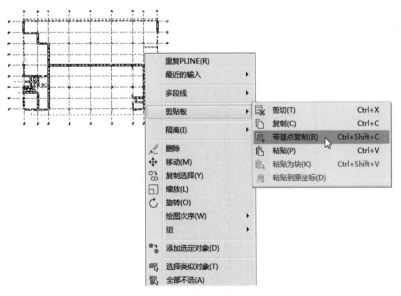

图 8-192　快捷菜单（一）

（3）切换到"1—1 剖面图.dwg"图形,然后右击,在弹出的快捷菜单中选择"剪贴板"→"粘贴"命令,如图 8-193 所示。

（4）单击"默认"选项卡"修改"面板中的"旋转"按钮 和"镜像"按钮 ,选取复制的

Note

8-21

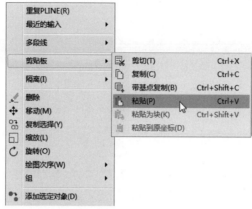

图 8-193　快捷菜单(二)

一层平面图进行旋转,旋转角度为 90°,然后进行镜像处理,删除原有的图形,如图 8-194 所示。

8.3.3　绘制辅助线

(1)单击"默认"选项卡"绘图"面板中的"直线"按钮 ╱,在旋转后的一层平面图下方绘制室外地坪线,如图 8-195 所示。

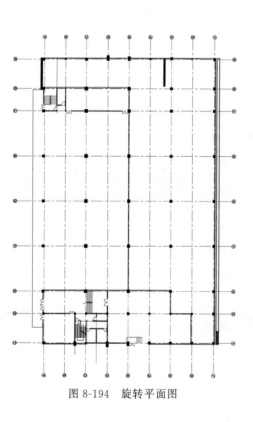

图 8-194　旋转平面图

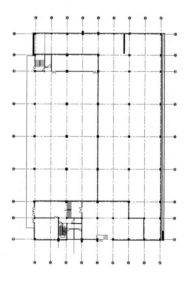

图 8-195　绘制地坪线

（2）单击"默认"选项卡"修改"面板中的"延伸"按钮 ⇥|，选取部分轴线，将其延伸到上步绘制的地坪线上。

（3）单击"默认"选项卡"修改"面板中的"偏移"按钮 ⊜，将绘制的地坪线向下偏移4200，向上分别偏移 3600、3300、3300、2700，如图 8-196 所示。

（4）单击"默认"选项卡"修改"面板中的"延伸"按钮 ⇥|，将轴线延伸至偏移后的水平直线处，并将偏移后的直线切换到"轴线"图层，如图 8-197 所示。

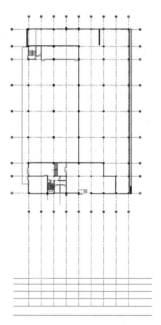

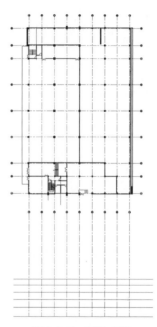

图 8-196　偏移水平线　　　　　　　图 8-197　延伸直线

8.3.4　绘制墙线

（1）单击"默认"选项卡"修改"面板中的"偏移"按钮 ⊜，将两边的轴线分别向外偏移 50、300，并将偏移后的线条切换到"剖面"图层，如图 8-198 所示。

😊 **说明**：在绘制建筑剖面图中的门窗或楼梯时，除了直接绘制外，也可借助图库中的图形模块进行绘制，例如，一些未被剖切的可见门窗或一组楼梯栏杆等。在常见的室内图库中，有很多不同种类和尺寸的门窗和栏杆立面可供选择，绘图者只需找到合适的图形模块进行复制，然后粘贴到自己的图形中即可。如果图库中提供的图形模块与实际需要的图形之间存在尺寸或角度上的差异，可利用"分解"命令先将模块进行分解，然后利用"旋转"或"缩放"命令进行修改，将其调整到满意的结果后插入到图中的相应位置。

（2）单击"默认"选项卡"修改"面板中的"偏移"按钮 ⊜，将轴线 B、D、F 分别向两侧偏移 100、200，并将偏移后的线条切换到"剖面"图层，如图 8-199 所示。

（3）单击"默认"选项卡"修改"面板中的"偏移"按钮 ⊜，将轴线 C、H 向内侧偏移350，外侧偏移 50，并将偏移后的线条切换到"剖面"图层，如图 8-200 所示。

8-22

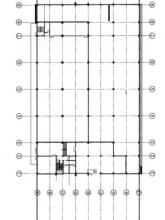
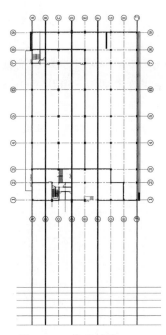

图 8-198 偏移轴线　　　　　　　　图 8-199 偏移轴线 B、D、F

（4）单击"默认"选项卡"修改"面板中的"偏移"按钮 ⊂ ，将轴线 E 分别向两侧偏移 100、350，轴线 G 分别向两侧偏移 100、200，并将偏移后的线条切换到"剖面"图层，如图 8-201 所示。

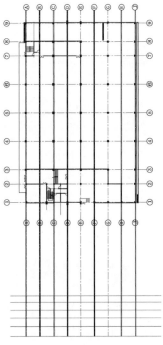
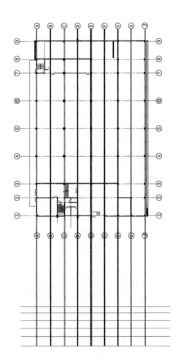

图 8-200 偏移轴线 C、H　　　　　　图 8-201 偏移轴线 E、G

8-23

Note

8.3.5 绘制楼板

（1）单击"默认"选项卡"修改"面板中的"偏移"按钮 ⊂ ，将底下的水平直线向下偏移300，将地坪线分别向下偏移100、700、100、600，并将偏移后的直线切换到"剖面"图层，如图8-202所示。

（2）单击"默认"选项卡"修改"面板中的"修剪"按钮 ，对偏移后的线段进行修剪，如图8-203所示。

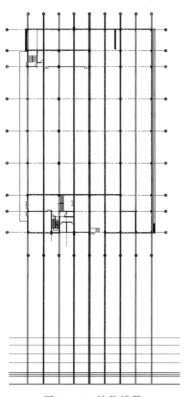
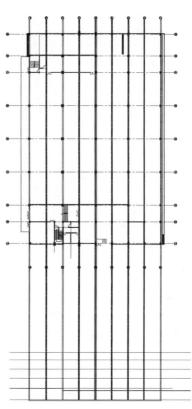

图 8-202 偏移线段 　　　　图 8-203 修剪线段

（3）单击"默认"选项卡"绘图"面板中的"直线"按钮 ／ 和"修改"面板中的"修剪"按钮 ，将一层平面图修剪掉。

（4）单击"默认"选项卡"修改"面板中的"偏移"按钮 ⊂ ，将每个水平辅助线（除地坪线和地坪线以下的水平直线外）分别向下偏移100、600，并将偏移后的直线切换到"剖面"图层，如图8-204所示。

（5）单击"默认"选项卡"修改"面板中的"修剪"按钮 ，对偏移后的线段进行修剪，删除不需要的辅助线，如图8-205所示。

（6）单击"默认"选项卡"绘图"面板中的"图案填充"按钮 ，将绘制的楼板和部分梁进行图案填充，如图8-206所示。

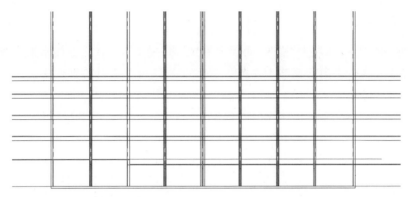

图 8-204　偏移线段

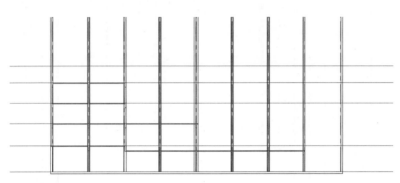

图 8-205　修剪线段

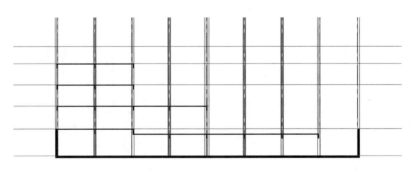

图 8-206　填充图案

8.3.6　绘制门窗

8-24

（1）单击"默认"选项卡"修改"面板中的"偏移"按钮 ⊆，选取最底侧水平线向上偏移，偏移距离分别为 2040、2100，如图 8-207 所示。

（2）单击"默认"选项卡"修改"面板中的"偏移"按钮 ⊆，将 A 轴线向右偏移，偏移距离分别为 110、880、60、6600、60、540、540、60、1050、60、540、540、60、1250、60、540、540、60、4650、60、540、540、60、4950、60、540、540、60，如图 8-208 所示，并将偏移后的直线切换到"门窗"图层。

Note

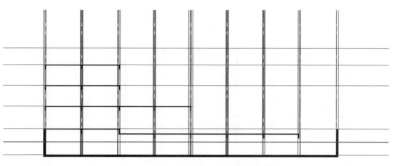

图 8-207　偏移水平线段

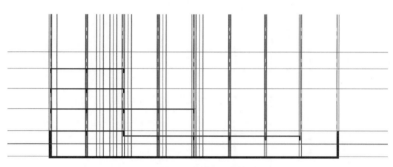

图 8-208　偏移竖直轴线

（3）单击"默认"选项卡"修改"面板中的"修剪"按钮，对偏移后的直线进行修剪处理，绘制地下室剖面门，如图 8-209 所示。

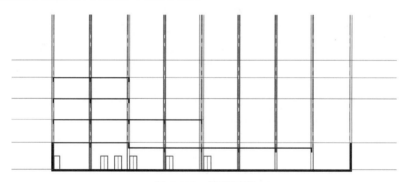

图 8-209　修剪图形

（4）单击"默认"选项卡"修改"面板中的"偏移"按钮，将 A 轴线向右偏移，偏移距离分别为 110、540、540、60、9500、60、540、540、60、400、60、540、540、60、9100、60、880、60，将地坪线分别向上偏移 5640、60，如图 8-210 所示，并将偏移后的直线切换到"门窗"图层。

（5）单击"默认"选项卡"修改"面板中的"修剪"按钮，对偏移后的直线进行修剪处理，如图 8-211 所示。

（6）单击"默认"选项卡"修改"面板中的"复制"按钮，将二层绘制的部分剖面门复制到三层适当位置处，如图 8-212 所示。

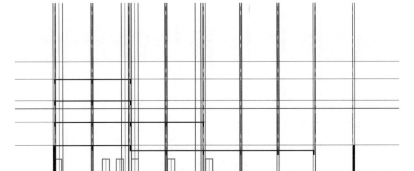

图 8-210   偏移直线

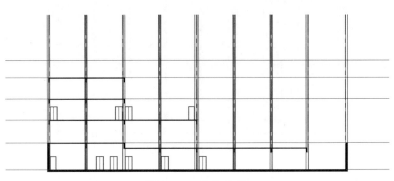

图 8-211   修剪处理

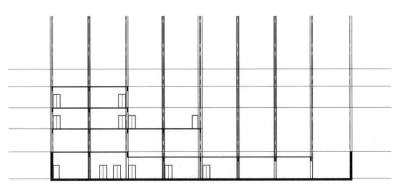

图 8-212   复制门

（7）单击"默认"选项卡"修改"面板中的"偏移"按钮 ⊆，将地坪线向上偏移，偏移距离分别为 800、8700，并将偏移后的直线切换到"门窗"图层，如图 8-213 所示。

（8）单击"默认"选项卡"修改"面板中的"修剪"按钮 ，将窗洞口修剪出来，删除偏移的辅助线，如图 8-214 所示。

（9）单击"默认"选项卡"绘图"面板中的"直线"按钮 ，在门洞口处用直线相连接，如图 8-215 所示。

（10）选择菜单栏中的"格式"→"点样式"命令，打开"点样式"对话框，进行如图 8-216 所示的设置。

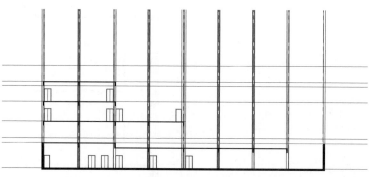

图 8-213　偏移线段

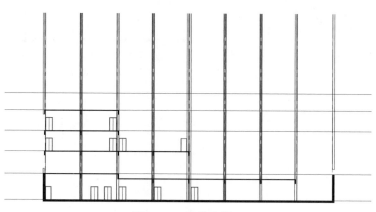

图 8-214　修剪窗洞口

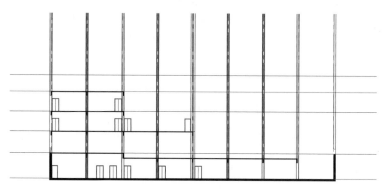

图 8-215　绘制竖直线

（11）单击"默认"选项卡"绘图"面板中的"定数等分"按钮 ，将 200 厚的墙体三等分。

（12）单击"默认"选项卡"绘图"面板中的"直线"按钮 ，用直线将等分点连接起来，如图 8-217 所示。

（13）其他位置的窗户绘制方法与上面相同，这里不再赘述。绘制结果如图 8-218 所示。

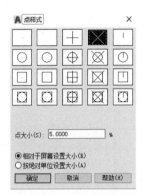

图 8-216　"点样式"对话框

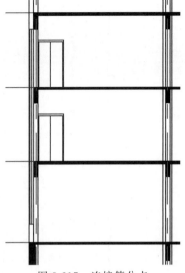

图 8-217　连接等分点

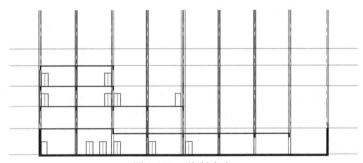

图 8-218　绘制窗户

（14）单击"默认"选项卡"修改"面板中的"偏移"按钮 ⊂ ，将地坪线向上偏移，偏移距离分别为 650、60、639、766、766、636，将 E 轴线依次向右偏移 410、700、760、760、760、760、760、680、60，如图 8-219 所示，并将偏移后的直线切换到"门窗"图层。

（15）单击"默认"选项卡"修改"面板中的"修剪"按钮，修剪偏移后的直线，将窗户修剪出来，如图 8-220 所示。

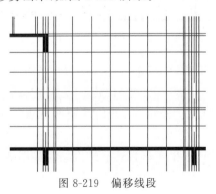

图 8-219　偏移线段

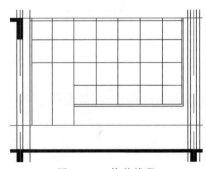

图 8-220　修剪线段

（16）利用"直线""偏移"和"修剪"命令，对绘制的窗户进行整理，结果如图 8-221 所示。

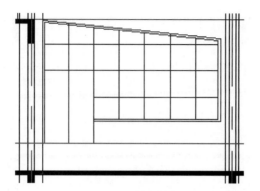

图 8-221　整理图形

（17）其他窗户的绘制方法与上面相同，这里不再赘述。绘制结果如图 8-222 所示。

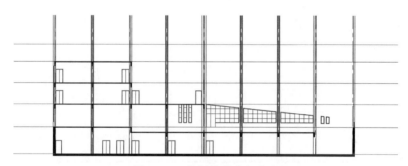

图 8-222　绘制其他内部窗户

8.3.7　绘制楼梯和台阶

（1）单击"默认"选项卡"修改"面板中的"偏移"按钮 ⊆ ，选取地坪线向上偏移 21 次，偏移距离均为 164，然后将 B 轴线向右偏移，偏移距离分别为 3100、1240、60、200，如图 8-223 所示，并将其切换到"楼梯"图层。

8-25

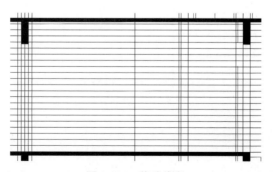

图 8-223　偏移线段

（2）单击"默认"选项卡"修改"面板中的"修剪"按钮，将偏移后的直线进行修剪处理，如图 8-224 所示。

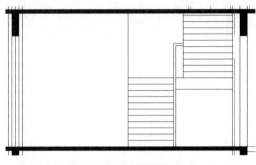

图 8-224　绘制楼梯

（3）单击"默认"选项卡"修改"面板中的"偏移"按钮，选取地坪线向下偏移 5 次，偏移距离均为 133，然后将 C 轴线向右偏移，偏移距离分别为 650、300、300、300、300，将 E 轴线依次向右偏移 2450、300、300、300、300、300，如图 8-225 所示，并将其切换到"剖面"图层。

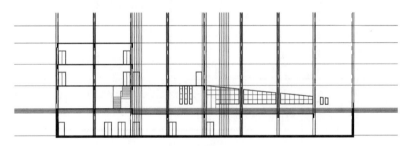

图 8-225　偏移线段

（4）单击"默认"选项卡"修改"面板中的"修剪"按钮，将偏移后的直线进行修剪处理，绘制台阶，如图 8-226 所示。

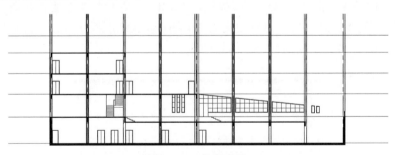

图 8-226　绘制台阶

8.3.8　绘制屋顶

（1）单击"默认"选项卡"绘图"面板中的"直线"按钮 和"修改"面板中的"修剪"按钮，绘制办公区的最顶层，如图 8-227 所示。

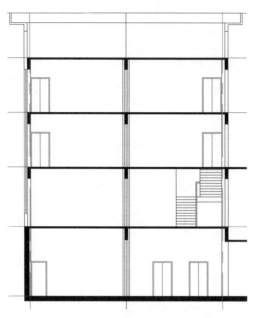

图 8-227 绘制办公屋顶

（2）单击"默认"选项卡"绘图"面板中的"矩形"按钮 ，在顶层的适当位置处绘制两个矩形，大小为 5300×1000，如图 8-228 所示。

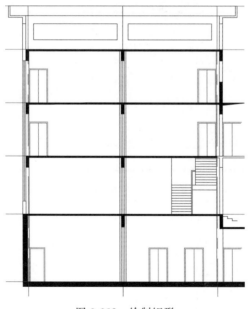

图 8-228 绘制矩形

（3）单击"默认"选项卡"绘图"面板中的"直线"按钮 ，在矩形内绘制装饰栏杆，如图 8-229 所示。

（4）单击"默认"选项卡"绘图"面板中的"直线"按钮 ，在矩形内绘制折线，如图 8-230 所示。

Note

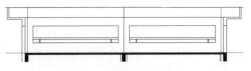

图 8-229　绘制装饰栏杆

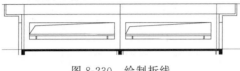

图 8-230　绘制折线

（5）单击"默认"选项卡"绘图"面板中的"直线"按钮 ∕ ，绘制植被处屋板，如图 8-231 所示。

（6）单击"默认"选项卡"绘图"面板中的"直线"按钮 ∕ ，绘制植被屋板处梁，如图 8-232 所示。

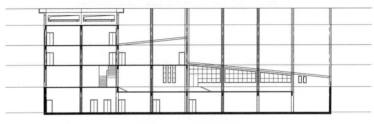

图 8-231　绘制屋板

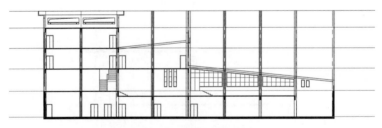

图 8-232　绘制屋板处梁

（7）单击"默认"选项卡"修改"面板中的"修剪"按钮 ，对上步绘制的图形进行修剪处理，整理屋顶图形，如图 8-233 所示。

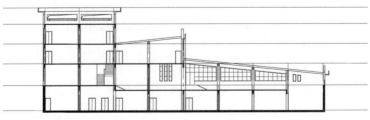

图 8-233　修剪屋顶

（8）单击"默认"选项卡"绘图"面板中的"图案填充"按钮，将屋顶绘制的屋板和梁进行图案填充，如图 8-234 所示。

图 8-234　图案填充屋顶

（9）单击"默认"选项卡"绘图"面板中的"直线"按钮，绘制植被层的屋面做法，如图 8-235 所示。

图 8-235　绘制植被层

8.3.9　绘制剩余图形

（1）单击"默认"选项卡"绘图"面板中的"直线"按钮，在适当位置处绘制斜线，如图 8-236 所示。

图 8-236　绘制斜线

8-27

（2）单击"默认"选项卡"修改"面板中的"偏移"按钮，将绘制的斜线向上偏移，偏移距离分别为 550、50，如图 8-237 所示。

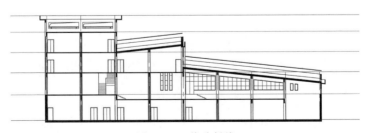

图 8-237　偏移斜线

（3）单击"默认"选项卡"绘图"面板中的"直线"按钮 ╱ 和"修改"面板中的"复制"按钮 ,在绘制的扶手内绘制装饰栏杆,如图8-238所示。

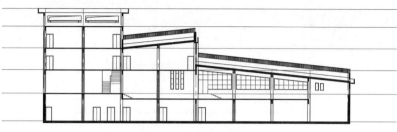

图 8-238　绘制栏杆

（4）单击"默认"选项卡"绘图"面板中的"多段线"按钮 和"直线"按钮 ╱ ,设置多段线宽度为100,绘制室外地坪线,如图8-239所示。

图 8-239　绘制室外地坪线

8.3.10　添加文字说明

（1）单击"默认"选项卡"注释"面板中的"多行文字"按钮 **A**,标注区域名称,关闭"轴线"图层,如图8-240所示。

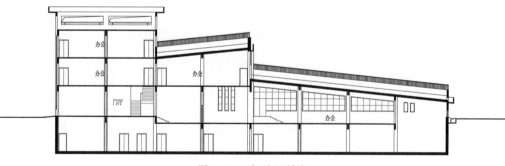

图 8-240　标注区域名

（2）单击"默认"选项卡"绘图"面板中的"圆"按钮 、"直线"按钮 ╱ 和"注释"面板中的"多行文字"按钮 **A**,标注详图索引符号及进行其他文字标注,如图8-241所示。

8.3.11　标注尺寸

（1）单击"默认"选项卡"注释"面板中的"标注样式"按钮 ,打开"标注样式管理器"对话框,如图 8-242 所示;单击"新建"按钮,打开"创建新标注样式"对话框,在"新样式名"文本框中输入 DIMN125,如图 8-243 所示。

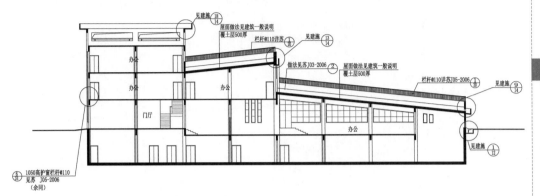

图 8-241　标注其他文字说明

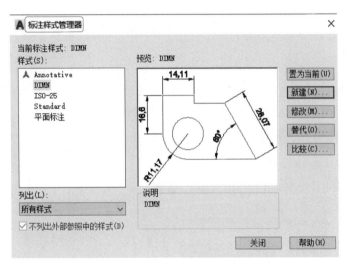

图 8-242　"标注样式管理器"对话框

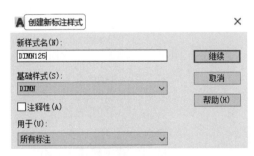

图 8-243　"创建新标注样式"对话框

（2）单击"继续"按钮,打开"新建标注样式:DIMN125"对话框。

（3）切换到"线"选项卡,设置"超出尺寸线"为 250,"起点偏移量"为 300,如图 8-244 所示。

Note

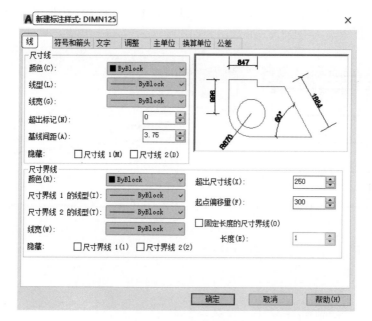

图 8-244 "线"选项卡

（4）切换到"符号和箭头"选项卡，在"箭头"选项组中的"第一个"和"第二个"下拉列表框中均选择"建筑标记"选项，在"引线"下拉列表框中选择"实心闭合"选项，在"箭头大小"微调框中输入 100，如图 8-245 所示。

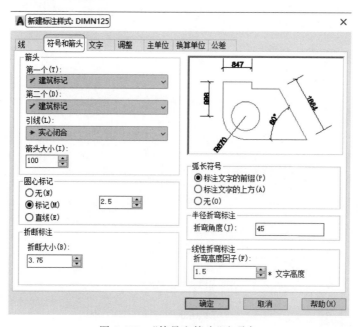

图 8-245 "符号和箭头"选项卡

（5）切换到"文字"选项卡，在"文字位置"选项组的"从尺寸线偏移"微调框中输入150，如图 8-246 所示。

Note

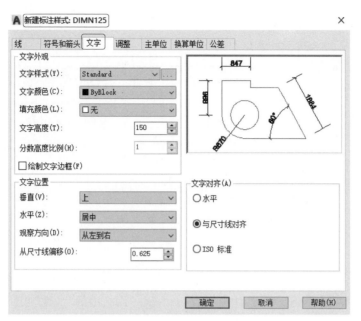

图 8-246 "文字"选项卡

（6）切换到"主单位"选项卡，在"线性标注"选项组的"精度"下拉列表框中选择 0，在"小数分隔符"下拉列表框中选择"句点"选项，如图 8-247 所示。

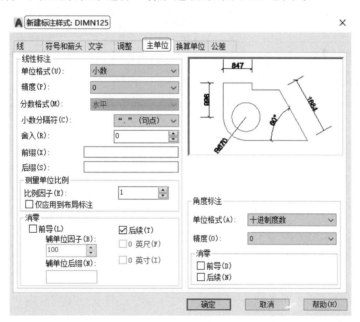

图 8-247 "主单位"选项卡

（7）单击"确定"按钮，返回到"标注样式管理器"对话框，如图 8-248 所示。在"样式"列表框中激活"DIMN 125"标注样式，单击"置为当前"按钮。单击"关闭"按钮，完成标注样式的设置。

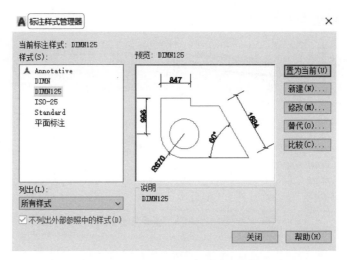

图 8-248 "标注样式管理器"对话框

(8)打开"轴线"图层,单击"注释"选项卡"标注"面板中的"线性"按钮├┤和"连续"按钮├┤├,标注剖面图的内部细节尺寸,结果如图 8-249 所示。

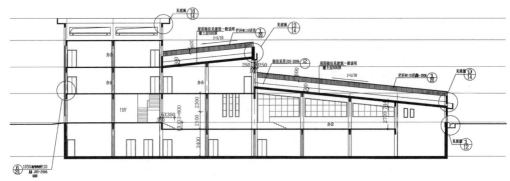

图 8-249 标注内部细节尺寸

(9)单击"注释"选项卡"标注"面板中的"线性"按钮├┤和"连续"按钮├┤├,标注剖面图的外部定位尺寸,结果如图 8-250 所示。

(10)单击"注释"选项卡"标注"面板中的"线性"按钮├┤和"连续"按钮├┤├,标注剖面图各轴线之间的距离,结果如图 8-251 所示。

(11)单击"默认"选项卡"注释"面板中的"线性"按钮├┤,标注总尺寸,结果如图 8-252所示。

(12)单击"默认"选项卡"绘图"面板中的"直线"按钮╱、"圆"按钮⊙,在轴线的端点绘制适当大小的圆,结果如图 8-253 所示。

(13)单击"默认"选项卡"注释"面板中的"多行文字"按钮 A,在圆内输入轴线标号 A,结果如图 8-254 所示。

(14)单击"默认"选项卡"修改"面板中的"复制"按钮,将绘制的轴线标号复制到其他端点处,并对其轴号进行修改,结果如图 8-255 所示。

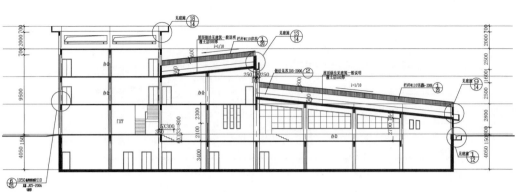

图 8-250 标注外部定位尺寸

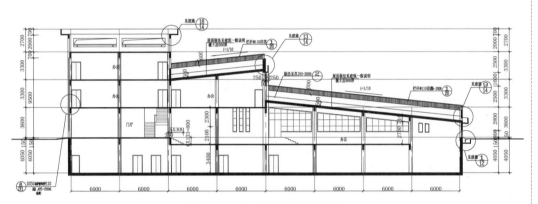

图 8-251 标注轴线之间的距离

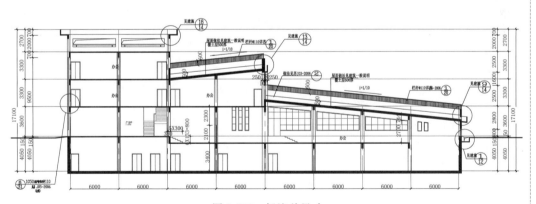

图 8-252 标注总尺寸

图 8-253 绘制轴线标号

图 8-254 输入轴线标号

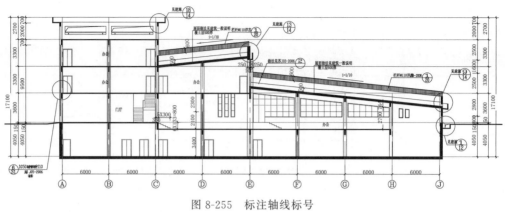

图 8-255　标注轴线标号

8.3.12　绘制标高符号

8-30

图 8-256　绘制标高

（1）单击"默认"选项卡"绘图"面板中的"直线"按钮 ╱，绘制标高，如图 8-256 所示。

（2）单击"默认"选项卡"注释"面板中的"多行文字"按钮 A，在标高上添加文字，最终完成标高的绘制。

（3）单击"默认"选项卡"修改"面板中的"复制"按钮 ％ 和"旋转"按钮 ↻，选取已经绘制完成的标高进行复制，双击标高上文字可以修改文字，完成所有标高的绘制，如图 8-257 所示。

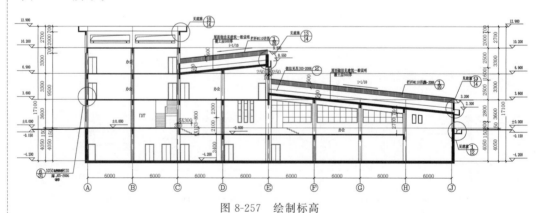

图 8-257　绘制标高

（4）单击"默认"选项卡"注释"面板中的"多行文字"按钮 A、"多段线"按钮 ⌐ 和"直线"按钮 ╱，设置文字高度为 1000，多段线宽度为 125，为图形添加图名，如图 8-258 所示。

1-1剖面图　1:125

图 8-258　添加图名

8.3.13　插入图框

（1）单击快速访问工具栏中的"打开"按钮 ▭，打开下载的"源文件/第 8 章/2—2 剖面图"，然后选择菜单栏中的"编辑"→"带复制点"命令，任意指定打开图形的一点，将

8-31

其粘贴到绘图区域内。

（2）单击"默认"选项卡"修改"面板中的"移动"按钮 ✛ ，调整 1—1 剖面图与 2—2 剖面图的相对位置。

（3）单击"默认"选项卡"块"面板中的"插入"按钮 ，在下拉菜单中选择"最近使用的块"，打开"块"选项板，如图 8-259 所示。单击选项板右上侧的"显示文件导航对话框"按钮 ，打开"选择要插入的文件"对话框，选择下载的"源文件/图块/A2 图框"图块，将其放置到图形中适当位置，最终完成垃圾转运站剖面图的绘制，如图 8-260 所示。

图 8-259 "块"选项板

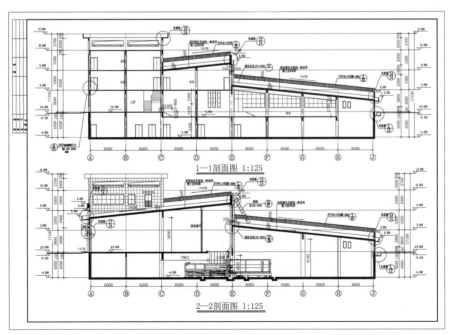

图 8-260 插入图框

Note

8-32

8.4 垃圾转运站部分建筑详图绘制

本节绘制排水沟样图和楼梯甲大样图。

8.4.1 排水沟样图

（1）单击"默认"选项卡"绘图"面板中的"直线"按钮 ╱，绘制一条竖直轴线，如图 8-261 所示。

（2）单击"默认"选项卡"修改"面板中的"偏移"按钮 ⊂，将竖轴线向右偏移 340，再向左分别偏移 300、800、640，如图 8-262 所示。

（3）单击"默认"选项卡"绘图"面板中的"直线"按钮 ╱，绘制墙体外轮廓，如图 8-263 所示。

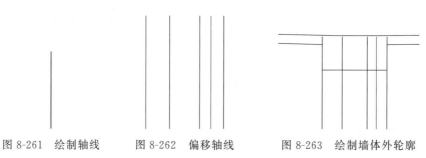

图 8-261　绘制轴线　　　图 8-262　偏移轴线　　　图 8-263　绘制墙体外轮廓

（4）单击"默认"选项卡"修改"面板中的"修剪"按钮 ✂ 和"绘图"面板中的"直线"按钮 ╱，对绘制的墙线进行修剪处理，如图 8-264 所示。

（5）单击"默认"选项卡"修改"面板中的"偏移"按钮 ⊂，将底侧的水平直线向上偏移 240，如图 8-265 所示。

（6）单击"默认"选项卡"修改"面板中的"修剪"按钮 ✂，对偏移后的直线进行修剪处理，如图 8-266 所示。

图 8-264　修剪图形　　　图 8-265　偏移线段　　　图 8-266　修剪线段

（7）单击"默认"选项卡"修改"面板中的"偏移"按钮 ⊂ 和"修剪"按钮 ✂，将外部轮廓线向内偏移 40，绘制墙体的内部轮廓线，然后对其进行修剪处理，如图 8-267 所示。

（8）单击"默认"选项卡"绘图"面板中的"直线"按钮 ╱，绘制水平线和折线，如图 8-268 所示。

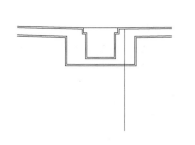
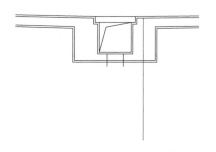

图 8-267 偏移墙体线　　　　　图 8-268 绘制水平线和折线

（9）单击"默认"选项卡"绘图"面板中的"直线"按钮 ╱，在适当位置处绘制两条竖直线，结果如图 8-269 所示。

（10）单击"默认"选项卡"绘图"面板中的"矩形"按钮 ▭，在竖直线适当位置处绘制一个 600×400 的矩形，结果如图 8-270 所示。

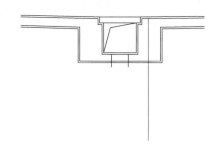
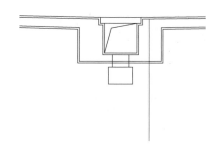

图 8-269 绘制竖直线　　　　　图 8-270 绘制矩形

（11）单击"默认"选项卡"绘图"面板中的"直线"按钮 ╱ 和"矩形"按钮 ▭，绘制雨水管下半部分，结果如图 8-271 所示。

（12）单击"默认"选项卡"绘图"面板中的"直线"按钮 ╱，在雨水管下侧绘制适当长度的水平直线，结果如图 8-272 所示。

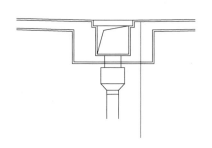
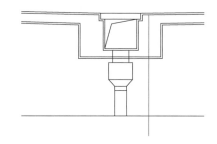

图 8-271 绘制雨水管下半部分　　　　　图 8-272 绘制水平直线

（13）单击"默认"选项卡"绘图"面板中的"直线"按钮 ╱，绘制折断线，如图 8-273 所示。

（14）单击"默认"选项卡"绘图"面板中的"图案填充"按钮 ▨，打开"图案填充创建"

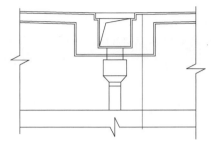

图 8-273　绘制折断线

选项卡,如图 8-274 所示,拾取墙体内一点对其进行图案填充,结果如图 8-275 所示。

图 8-274　设置"图案填充创建"选项卡

(15)单击"默认"选项卡"绘图"面板中的"图案填充"按钮圖,打开"图案填充创建"选项卡,设置"图案"为 AR—CONC,"比例"为 100,拾取墙体内一点对其进行图案填充,结果如图 8-276 所示。

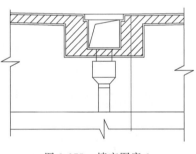

图 8-275　填充图案 1

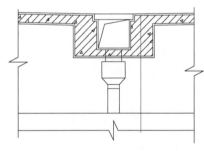

图 8-276　填充图案 2

(16)单击"默认"选项卡"绘图"面板中的"多段线"按钮 ,绘制箭头(表示楼板的倾斜方向),如图 8-277 所示。

(17)单击"默认"选项卡"注释"面板中的"多行文字"按钮 A,将文字高度设置为150,标注箭头的倾斜值,添加相应的标高数值,如图 8-278 所示。

(18)单击"默认"选项卡"注释"面板中的"线性"按钮 ,为图形添加尺寸标注,如图 8-279 所示。

(19)单击"默认"选项卡"绘图"面板中的"直线"按钮 和"圆"按钮 ,绘制轴线标号,如图 8-280 所示。

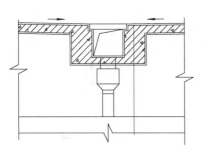

图 8-277　绘制箭头

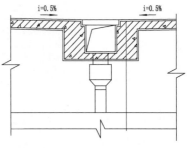

图 8-278　标注数值

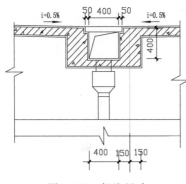

图 8-279　标注尺寸

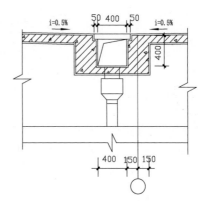

图 8-280　绘制轴线标号

（20）单击"默认"选项卡"注释"面板中的"多行文字"按钮 **A**，添加轴线标号名称，如图 8-281 所示。

（21）单击"默认"选项卡"绘图"面板中的"直线"按钮 ／ 和"注释"面板中的"多行文字"按钮 **A**，添加标高符号，如图 8-282 所示。

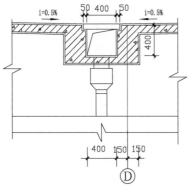

图 8-281　添加轴线标号名称

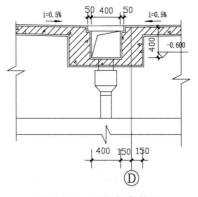

图 8-282　添加标高符号

（22）单击"默认"选项卡"绘图"面板中的"直线"按钮 ／、"多段线"按钮 、"圆"按钮 ○ 和"注释"面板中的"多行文字"按钮 **A**，添加图名，如图 8-283 所示。

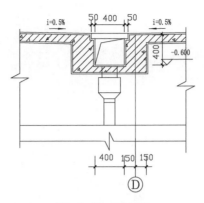

排水沟详图 1:50

图 8-283　添加图名

8.4.2　楼梯甲大样图

本节以垃圾转运站一层楼梯甲放大图制作为例讲述楼梯放大图的绘制过程。为了使绘图简单、准确,可以从垃圾转运站一层平面图中直接复制楼梯图样,再加以修改即可得到楼梯的大样图。

(1) 单击快速访问工具栏中的"打开"按钮 📂,打开下载的"源文件/垃圾转运站一层平面图"文件。

(2) 单击"默认"选项卡"修改"面板中的"复制"按钮 ⅋,将楼梯甲复制到垃圾转运站建筑详图中。

(3) 单击"默认"选项卡"绘图"面板中的"直线"按钮 ╱ 和"修改"面板中的"修剪"按钮 ✂ 以及"删除"按钮 ✎,整理图形,结果如图 8-284 所示。

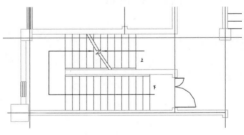

图 8-284　整理图形

(4) 单击"默认"选项卡"绘图"面板中的"图案填充"按钮 ▨,打开"图案填充创建"选项卡,进行如图 8-285 所示设置,拾取填充区域内一点对墙体进行图案填充,结果如图 8-286 所示。

(5) 单击"默认"选项卡"绘图"面板中的"图案填充"按钮 ▨,设置"图案"为 AR-CONC,"比例"为 1000,拾取填充区域内一点对柱子进行图案填充,结果如图 8-287 所示。

(6) 单击"默认"选项卡"绘图"面板中的"直线"按钮 ╱,绘制折断线,如图 8-288 所示。

图 8-285　"图案填充创建"选项卡

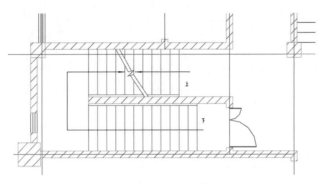

图 8-286　填充墙体

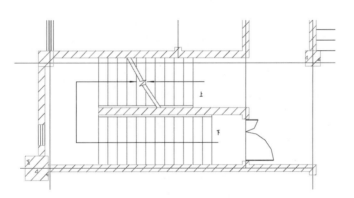

图 8-287　填充柱子

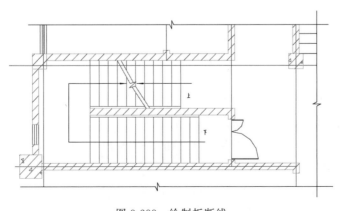

图 8-288　绘制折断线

（7）单击"注释"选项卡"标注"面板中的"线性"按钮 ┠─┤ 和"连续"按钮 ┠┼┼┤ ，标注各构件的定位尺寸，结果如图 8-289 所示。

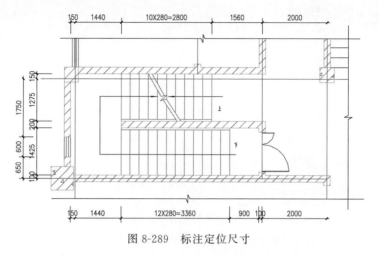

图 8-289　标注定位尺寸

（8）单击"默认"选项卡"注释"面板中的"线性"按钮 ┠──┤ ，标注总尺寸，结果如图 8-290 所示。

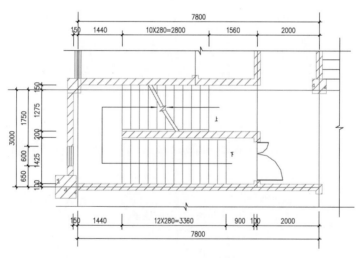

图 8-290　标注总尺寸

（9）单击"默认"选项卡"绘图"面板中的"直线"按钮 ╱ ，在适当位置处绘制标高符号。

（10）单击"默认"选项卡"注释"面板中的"多行文字"按钮 **A** ，在标高符号的长直线上方添加相应的标高数值，如图 8-291 所示。

（11）单击"默认"选项卡"绘图"面板中的"圆"按钮 ⊘ 和"注释"面板中的"多行文字"按钮 **A** ，绘制轴号，如图 8-292 所示。

（12）单击"默认"选项卡"注释"面板中的"多行文字"按钮 **A** 和"绘图"面板中的"多段线"按钮 ⊃ ，标注图名，如图 8-293 所示。

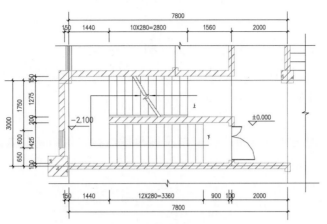

图 8-291　添加标高符号

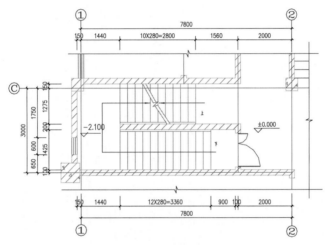

图 8-292　绘制轴号

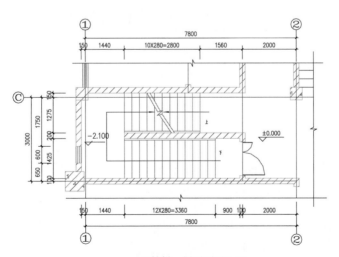

甲楼梯一层平面图 1:50

图 8-293　标注图名

8.5 上机实验

实验 1 绘制如图 8-294 所示的坐凳平面图。

1. 目的要求

本实验的目的是通过练习进一步熟悉和掌握园林建筑的绘制方法,所绘图形如图 8-294 所示。通过实验,可以帮助读者学会完成整个平面图绘制的全过程。

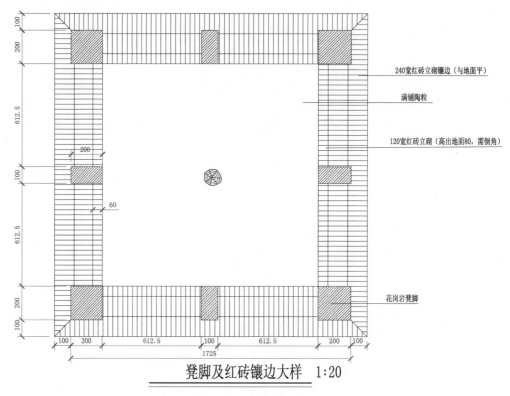

凳脚及红砖镶边大样 1:20

图 8-294 坐凳平面图

2. 操作提示

(1)绘图前准备。

(2)绘制坐凳定位辅助线。

(3)绘制墙线、柱子。

(4)绘制坐凳平面图轮廓。

(5)绘制凳脚及红砖镶边大样图。

(6)标注尺寸、文字。

实验 2 绘制如图 8-295 所示的铺装大样图。

1. 目的要求

本实验的目的是通过练习进一步熟悉和掌握铺装大样图的绘制方法,所绘图形如

图 8-295 所示。通过实验,可以帮助读者学会完成整个大样图绘制的全过程。

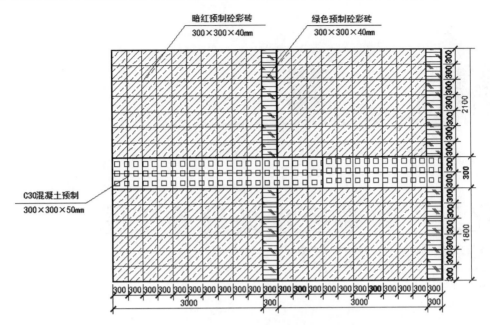

暗红预制砼彩砖
300×300×40mm

绿色预制砼彩砖
300×300×40mm

C30混凝土预制
300×300×50mm

直线段人行道砖铺装
1:50

图 8-295 铺装大样图

2.操作提示

(1) 绘图前准备。

(2) 确定绘图比例。

(3) 设置绘图工具栏。

(4) 设置图层。

(5) 标注尺寸和文字。

(6) 绘制直线段人行道。

第 **9** 章

化工厂终端废水处理施工图 设计综合实例

本章主要介绍某化工厂废水循环水综合治理工程终端废水处理工程施工设计,该工程为化工企业废水循环水综合治理工程终端废水处理工程水池及附属建筑设计施工图,建筑面积394.47m²。工程设计原水主要为合成氨车间、造气车间跑、冒、滴、漏产生的废水,废水中含有一定量悬浮物、有机物以及氨氮化合物,采用氧化+混凝沉淀+机械过滤工艺处理,使水回用或达标排放。

学 习 要 点

◆ 终端废水处理工程工艺流程框图

◆ 设备平面布置图绘制

◆ A—A剖面图绘制

9.1 终端废水处理工程工艺流程框图

本工程设计原水主要为合成氨车间和造气车间跑、冒、滴、漏产生的废水,废水中含有一定量悬浮物、有机物以及氨氮化合物,采用氧化+混合沉淀+机械过滤处理,使处理后的水回用或达标排放。净化场内的污泥则进行收集干化。该工程工艺流程框图如图 9-1 所示。

9-1

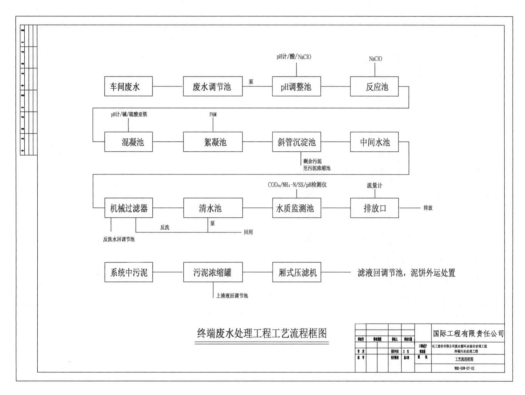

图 9-1　工艺流程框图

本节首先绘制终端废水处理流程图的框图,接着在已有框图的基础上绘出终端废水处理的连接线,最后添加图名和图框。以下就按照这个思路绘制终端废水处理工程工艺流程框图。

9.1.1 设置绘图环境

(1) 打开 AutoCAD 2022 应用程序,选择下载的源文件中的"A3 样板图.dwt"样板文件为模板建立新文件,将文件另存为"工艺流程框图"。

(2) 单击"默认"选项卡"图层"面板中的"图层特性"按钮，打开"图层特性管理器"选项板,新建"连接线层"和"图框层"两个图层,各图层的颜色、线型、线宽及其他属性状态设置分别如图 9-2 所示。将"连接线层"设置为当前图层。

Note

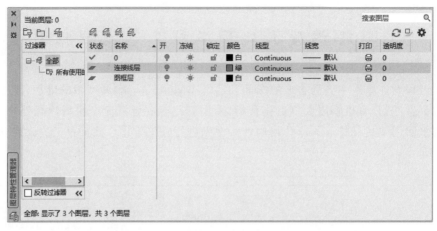

图 9-2　设置图层

9.1.2　绘制图框

（1）将"图框层"设置为当前层，单击"默认"选项卡"绘图"面板中的"矩形"按钮 ⬜ ，绘制两个大小不一的矩形图框，来表示流程图中的物件，如图 9-3 所示。

图 9-3　绘制矩形图框

（2）单击"默认"选项卡"注释"面板中的"文字样式"按钮 **A**，打开"文字样式"对话框，如图 9-4 所示。单击"新建"按钮，打开"新建文字样式"对话框，如图 9-5 所示。单击"确定"按钮，打开"文字样式"对话框，如图 9-6 所示，对新的文字样式 ST 进行设置，并单击"应用"按钮。

图 9-4　"文字样式"对话框

图 9-5　新建"ST"文字样式

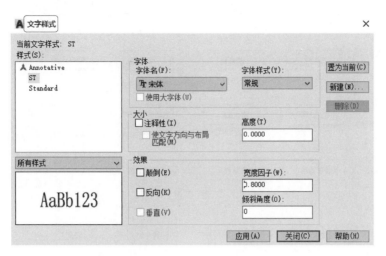

图 9-6 设置"ST"文字样式

（3）单击"默认"选项卡"注释"面板中的"多行文字"按钮 **A** ，在绘制的两个矩形图框内输入其所表示的实物名称，结果如图 9-7 所示。

图 9-7 输入文字

（4）单击"默认"选项卡"绘图"面板中的"矩形"按钮 ▭ ，或单击"修改"面板中的"复制"按钮 ❀ ，绘制其他矩形图框，并使用"移动"命令适当调整各个图框的位置，结果如图 9-8 所示。

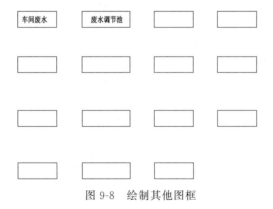

图 9-8 绘制其他图框

（5）单击"默认"选项卡"注释"面板中的"多行文字"按钮 **A** ，在绘制的矩形图框内输入其所表示的实物名称，结果如图 9-9 所示。

9.1.3 绘制连接线

（1）选择"连接线层"，将其置为当前层。

（2）单击"默认"选项卡"绘图"面板中的"直线"按钮 ╱ ，将绘制好的各图框用直线连接起来，结果如图 9-10 所示。

图 9-9　输入实物名称

图 9-10　绘制连接线

9.1.4　绘制剩余图形

（1）单击"默认"选项卡"绘图"面板中的"直线"按钮 ⁄ ，在部分矩形图框上下或者左右绘制引出直线，表示添加物或者排除物，如图 9-11 所示。

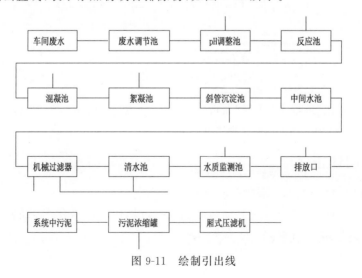

图 9-11　绘制引出线

（2）单击"默认"选项卡"注释"面板中的"多行文字"按钮 **A** ，在引出线的端点处标注文字，如图 9-12 所示。

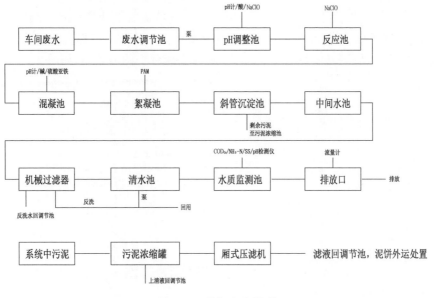

图 9-12　添加文字说明

（3）单击"默认"选项卡"注释"面板中的"多行文字"按钮 **A** 和"绘图"面板中的"直线"按钮 ╱ ，设置文字高度为 900，为图形添加图名，如图 9-13 所示。

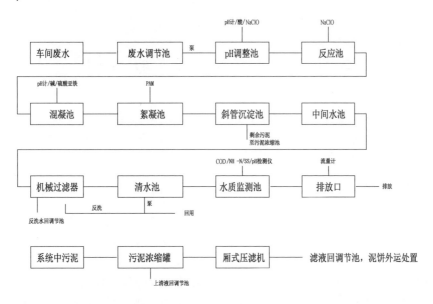

终端废水处理工程工艺流程框图

图 9-13　添加图名

9.1.5 插入图框

单击"默认"选项卡"块"面板中的"插入"按钮 ，在下拉菜单中选择"最近使用的块"，打开"块"选项板，如图 9-14 所示。继续单击选项板右上侧的"显示文件导航对话框"按钮 ，打开"选择图形文件"对话框，选择源文件中的"A2 图框"图块，将其放置到图形中适当位置，最终完成终端废水处理工程工艺流程框图的绘制，如图 9-1 所示。

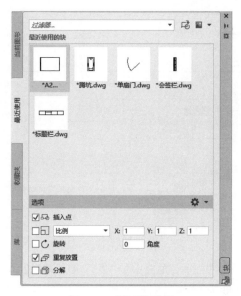

图 9-14 "块"选项板

9.2 设备平面布置图绘制

本节绘制设备平面布置图，先确定各构筑物总体轮廓，再根据各个构筑物的功能利用二维绘图命令绘制各个设备并对其进行布置，然后配合使用二维编辑命令，完成图形的绘制。绘制的设备平面布置图如图 9-15 所示。

9.2.1 配置绘图环境

（1）打开 AutoCAD 2022 应用程序，选择下载的"源文件/第 9 章/A3.dwt"样板文件为模板建立新文件，将文件另存为"设备平面布置图.dwg"并保存。

（2）单击"默认"选项卡"图层"面板中的"图层特性"按钮 ，打开"图层特性管理器"选项板，新建"水构筑物""设备""标注"和"文字"4 个图层，各图层的颜色、线型、线宽及其他属性状态设置分别如图 9-16 所示。将"水构筑物"图层设置为当前图层。

（3）单击"默认"选项卡"注释"面板中的"标注样式"按钮 ，打开"标注样式管理器"对话框，如图 9-17 所示。单击"新建"按钮，打开"创建新标注样式"对话框，如图 9-18 所示，设置样式名称为"设备平面图标注"，基础样式为"ISO-25"，用于"所有标注"。

（4）单击"继续"按钮，打开"新建标注样式：设备平面图标注"对话框。其中有 7 个选项卡，利用它们可对新建的"设备平面图标注"样式的风格进行设置。"线"选项卡设置如图 9-19 所示。设置"超出尺寸线"为 100，"起点偏移量"为 250。

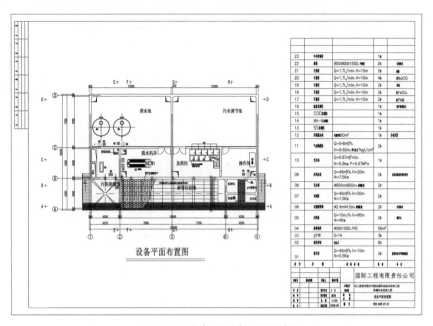

图 9-15　设备平面布置图绘制

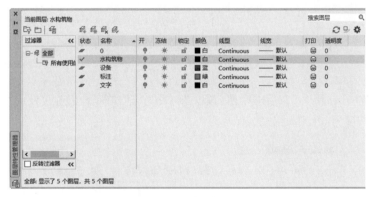

图 9-16　设置图层

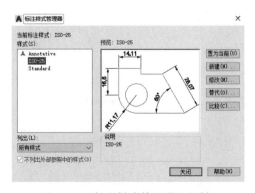

图 9-17　"标注样式管理器"对话框

Note

图 9-18 "创建新标注样式"对话框

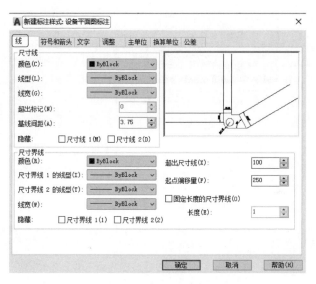

图 9-19 "线"选项卡设置

（5）在"符号和箭头"选项卡中将"箭头"均设为"建筑标记"、引线设为"实心闭合"，将"箭头大小"设为50，如图9-20所示。

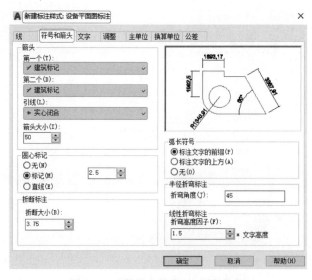

图 9-20 "符号和箭头"选项卡设置

（6）"文字"选项卡设置如图 9-21 所示。"文字样式"采用标准样式，在"文字颜色"下拉列表框中可以设置标注文字的颜色，这里我们采用默认设置；将"文字高度"设置为 300，"文字位置"也采用默认形式，"从尺寸线偏移"设置为 50，"文字对齐"采用与尺寸线对齐。

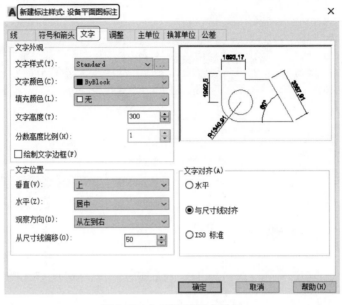

图 9-21　"文字"选项卡设置

（7）"调整"选项卡设置如图 9-22 所示。在"文字位置"选项组中选择"尺寸线上方，不带引线"单选按钮，其他设置采用默认形式。

图 9-22　"调整"选项卡设置

（8）"主单位"选项卡设置如图 9-23 所示。将"精度"设为 0，"小数分隔符"设置为"句点"，"舍入"设置为 0，其他都采用默认设置。

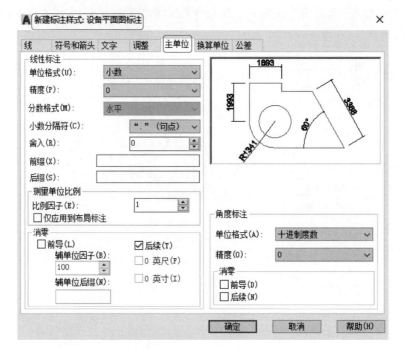

图 9-23 "主单位"选项卡设置

（9）"换算单位"选项卡不进行设置；"公差"选项卡暂不设置，等后面用到时再进行设置。

（10）设置完毕后，单击"确定"按钮，返回"标注样式管理器"对话框，如图 9-24 所示。单击"置为当前"按钮，将新建的"设备平面图标注"样式设置为当前使用的标注样式，然后单击"关闭"按钮。

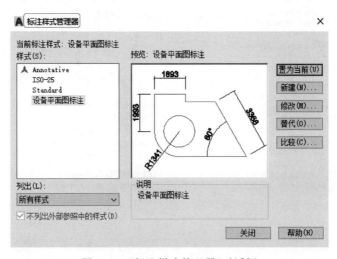

图 9-24 "标注样式管理器"对话框

说明：

普通尺寸标注中不需要设置公差，只有在需要标注尺寸公差时，才进行设置；若一开始就设置了公差，则所有尺寸标注都将带有公差。在后面需要使用公差标注时，再根据实际需要设置公差选项。

9.2.2　绘制墙体

（1）选择菜单栏中的"格式"→"多线样式"命令，打开"多线样式"对话框，如图 9-25 所示。

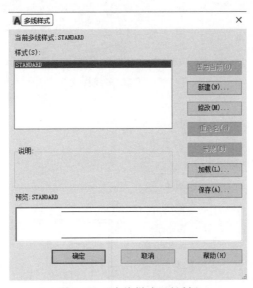

图 9-25　"多线样式"对话框

（2）单击"新建"按钮，打开"创建新的多线样式"对话框，如图 9-26 所示；单击"继续"按钮，打开"新建多线样式：300"对话框，对其进行设置，如图 9-27 所示；单击"确定"按钮，返回到"多线样式"对话框，如图 9-28 所示，选择新建的样式 300，单击"置为当前"按钮。

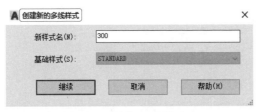

图 9-26　创建"多线样式"

（3）选择菜单栏中的"绘图"→"多线"命令，绘制外墙体，如图 9-29 所示。

（4）使用同样的方法设置 240、250、200 多线，然后在命令行中输入 mline，并对多线进行设置，来绘制其他内部隔墙，如图 9-30 所示。

（5）单击"默认"选项卡"修改"面板中的"倒角"按钮　，指定倒角距离为 200，将绘制的墙体线进行倒角处理，如图 9-31 所示。

9-3

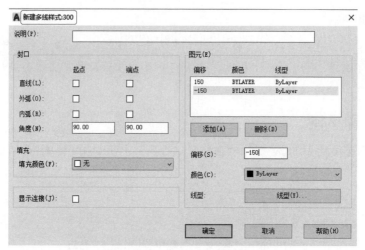

图 9-27 设置"多线样式"

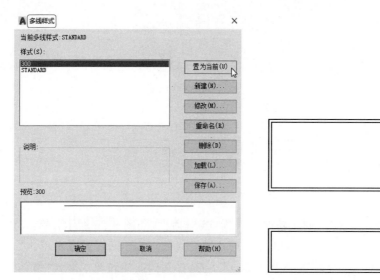

图 9-28 "多线样式"对话框

图 9-29 绘制外墙

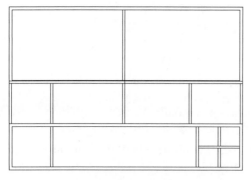

图 9-30 绘制其他墙体

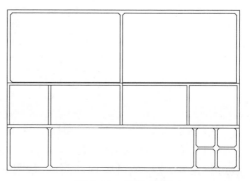

图 9-31 倒角处理

9.2.3 绘制门

（1）单击"默认"选项卡"绘图"面板中的"直线"按钮 ╱，在适当位置处绘制一条竖直直线，长为 150。

（2）单击"默认"选项卡"修改"面板中的"偏移"按钮 ⊆，将绘制的竖直直线向右偏移，偏移距离分别为 75、1800，如图 9-32 所示。

（3）单击"默认"选项卡"绘图"面板中的"直线"按钮 ╱，将偏移后的直线端点用直线连接起来，如图 9-33 所示。

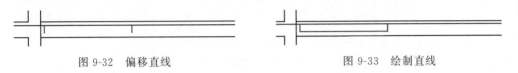

图 9-32　偏移直线　　　　　　　　　　　　　图 9-33　绘制直线

（4）单击"默认"选项卡"修改"面板中的"延伸"按钮 →|、"修剪"按钮 ✂ 和"删除"按钮 ✐，将门洞修剪出来，如图 9-34 所示。

（5）单击"默认"选项卡"绘图"面板中的"直线"按钮 ╱ 和"圆"按钮 ⊙，绘制半径为 900 的单扇门，如图 9-35 所示。

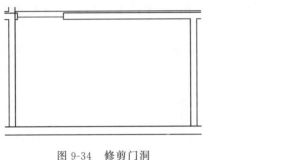

图 9-34　修剪门洞　　　　　　　　　　　　　图 9-35　绘制单扇门

（6）单击"默认"选项卡"修改"面板中的"镜像"按钮 ⚊⚊，将上步绘制的单扇门进行镜像处理，完成双扇门的绘制，如图 9-36 所示。

（7）单击"默认"选项卡"修改"面板中的"移动"按钮 ✛，将上步绘制的双扇门移到修剪的门洞处，如图 9-37 所示。

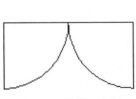

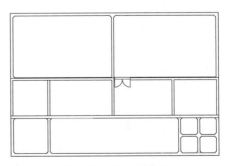

图 9-36　绘制双扇门　　　　　　　　　　　图 9-37　插入双扇门

（8）使用同样的方法修剪其他门洞，然后单击"默认"选项卡"修改"面板中的"复制"按钮 $\%$ ，将其他单、双扇门插入门洞处，如图 9-38 所示。

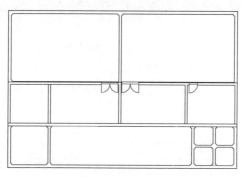

图 9-38　绘制并插入其他门

9-5

9.2.4　绘制设备

1．提升泵

（1）选择"设备"图层，将其置为当前层。

（2）单击"默认"选项卡"绘图"面板中的"矩形"按钮 $\square$ ，绘制适当大小的矩形，如图 9-39 所示。

（3）单击"默认"选项卡"绘图"面板中的"多段线"按钮 $\smile$ ，绘制内部轮廓，如图 9-40 所示。

 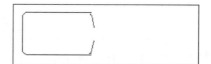

图 9-39　绘制矩形　　　　　　　　　　图 9-40　绘制内部轮廓

（4）单击"默认"选项卡"绘图"面板中的"直线"按钮 $\diagup$ 和"矩形"按钮 $\square$ ，绘制内部细节图形，如图 9-41 所示。

（5）单击"默认"选项卡"绘图"面板中的"矩形"按钮 $\square$ ，在矩形内部适当位置绘制 7 个大小不一的矩形，并且拼接在一起，如图 9-42 所示。

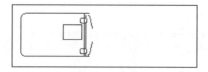 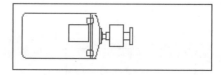

图 9-41　绘制细节　　　　　　　　　　图 9-42　绘制矩形

（6）单击"默认"选项卡"绘图"面板中的"直线"按钮 $\diagup$ ，绘制直线连接上步绘制的矩形，如图 9-43 所示。

（7）单击"默认"选项卡"绘图"面板中的"矩形"按钮 囗 ，绘制 3 个大小不一的矩形（表示垫片），如图 9-44 所示。

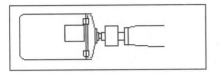
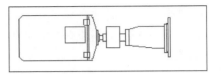

图 9-43　绘制直线　　　　　　　图 9-44　绘制垫片

（8）单击"默认"选项卡"绘图"面板中的"直线"按钮 ／，绘制垫片上的螺母，如图 9-45 所示。

（9）单击"默认"选项卡"绘图"面板中的"直线"按钮 ／ 和"矩形"按钮 囗，绘制提升泵下半部分，如图 9-46 所示。

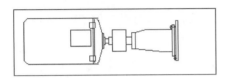
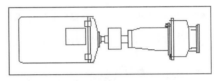

图 9-45　绘制螺母　　　　　　图 9-46　绘制提升泵下半部分

（10）单击"默认"选项卡"绘图"面板中的"圆"按钮 ⊙ ，在提升泵的下半部分适当位置处绘制同心圆，完成提升泵的绘制，如图 9-47 所示。

（11）单击"默认"选项卡"块"面板中的"创建"按钮 囗，打开"块定义"对话框，如图 9-48 所示，将提升泵创建为"提升泵"图块。

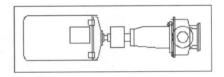

图 9-47　绘制同心圆

图 9-48　"块定义"对话框

2. 液位浮球

（1）单击"默认"选项卡"绘图"面板中的"圆"按钮 ⊘ ，绘制一个半径为 55 的圆，如图 9-49 所示。

（2）单击"默认"选项卡"绘图"面板中的"样条曲线拟合"按钮 ，在圆上绘制样条曲线，如图 9-50 所示。

图 9-49　绘制圆　　　　　　　　　图 9-50　绘制样条曲线

（3）单击"默认"选项卡"块"面板中的"创建"按钮 ，打开"块定义"对话框，如图 9-51 所示，将上步绘制的图形创建为"液位浮球"图块。

图 9-51　"块定义"对话框

3. pH 计

（1）单击"默认"选项卡"绘图"面板中的"矩形"按钮 ，绘制一个适当大小的矩形，如图 9-52 所示。

（2）单击"默认"选项卡"注释"面板中的"多行文字"按钮 **A** ，在绘制的矩形内输入 pH 文字，如图 9-53 所示。

图 9-52　绘制矩形　　　　　　　　　图 9-53　pH 计

（3）单击"默认"选项卡"块"面板中的"创建"按钮 ，将绘制的 pH 计创建为图块。

4．斜管填料

（1）单击"默认"选项卡"绘图"面板中的"样条曲线拟合"按钮 ，绘制样条曲线分隔出斜管填料的范围，如图 9-54 所示。

（2）单击"默认"选项卡"绘图"面板中的"图案填充"按钮 ，打开"图案填充创建"选项卡，设置如图 9-55 所示，拾取绘制的样条曲线区域内一点，完成图案的填充，如图 9-56 所示。

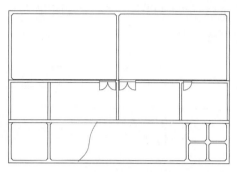

图 9-54　绘制样条曲线

图 9-55　"图案填充创建"选项卡

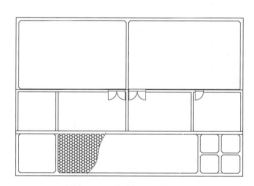

图 9-56　绘制的斜管填料

5．过滤吸附罐

（1）单击"默认"选项卡"绘图"面板中的"直线"按钮 ，绘制交叉线，如图 9-57 所示。

（2）单击"默认"选项卡"绘图"面板中的"圆"按钮 ，以交叉点为圆心绘制半径为 35 的圆，如图 9-58 所示。

图 9-57　绘制交叉线

图 9-58　绘制圆

（3）单击"默认"选项卡"修改"面板中的"偏移"按钮 ⊆，将上步绘制的圆向外偏移，偏移距离分别为 25、1140、40，如图 9-59 所示。

（4）单击"默认"选项卡"绘图"面板中的"圆"按钮 ⊘，沿着竖直轴线向上在适当位置处绘制半径为 225 的圆，如图 9-60 所示。

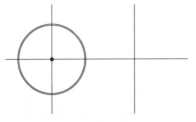

图 9-59　偏移圆

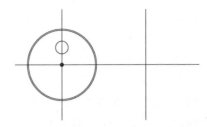

图 9-60　绘制圆

（5）单击"默认"选项卡"修改"面板中的"偏移"按钮 ⊆，将上步绘制的圆向外偏移，偏移距离为 40，如图 9-61 所示。

（6）单击"默认"选项卡"绘图"面板中的"圆"按钮 ⊘，沿着竖直轴线向下在适当位置处绘制半径为 40.5 的圆，如图 9-62 所示。

图 9-61　绘制同心圆

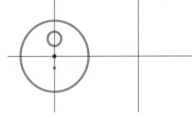

图 9-62　绘制圆

（7）单击"默认"选项卡"绘图"面板中的"圆"按钮 ⊘ 和"直线"按钮 ∕，绘制螺栓，如图 9-63 所示。

（8）单击"默认"选项卡"修改"面板中的"环形阵列"按钮 ⚏，选择阵列对象为上步绘制的螺栓，设置"阵列中心点"为同心圆的圆心，"填充角度"为 360，"项目数"为 24，结果如图 9-64 所示。

图 9-63　绘制螺栓

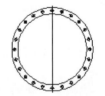

图 9-64　阵列螺栓

（9）使用同样的方法绘制另一个同心圆内的螺栓并阵列，如图 9-65 所示。

（10）单击"默认"选项卡"绘图"面板中的"直线"按钮 ∕，在圆的上端绘制两条竖直线，如图 9-66 所示。

图 9-65　绘制其他螺栓　　　　　　图 9-66　绘制直线

（11）单击"默认"选项卡"绘图"面板中的"直线"按钮 ╱ 和"修改"面板中的"偏移"按钮 ⊆，在竖直直线上端绘制适当长度的水平直线，然后将水平直线向上偏移，偏移距离分别为 27.5、27.5，如图 9-67 所示。

（12）单击"默认"选项卡"绘图"面板中的"直线"按钮 ╱，绘制剩余的图形，如图 9-68 所示。

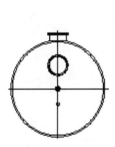

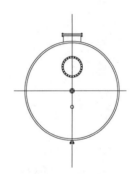

图 9-67　绘制垫板　　　　　　图 9-68　绘制螺栓

（13）单击"默认"选项卡"修改"面板中的"复制"按钮 ⅜，将绘制的过滤吸附罐复制到另一个直线交叉点处，如图 9-69 所示。

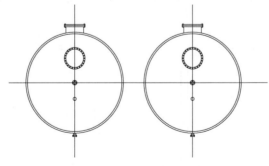

图 9-69　复制过滤吸附罐

（14）单击"默认"选项卡"块"面板中的"创建"按钮 ，将绘制的过滤吸附罐创建为图块。

6. 其他设备

其他设备的绘制方法与上面相同，这里不再赘述。然后利用"块"面板中的"创建"

9-6

按钮 ，将其分别创建为图块。

9.2.5　布置设备

（1）单击"默认"选项卡"块"面板中的"插入"按钮 ，在下拉菜单中选择"最近使用的块"，打开"块"选项板，如图9-70所示，将提升泵插入操作间适当位置处，如图9-71所示。

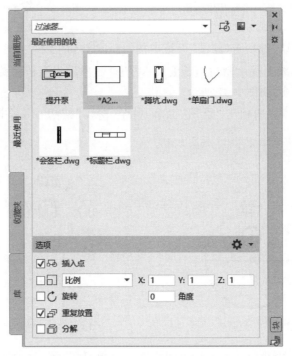

图9-70　"块"选项板（一）

（2）单击"默认"选项卡"修改"面板中的"复制"按钮 ，将插入的提升泵复制到其他需要的位置，如图9-72所示。

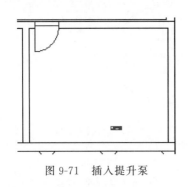

图9-71　插入提升泵

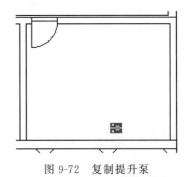

图9-72　复制提升泵

（3）单击"默认"选项卡"块"面板中的"插入"按钮 ，在下拉菜单中选择"最近使用的块"，打开"块"选项板，如图9-73所示，将"液位浮球"插入操作间合适位置，如图9-74所示。

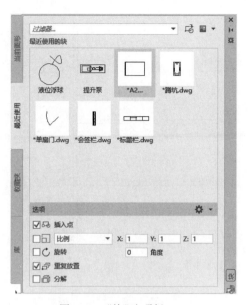

图 9-73 "块"选项板(二)

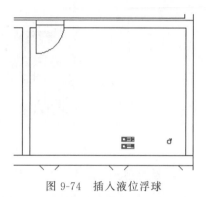

图 9-74 插入液位浮球

（4）单击"默认"选项卡"块"面板中的"插入"按钮 ，在下拉菜单中选择"最近使用的块"，打开"块"选项板，如图 9-75 所示，将"过滤吸附罐"插入清水池合适位置，如图 9-76 所示。

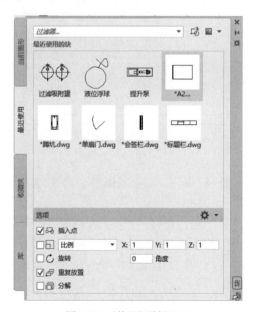

图 9-75 "块"选项板(三)

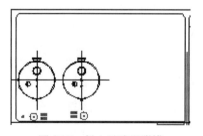

图 9-76 插入过滤吸附罐

（5）使用同样的方法绘制其他设备，这里不再赘述。绘制结果如图 9-77 所示。

（6）单击"默认"选项卡"绘图"面板中的"矩形"按钮 ，在加药间绘制钢平台，平台大小为 800×4200，如图 9-78 所示。

Note

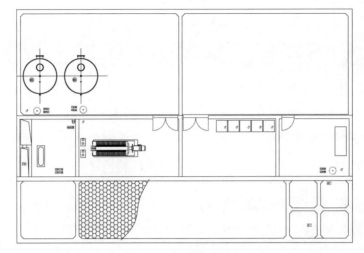

图 9-77 布置其他设备

（7）单击"默认"选项卡"修改"面板中的"分解"按钮 ，将上步绘制的图形进行分解。

（8）单击"默认"选项卡"修改"面板中的"偏移"按钮 ，将分解后的矩形下边和左边向内偏移，偏移距离为 50，如图 9-79 所示。

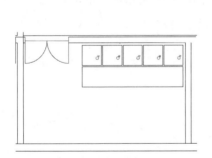

图 9-78 绘制钢平台

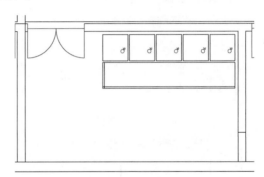

图 9-79 偏移直线

（9）单击"默认"选项卡"绘图"面板中的"直线"按钮 ，绘制钢平台梯段，如图 9-80 所示。

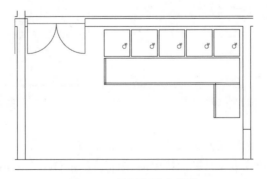

图 9-80 绘制钢平台梯段

（10）单击"默认"选项卡"修改"面板中的"偏移"按钮 ⊆ ，将梯段最下侧直线向上偏移 5 次，偏移距离均为 200，如图 9-81 所示。

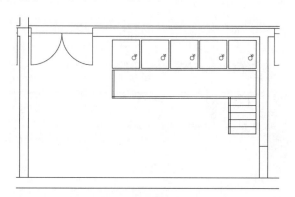

图 9-81 偏移线段

（11）单击"默认"选项卡"修改"面板中的"修剪"按钮 ，对绘制的钢平台梯段进行修剪处理，如图 9-82 所示。

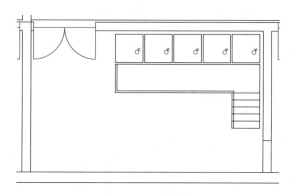

图 9-82 修剪线段

（12）单击"默认"选项卡"绘图"面板中的"直线"按钮 ／ ，在阶梯上绘制一条竖直直线，如图 9-83 所示。

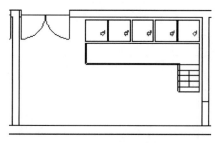

图 9-83 绘制直线

（13）单击"默认"选项卡"块"面板中的"插入"按钮 ，在下拉菜单中选择"最近使用的块"，打开"块"选项板，如图 9-84 所示，将计量泵插入钢平台适当位置处，如图 9-85 所示。

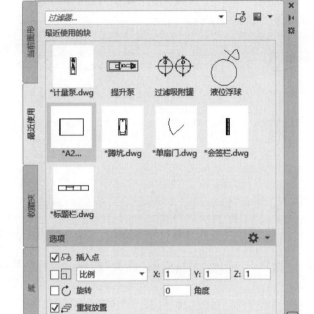

图 9-84　"块"选项板(四)

（14）单击"默认"选项卡"修改"面板中的"复制"按钮 ，将插入的计量泵复制到钢平台适当位置处，如图 9-86 所示。

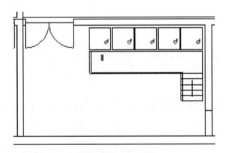

图 9-85　插入计量泵

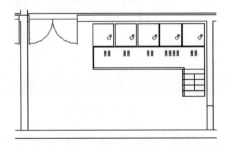

图 9-86　复制计量泵

9.2.6　绘制钢梯

（1）单击"默认"选项卡"绘图"面板中的"直线"按钮 ╱，绘制钢梯的轮廓，长为5097.16，宽为1000，如图9-87所示。

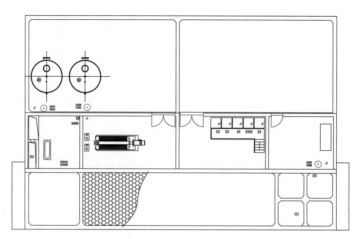

图9-87　绘制钢梯轮廓

（2）单击"默认"选项卡"修改"面板中的"偏移"按钮 ⊂，将钢梯左侧的边向右偏移，偏移距离为64.87，钢梯最下侧水平线向上偏移，偏移距离为68.43、1028.73，再依次向上偏移20次，偏移距离均为200，如图9-88所示。

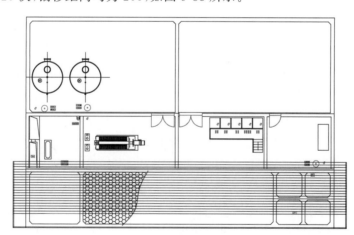

图9-88　绘制阶梯

（3）单击"默认"选项卡"修改"面板中的"修剪"按钮 ▼，将上步偏移后的直线进行修剪处理，如图9-89所示。

（4）单击"默认"选项卡"绘图"面板中的"圆"按钮 ⊙，在左侧偏移直线的靠近末端处绘制适当大小的圆。

（5）单击"默认"选项卡"绘图"面板中的"直线"按钮 ╱，分别在两梯段上绘制竖直直线，表示楼梯走向。

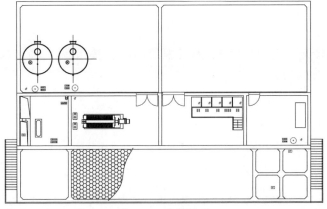

图 9-89　修剪处理

（6）单击"默认"选项卡"修改"面板中的"修剪"按钮，将绘制圆处的直线进行修剪处理，结果如图 9-90 所示。

9.2.7　绘制剩余图形

（1）单击"默认"选项卡"绘图"面板中的"直线"按钮，绘制膨胀螺丝，如图 9-91 所示。

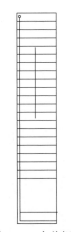

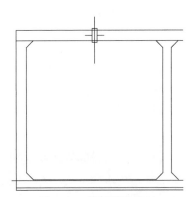

图 9-90　完善钢梯　　　　　　　图 9-91　绘制膨胀螺丝

（2）单击"默认"选项卡"修改"面板中的"复制"按钮，将上步绘制的膨胀螺丝复制到合适的位置，如图 9-92 所示。

（3）单击"默认"选项卡"绘图"面板中的"直线"按钮和"修改"面板中的"复制"按钮，绘制梁和角钢，如图 9-93 所示。

（4）单击"默认"选项卡"绘图"面板中的"直线"按钮，绘制水池的填充区域分隔线，如图 9-94 所示。

（5）单击"默认"选项卡"绘图"面板中的"图案填充"按钮，打开"图案填充创建"选项卡，进行如图 9-95 所示的设置。拾取分隔区域内一点，完成图案的填充，结果如图 9-96 所示。

Note

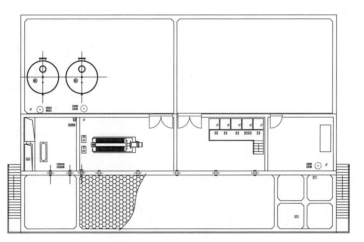

图 9-92　复制膨胀螺丝

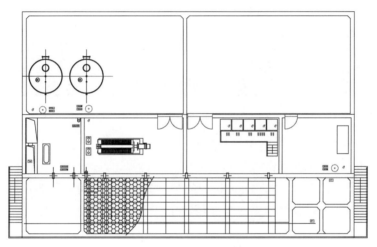

图 9-93　绘制梁和角钢

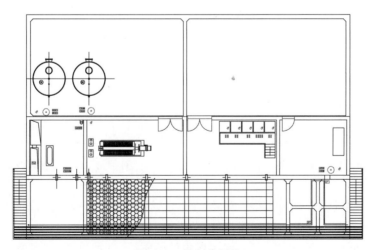

图 9-94　绘制分隔线

图 9-95 "图案填充创建"选项卡

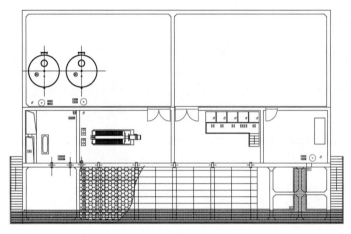

图 9-96 完成图案填充

（6）单击"默认"选项卡"绘图"面板中的"矩形"按钮 ▢ ，在适当位置处绘制一个
400×400 的矩形，结果如图 9-97 所示。

（7）单击"默认"选项卡"绘图"面板中的"直线"按钮 ╱ ，用直线连接上步绘制的矩
形角点和边界转折点以及绘制中心线，结果如图 9-98 所示。

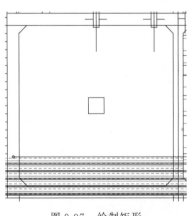

图 9-97 绘制矩形

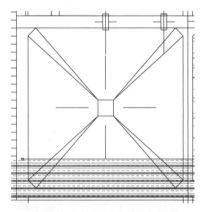

图 9-98 绘制连接线及中心线

（8）单击"默认"选项卡"绘图"面板中的"直线"按钮 ╱ 和"图案填充"按钮 ▨ ，绘制
墙体拐角处的图形并对其进行图案填充，结果如图 9-99 所示。

（9）使用同样的方法绘制其他墙体拐角处的图形，也可以使用"复制""旋转"命令
绘制，结果如图 9-100 所示。

Note

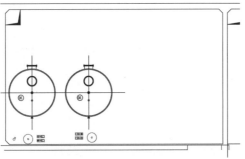

图 9-99　绘制拐角图形

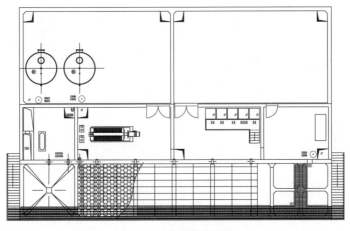

图 9-100　复制拐角图形

9.2.8　添加文字说明

（1）将"文字"图层设置为当前图层，单击"默认"选项卡"注释"面板中的"多行文字"按钮 **A** ，为各个区域添加名称，如图 9-101 所示。

9-9

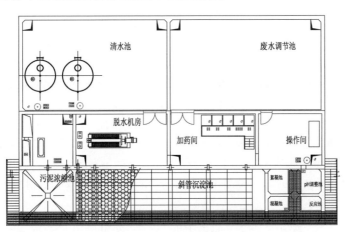

图 9-101　为各区域添加名称

（2）单击"默认"选项卡"绘图"面板中的"圆"按钮⊙、"直线"按钮╱和"注释"面板中的"多行文字"按钮 **A**，为各个设备添加序号及名称，如图 9-102 所示。

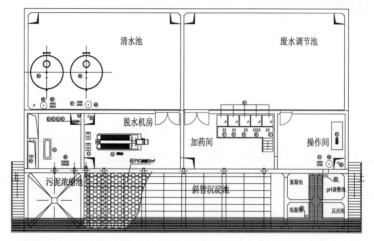

图 9-102　为各设备添加序号及名称

9.2.9　标注尺寸

（1）将"标注"图层设置为当前图层，单击"注释"选项卡"标注"面板中的"线性"按钮├┤和"连续"按钮├┼┤，标注内部细节尺寸，如图 9-103 所示。

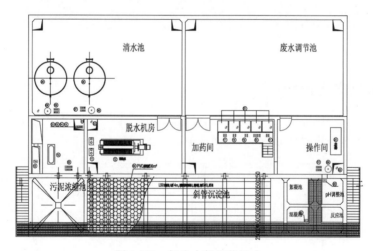

图 9-103　标注内部细节尺寸

（2）单击"注释"选项卡"标注"面板中的"线性"按钮├┤和"连续"按钮├┼┤，标注外部定位尺寸，如图 9-104 所示。

（3）单击"默认"选项卡"绘图"面板中的"直线"按钮╱，绘制轴线，如图 9-105 所示。

（4）单击"注释"选项卡"标注"面板中的"线性"按钮├┤和"连续"按钮├┼┤，标注轴线与轴线之间的尺寸，如图 9-106 所示。

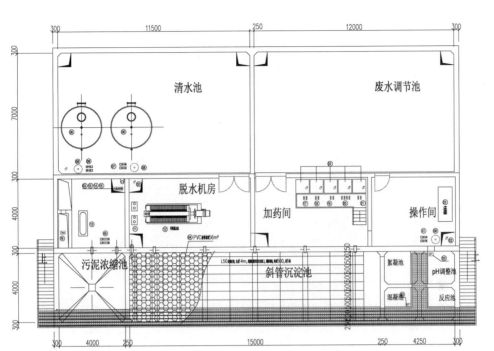

图 9-104 标注外部定位尺寸

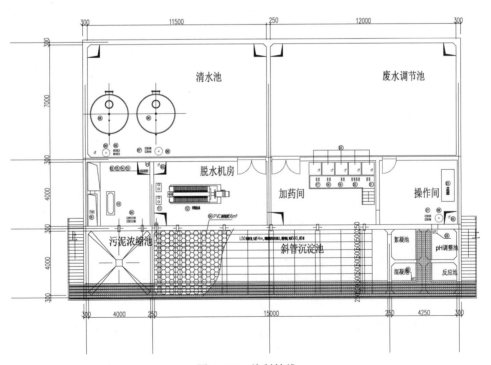

图 9-105 绘制轴线

（5）单击"默认"选项卡"注释"面板中的"线性"按钮├─┤,标注总尺寸,如图 9-107
所示。

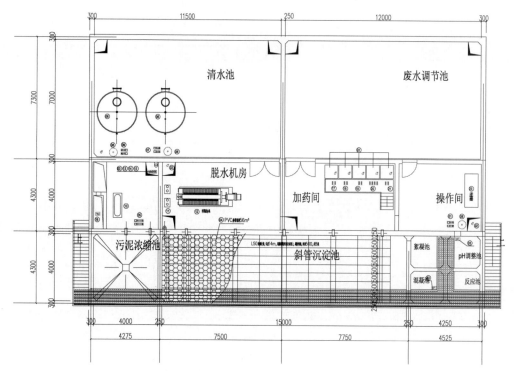

图 9-106　标注轴线间尺寸

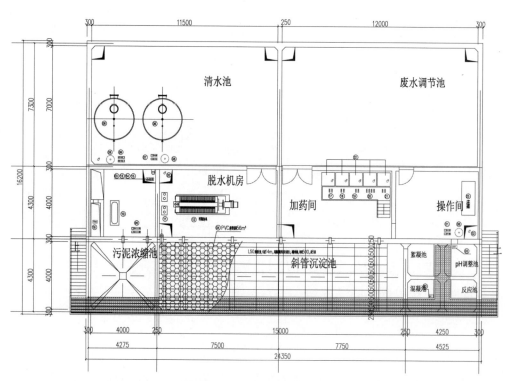

图 9-107　标注总尺寸

（6）单击"默认"选项卡"绘图"面板中的"圆"按钮 ⊙ 和"注释"面板中的"多行文字"按钮 A，绘制轴线编号，如图9-108所示。

图9-108 绘制轴线编号

（7）单击"默认"选项卡"修改"面板中的"复制"按钮 ⁰⁰ 和"旋转"按钮 ↻，将上步绘制的轴线编号复制到各轴线的端点位置处，并双击内部文字，对其进行修改，如图9-109所示。

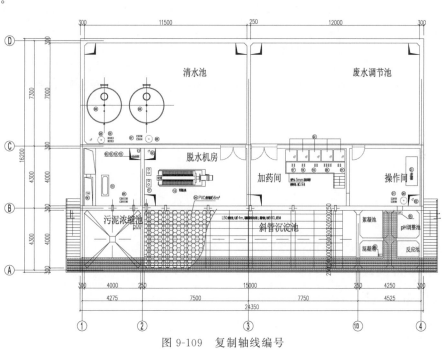

图9-109 复制轴线编号

9.2.10 绘制标高和剖切符号

（1）单击"默认"选项卡"绘图"面板中的"直线"按钮 ／ 和"注释"面板中的"多行文字"按钮 A，绘制标高符号，如图9-110所示。

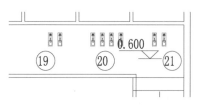

图9-110 绘制标高符号

9-11

（2）单击"默认"选项卡"绘图"面板中的"直线"按钮 ／ 和"注释"面板中的"多行文字"按钮 A，绘制剖切符号，如图9-111所示。

（3）单击"默认"选项卡"绘图"面板中的"直线"按钮 ／ 和"注释"面板中的"多行文字"按钮 A，添加图名，如图9-112所示。

Note

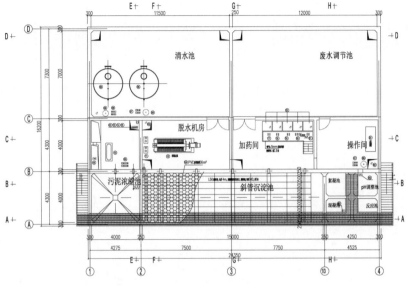

图 9-111   绘制剖切符号

设备平面布置图

图 9-112   添加图名

9-12

9.2.11   插入图框

单击"默认"选项卡"块"面板中的"插入"按钮 ，在下拉菜单中选择"最近使用的块"，打开"块"选项板，如图 9-113 所示。单击选项板右上侧的"显示文件导航对话框"按钮 ，打开"选择要插入的文件"对话框，选择"A2 图框"图块，将其放置到图形中适当位置，结果如图 9-114 所示。

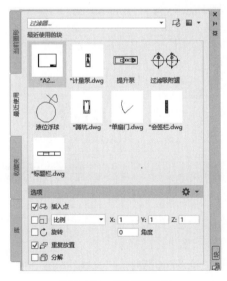

图 9-113   "块"选项板

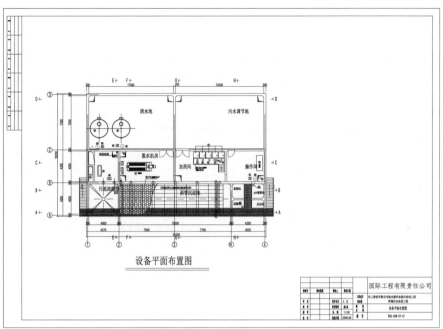

图 9-114　添加图框

9.2.12　绘制设备表

（1）单击"默认"选项卡"绘图"面板中的"矩形"按钮 ▢，在图框标题栏处绘制一个 17989.32×37600 的矩形，如图 9-115 所示。

9-13

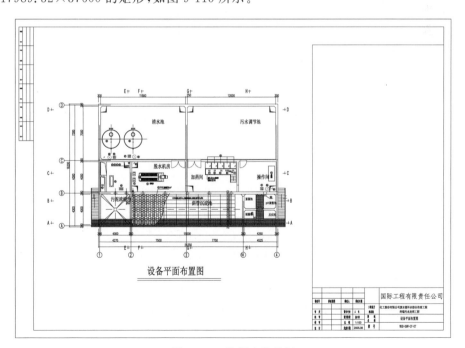

图 9-115　绘制表格外框

Note

（2）单击“默认”选项卡“修改”面板中的“分解”按钮 和“偏移”按钮 ，将上步绘制的矩形进行分解，然后将矩形左侧直线向右偏移，偏移距离分别为 2000、4000、6000、2000，将下侧水平直线向上偏移，偏移距离分别为 1000、2000、1000、1000、1000、2000、1000、2000、1000、2000、2000、2000，接着再向上偏移 14 次，偏移距离均为 1000，如图 9-116 所示。

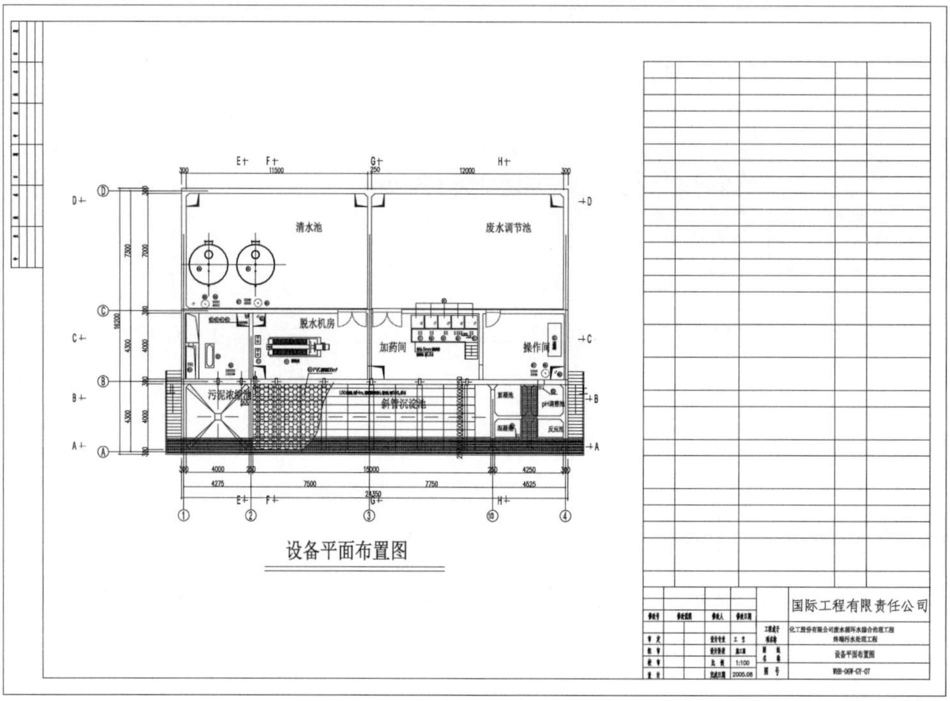

图 9-116　绘制表格外框

（3）单击“默认”选项卡“注释”面板中的“文字样式”按钮 ，打开“文字样式”对话框，如图 9-117 所示。单击“新建”按钮，打开“新建文字样式”对话框，新建 HZ 样式，如图 9-118 所示。单击“确定”按钮，并将 HZ 文字样式置为当前，如图 9-119 所示。

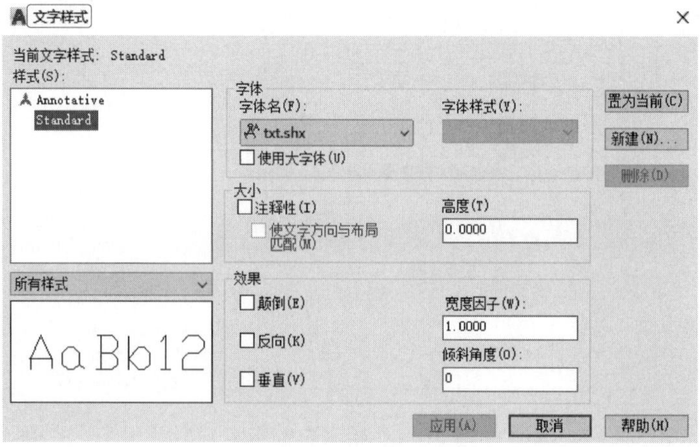

图 9-117　“文字样式”对话框

图 9-118　"新建文字样式"对话框(一)

图 9-119　"新建文字样式"对话框(二)

(4)单击"默认"选项卡"注释"面板中的"多行文字"按钮 **A**，打开"文字编辑器"选项卡和"多行文字"编辑器，在绘图区内输入文字，如图 9-120 所示。

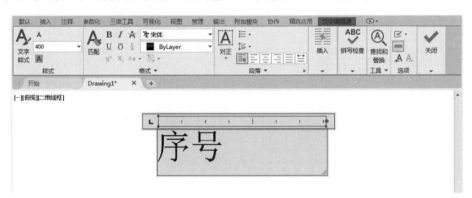

图 9-120　"文字编辑器"选项卡和"多行文字"编辑器

(5)单击"默认"选项卡"修改"面板中的"复制"按钮，将文字复制到其他表格内，并对其文字内容进行修改，结果如图 9-115 所示。

9.3　A—A 剖面图绘制

剖面图是指用一剖切面将建筑物的某一位置剖开，移去一侧后，剩下的一侧沿剖视方向的正投影图。本节绘制 A—A 剖面图，先确定各构筑物总体轮廓，再根据各个构筑物的功能,利用二维绘图命令绘制各个设备并对其进行布置,然后配合使用二维编辑命令,完成 A—A 剖面图的绘制,结果如图 9-121 所示。

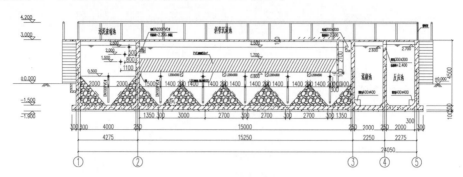

A-A剖面图

图 9-121　A—A 剖面图

9-14

9.3.1　配置绘图环境

（1）打开 AutoCAD 2022 应用程序,选择下载的源文件中的"A3.dwt"样板文件为模板建立新文件,将文件另存为"A—A 剖面图.dwg"。

（2）单击"默认"选项卡"图层"面板中的"图层特性"按钮，新建"剖面"图层,如图 9-122 所示,并将"剖面"设置为当前图层。

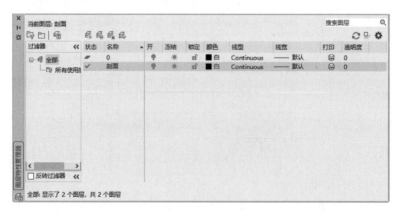

图 9-122　设置图层

（3）单击"默认"选项卡"注释"面板中的"文字样式"按钮，打开"文字样式"对话框,如图 9-123 所示。单击"新建"按钮,打开"新建文字样式"对话框,如图 9-124 所示,在"样式名"文本框中输入"样式 1",单击"确定"按钮,返回"文字样式"对话框,然后对新建的文字样式进行设置,如图 9-125 所示。

（4）单击"默认"选项卡"注释"面板中的"标注样式"按钮，打开"标注样式管理器"对话框,如图 9-126 所示。单击"新建"按钮,打开"创建新标注样式"对话框,如图 9-127 所示,设置样式名称为"A—A 剖面图标注",基础样式为"ISO-25",用于"所有标注"。

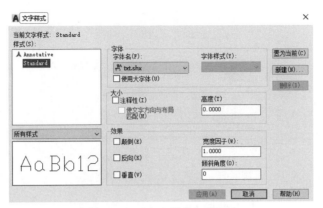

图 9-123 "文字样式"对话框

图 9-124 "新建文字样式"对话框

图 9-125 设置"文字样式"

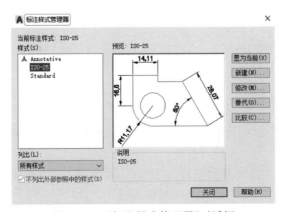

图 9-126 "标注样式管理器"对话框

Note

图 9-127 "创建新标注样式"对话框

（5）单击"继续"按钮，打开"新建标注样式：A—A 剖面图标注"对话框。其中有7个选项卡，利用它们可对新建的"A—A 剖面图标注"样式的风格进行设置。"线"选项卡设置如图 9-128 所示，将"超出尺寸线"设置为 100，"起点偏移量"为 250。

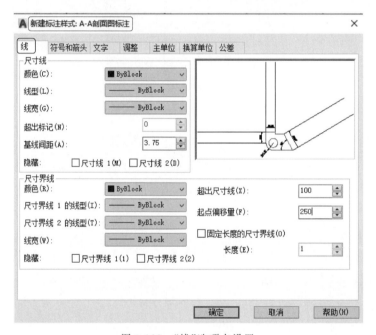

图 9-128 "线"选项卡设置

（6）在"符号和箭头"选项卡中将"箭头"均设为建筑标记、"引线"设为"实心闭合"、"箭头大小"设为 50，如图 9-129 所示。

（7）"文字"选项卡的设置如图 9-130 所示，"文字样式"采用标准样式，在"文字颜色"下拉列表框中可以设置标注文字的颜色，这里我们采用默认设置，将"文字高度"设置为 300，"文字位置"也采用默认形式，"从尺寸线偏移"设置为 50，"文字对齐"采用与尺寸线对齐。

（8）"调整"选项卡的设置如图 9-131 所示，在"文字位置"选项组中选择"尺寸线上方，不带引线"单选按钮，其他设置采用默认形式。

（9）"主单位"选项卡的设置如图 9-132 所示，设置"精度"为 0，"小数分隔符"为"句点"，"舍入"设置为 0，其他都采用默认设置。

图 9-129 "符号和箭头"选项卡设置

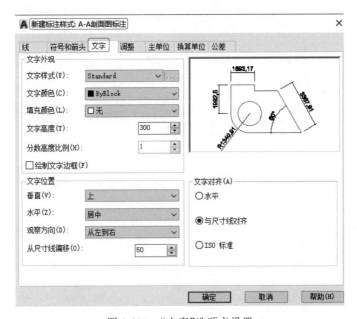

图 9-130 "文字"选项卡设置

（10）"换算单位"选项卡不进行设置；"公差"选项卡暂不设置，后面用到时再进行设置。

（11）设置完毕后，单击"确定"按钮返回"标注样式管理器"对话框，如图 9-133 所示。单击"置为当前"按钮，将新建的"A—A 剖面图标注"样式设置为当前使用的标注样式，然后单击"关闭"按钮。

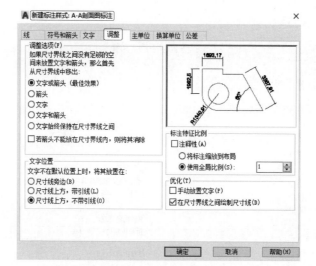

图 9-131 "调整"选项卡设置

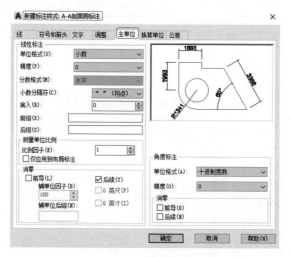

图 9-132 "主单位"选项卡设置

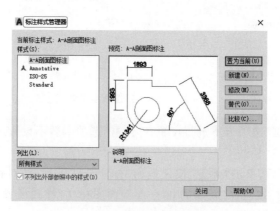

图 9-133 "标注样式管理器"对话框

9.3.2　图形整理

（1）单击快速访问工具栏中的"打开"按钮 ，打开"设备平面布置图"，删除不需要的部分，并整理图形，如图 9-134 所示。

9-15

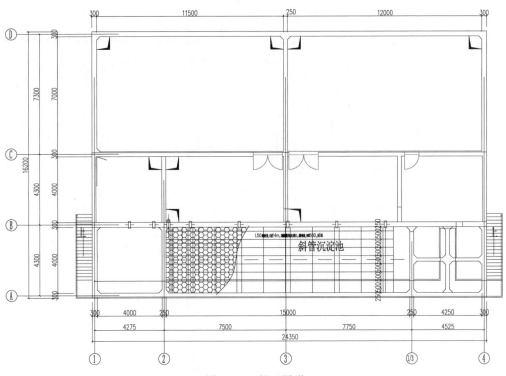

图 9-134　整理图形

（2）框选并右击图形，从弹出的快捷菜单中选择"剪贴板"→"带基点复制"命令，选取任意一点为基点，将其复制到"设备平面布置图"中。

9.3.3　绘制辅助线

（1）单击"默认"选项卡"绘图"面板中的"直线"按钮 ∕，在整理后的图形正下方绘制一条适当长度的水平直线，如图 9-135 所示。

（2）单击"默认"选项卡"修改"面板中的"延伸"按钮 →|，选取轴线及墙线，将其延伸到上步绘制的水平直线上，结果如图 9-136 所示。

9-16

（3）单击"默认"选项卡"绘图"面板中的"直线"按钮 ∕ 和"修改"面板中的"修剪"以及"删除"按钮 ✐，将"设备平面布置图"删除。

9.3.4　绘制墙线和板

（1）单击"默认"选项卡"修改"面板中的"偏移"按钮 ⊂，将水平直线向上偏移，偏移距离分别为 100、300、4400、100，如图 9-137 所示。

9-17

（2）单击"默认"选项卡"修改"面板中的"偏移"按钮 ⊂，将最左侧的竖直线向右偏

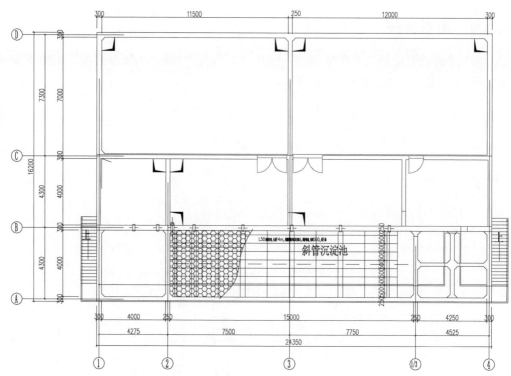

图 9-135 绘制水平直线

移,偏移距离分别为 450、550,将最右侧的竖直线向右偏移,偏移距离为 300,如图 9-138 所示。

（3）单击"默认"选项卡"修改"面板中的"修剪"按钮，将偏移后的直线进行修剪处理,结果如图 9-139 所示。

（4）单击"默认"选项卡"修改"面板中的"倒角"按钮，对地下层墙角进行倒角处理,指定倒角半径为 200,如图 9-140 所示。

（5）单击"默认"选项卡"绘图"面板中的"图案填充"按钮，打开"图案填充创建"选项卡,选择 ANSI31 图案类型,将比例设置为 50,如图 9-141 所示。拾取墙体和屋面板内一点,对其进行图案填充,填充结果如图 9-142 所示。

（6）单击"默认"选项卡"绘图"面板中的"图案填充"按钮，打开"图案填充创建"选项卡,选择 AR-CONC 图案类型,将比例设置为 1,如图 9-143 所示。拾取墙体和屋面板内一点,对其进行图案填充,填充结果如图 9-144 所示。

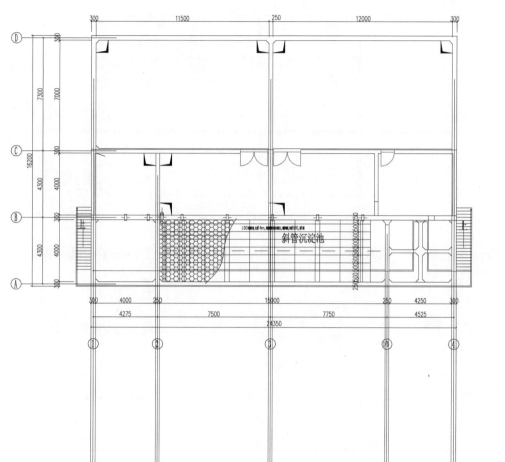

图 9-136　绘制辅助线

图 9-137　偏移水平线

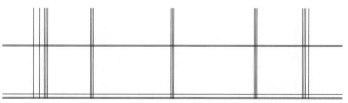

图 9-138　偏移竖直线

Note

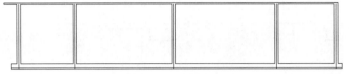

图 9-139　修剪处理

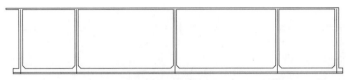

图 9-140　倒角处理

图 9-141　"图案填充创建"选项卡(一)

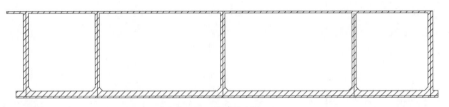

图 9-142　填充图案(一)

图 9-143　"图案填充创建"选项卡(二)

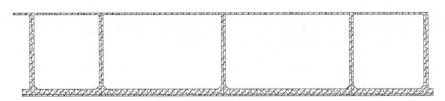

图 9-144　填充图案(二)

9-18

Note

9.3.5 绘制钢梯

（1）单击"默认"选项卡"绘图"面板中的"直线"按钮 ╱，绘制室外地坪线及土壤，如图 9-145 所示。

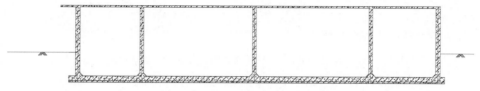

图 9-145　绘制室外地坪线及土壤

（2）单击"默认"选项卡"绘图"面板中的"直线"按钮 ╱，绘制钢梯轮廓线，如图 9-146 所示。

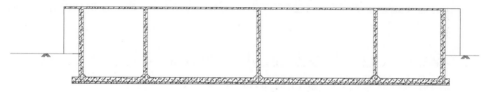

图 9-146　绘制钢梯轮廓线

（3）单击"默认"选项卡"修改"面板中的"偏移"按钮 ⊆，将钢梯最底层水平线向上偏移，偏移距离为 100，然后再向上偏移 13 次，偏移距离均为 200，如图 9-147 所示。

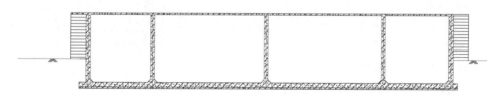

图 9-147　偏移线段

9.3.6 绘制设备

（1）单击"默认"选项卡"绘图"面板中的"直线"按钮 ╱，在室内地坪线以下绘制图形，如图 9-148 所示。

9-19

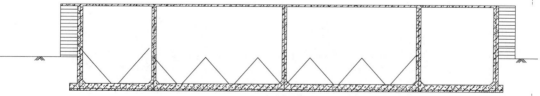

图 9-148　绘制图形

（2）单击"默认"选项卡"绘图"面板中的"图案填充"按钮 ▦，打开"图案填充创建"选项卡，如图 9-149 所示。拾取上步绘制的图形区域内一点，完成图案的填充，如

图 9-150 所示。

图 9-149 "图案填充创建"选项卡

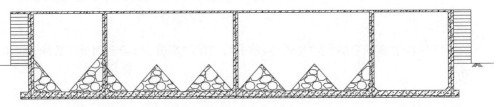

图 9-150 填充图案

（3）单击"默认"选项卡"绘图"面板中的"圆"按钮
⊙，在室内适当位置处绘制半径为 50 的圆，如图 9-151
所示。

（4）单击"默认"选项卡"修改"面板中的"偏移"按
钮 ⊆，将上步绘制的圆向外偏移，偏移距离为 20，如
图 9-152 所示。

（5）单击"默认"选项卡"绘图"面板中的"直线"按钮
／，绘制 PVC 管，如图 9-153 所示。

（6）单击"默认"选项卡"修改"面板中的"复制"按钮
◷◷，将绘制的 PVC 管复制到其他位置，配合使用"圆"命
令对下部进行修改，如图 9-154 所示。

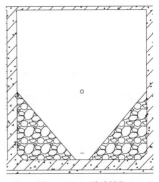

图 9-151 绘制圆

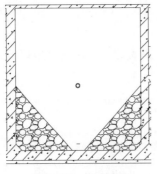

图 9-152 偏移圆

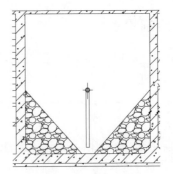

图 9-153 绘制 PVC 管

（7）单击"默认"选项卡"修改"面板中的"移动"按钮 ✛、"延伸"按钮 ⟶| 和"修剪"
按钮 ⊤₅，对墙体位置进行修改，如图 9-155 所示。

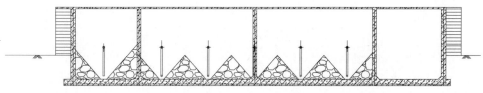

图 9-154　复制 PVC 管

Note

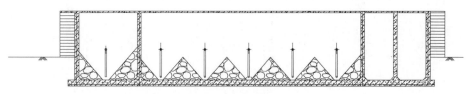

图 9-155　修改墙体位置

（8）单击"默认"选项卡"绘图"面板中的"直线"按钮 ／，绘制 PVC 斜管，如图 9-156 所示。

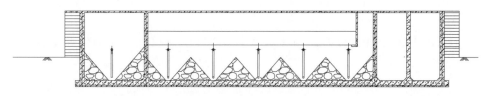

图 9-156　绘制 PVC 斜管

（9）单击"默认"选项卡"绘图"面板中的"图案填充"按钮 ▨，打开"图案填充创建"选项卡，选择 ANSI31 图案类型，设置"比例"为 50，填充 PVC 斜管内的涂料，如图 9-157 所示。

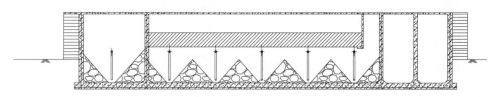

图 9-157　填充涂料

（10）单击"默认"选项卡"绘图"面板中的"直线"按钮和"图案填充"按钮 ▨，绘制梁截面，截面大小为 200×300，如图 9-158 所示。

（11）单击"默认"选项卡"修改"面板中的"复制"按钮 ℅，将上步绘制的梁截面进行复制，如图 9-159 所示。

（12）单击"默认"选项卡"绘图"面板中的"直线"按钮 ／，绘制预留孔，如图 9-160 所示。

（13）单击"默认"选项卡"绘图"面板中的"直线"按钮 ／ 和"图案填充"按钮 ▨，绘制进水槽，如图 9-161 所示。

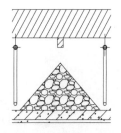

图 9-158　绘制梁截面

Note

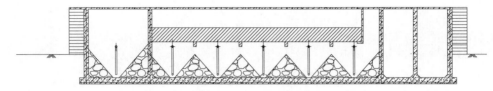

图 9-159　复制梁截面

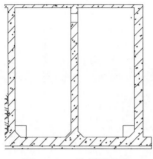

图 9-160　绘制预留孔

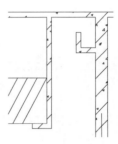

图 9-161　绘制进水槽

（14）其他槽具的绘制方法与上面相同，这里不再赘述。绘制结果如图 9-162 所示。

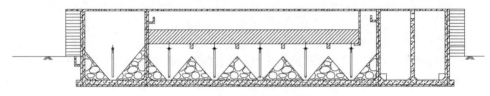

图 9-162　绘制其他槽具

（15）单击"默认"选项卡"绘图"面板中的"直线"按钮／和"修改"面板中的"修剪"按钮，绘制牛腿，如图 9-163 所示。

9.3.7　绘制剩余图形

（1）单击"默认"选项卡"修改"面板中的"偏移"按钮，将最上侧的楼板线向上偏移，偏移距离分别为 1150、100，如图 9-164 所示。

9-20

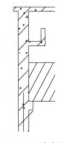

图 9-163　绘制牛腿

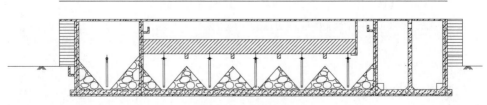

图 9-164　偏移直线

Note

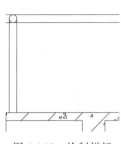

图 9-165 绘制栏杆

（2）单击"默认"选项卡"绘图"面板中的"直线"按钮 ∕ 和 "圆"按钮 ⊙，绘制镀锌栏杆，扶手截面圆半径为 50，如图 9-165 所示。

（3）单击"默认"选项卡"修改"面板中的"复制"按钮 ⅍，将绘制的栏杆进行复制，如图 9-166 所示。

（4）单击"默认"选项卡"绘图"面板中的"直线"按钮 ∕，在适当位置处绘制两条间隔 100 的竖直线，如图 9-167 所示。

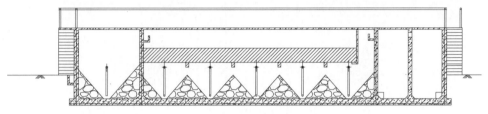

图 9-166 复制栏杆

（5）单击"默认"选项卡"修改"面板中的"复制"按钮 ⅍，将上步绘制的竖直线向右进行复制，复制间距为 1400，如图 9-168 所示。

（6）单击"默认"选项卡"修改"面板中的"修剪"按钮 ⸆，将偏移的两条水平直线进行修剪处理，如图 9-169 所示。

（7）单击"默认"选项卡"绘图"面板中的"直线"按钮 ∕，绘制水位线，如图 9-170 所示。

（8）单击"默认"选项卡"绘图"面板中的"直线"按钮 ∕ 和"圆"按钮 ⊙，绘制预埋 PVC 管及螺栓，如图 9-171 所示。

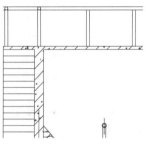

图 9-167 绘制竖直线

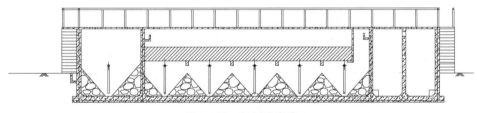

图 9-168 复制竖直线

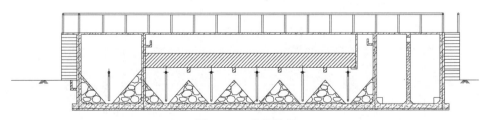

图 9-169 修剪处理

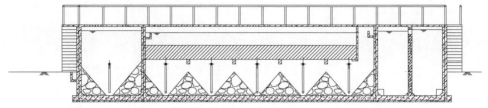

图 9-170　绘制水位线

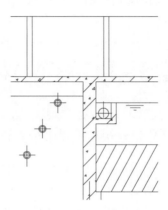

图 9-171　绘制预埋件及螺栓

9-21

9.3.8　绘制标高

（1）单击"默认"选项卡"绘图"面板中的"直线"按钮 ╱ ，绘制标高符号，如图 9-172 所示。

（2）单击"默认"选项卡"注释"面板中的"多行文字"按钮 **A** ，设置文字高度为 192，添加标高数值，如图 9-173 所示。

图 9-172　绘制标高符号　　　　　　　　图 9-173　添加标高数值

（3）单击"默认"选项卡"修改"面板中的"复制"按钮 ，将绘制的标高符号复制到其他需要标高的位置处，并对标高数值进行编辑，如图 9-174 所示。

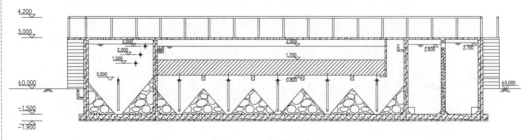

图 9-174　添加标高

9.3.9　添加文字说明

（1）单击"默认"选项卡"注释"面板中的"多行文字"按钮 **A**，添加区域名称，如图 9-175 所示。

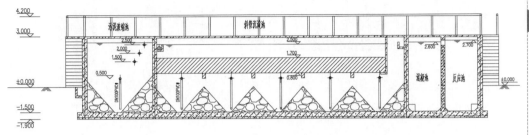

图 9-175　添加区域名称

（2）单击"默认"选项卡"绘图"面板中的"直线"按钮 ╱，绘制引出直线，如图 9-176 所示。

（3）单击"默认"选项卡"注释"面板中的"多行文字"按钮 **A**，在引出直线处添加文字说明，如图 9-177 所示。

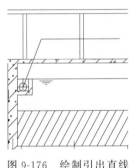　

图 9-176　绘制引出直线　　　　图 9-177　添加文字

（4）其他位置处的文字说明绘制方法与上面相同，这里不再赘述。最后结果如图 9-178 所示。

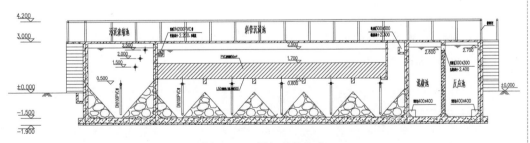

图 9-178　添加其他文字

9.3.10　标注尺寸

（1）单击"注释"选项卡"标注"面板中的"线性"按钮 ╞╪ 和"连续"按钮 ╫，标注内部细节尺寸,如图 9-179 所示。

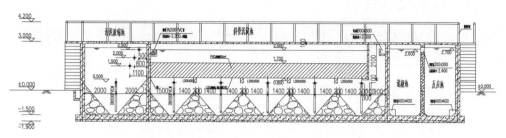

图 9-179　标注内部细节尺寸

（2）单击"注释"选项卡"标注"面板中的"角度"按钮 △,标注内部图形角度,如图 9-180 所示。

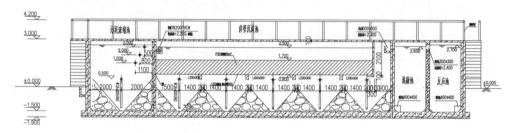

图 9-180　标注内部图形角度

（3）单击"注释"选项卡"标注"面板中的"线性"按钮 ├┤ 和"连续"按钮 ├┼┤,标注外部细节尺寸,如图 9-181 所示。

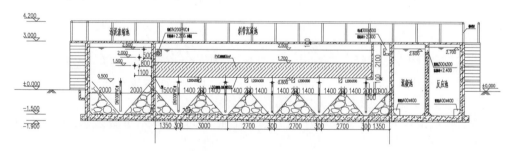

图 9-181　标注外部细节尺寸

（4）单击"注释"选项卡"标注"面板中的"线性"按钮 ├┤ 和"连续"按钮 ├┼┤,标注外部定位尺寸线,如图 9-182 所示。

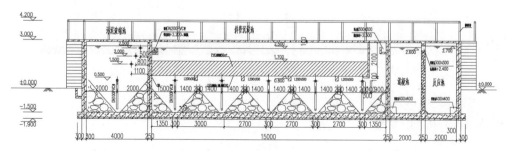

图 9-182　标注外部定位尺寸线

（5）单击"默认"选项卡"注释"面板中的"线性"按钮 ⊢┤ 和"连续"按钮 ⊢┼┤，标注轴线与轴线定位尺寸线，如图 9-183 所示。

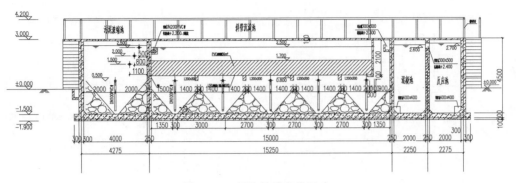

图 9-183　标注轴线定位尺寸

（6）单击"默认"选项卡"注释"面板中的"线性"按钮 ⊢┤，标注总尺寸线，如图 9-184 所示。

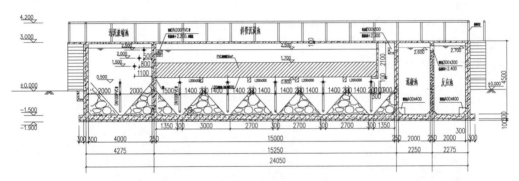

图 9-184　标注总尺寸线

9.3.11　标注轴线标号

（1）单击"默认"选项卡"绘图"面板中的"圆"按钮 ⊙，在轴线端点处绘制适当大小的圆，如图 9-185 所示。

（2）单击"默认"选项卡"注释"面板中的"多行文字"按钮 **A**，设置文字大小为 500，在圆内输入轴线标号，如图 9-186 所示。

图 9-185　绘制轴线标号圆　　　　　图 9-186　输入轴号

（3）单击"默认"选项卡"修改"面板中的"复制"按钮，将绘制的轴线编号复制到其他轴线端点处，并修改为相应的轴号，如图 9-187 所示。

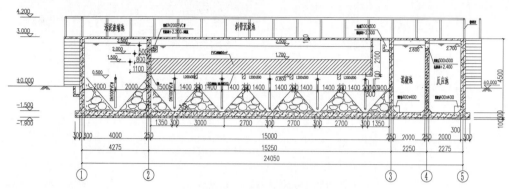

图 9-187　绘制其他轴线编号

9.3.12　添加图名

单击"默认"选项卡"注释"面板中的"多行文字"按钮 **A** 和"绘图"面板中的"直线"按钮 ╱，设置文字大小为 900，在图形正下方输入图名，在文字下绘制两条等长度的水平直线，结果如图 9-188 所示。

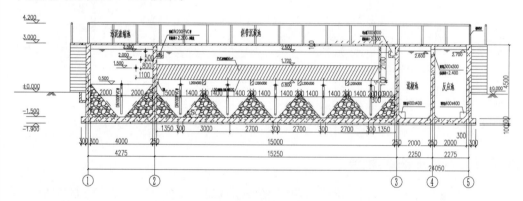

A—A剖面图

图 9-188　添加图名

9.3.13　插入图框

（1）单击快速访问工具栏中的"打开"按钮，打开"选择文件"对话框，选择下载的源文件中的"B—B 剖面图"，将其打开，并与"A—A 剖面图"放在同一个绘图区域内，如图 9-189 所示。

（2）单击快速访问工具栏中的"打开"按钮，打开"选择文件"对话框，选择下载的源文件中的"进水槽尺寸图"，将其打开，并与"A—A 剖面图"放在同一个绘图区域内。

（3）单击"默认"选项卡"块"面板中的"插入"按钮，在下拉菜单中选择"最近使

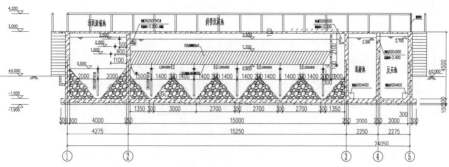

A—A剖面图

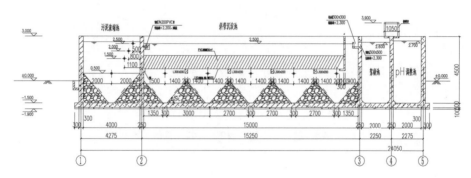

B—B剖面图

图 9-189　插入 B—B 剖面图

用的块",打开"块"选项板,如图 9-190 所示,继续单击选项板右上侧的"显示文件导航对话框"按钮 🖳,选择"A3 图框",将其插入图中适当位置处,并修改图纸名称,结果如图 9-191 所示。

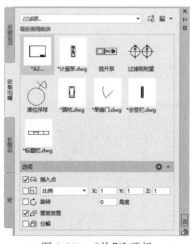

图 9-190　"块"选项板

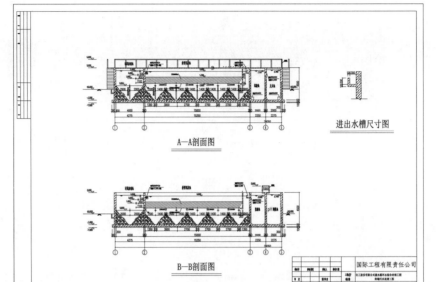

图 9-191 插入图框

9.4 上 机 实 验

实验 1 绘制如图 9-192 所示的预埋管及预留孔详图。

1. 目的要求

本实验主要要求读者通过练习进一步熟悉和掌握预留件的绘制方法,所绘图形如图 9-192 所示。通过本实验,可以帮助读者学会完成预埋管及预留孔详图的全过程。

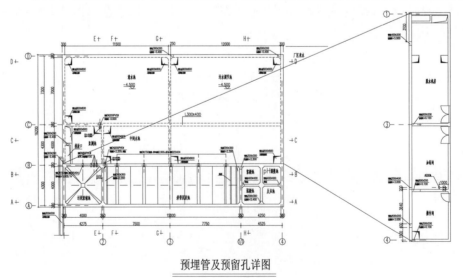

图 9-192 预埋管及预留孔详图

2．操作提示

（1）绘图前准备。

（2）确定绘图比例。

（3）绘制总体轮廓。

（4）绘制设备。

（5）标注尺寸和文字。

实验 2　绘制如图 9-193 所示的 C—C 剖面图。

1．目的要求

本实验主要要求读者结合前面介绍的 A—A、B—B 剖面的绘制方法进一步熟悉和掌握剖面图的绘制方法，所绘图形如图 9-193 所示。通过本实验，可以帮助读者掌握绘制 C—C 剖面图的全过程。

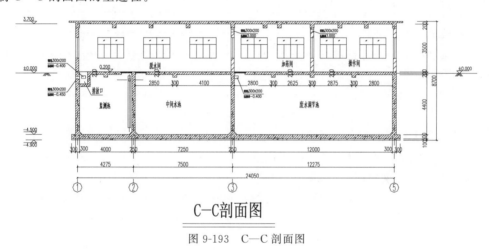

图 9-193　C—C 剖面图

2．操作提示

（1）绘图前准备。

（2）整理图形。

（3）绘制墙体和板。

（4）绘制设备。

（5）标注尺寸和文字。

二维码索引

0-1　　源文件 ………………………………………………………… Ⅱ

2-1　　上机练习——标高符号 …………………………………… 25
2-2　　上机练习——喷泉水池 …………………………………… 27
2-3　　上机练习——绘制管道 …………………………………… 30
2-4　　上机练习——马桶 ………………………………………… 32
2-5　　上机练习——风机符号 …………………………………… 35
2-6　　上机练习——公园一角 …………………………………… 40
2-7　　上机练习——弯管 ………………………………………… 44
2-8　　上机练习——街头盆景 …………………………………… 46
2-9　　上机练习——墙体 ………………………………………… 50
2-10　 实例精讲——绘制小屋 …………………………………… 52

3-1　　上机练习——按基点绘制线段 …………………………… 61
3-2　　上机练习——通过过滤器绘制线段 ……………………… 62
3-3　　上机练习——特殊位置线段 ……………………………… 64
3-4　　上机练习——通过临时追踪绘制线段 …………………… 65
3-5　　实例精讲——路灯杆 ……………………………………… 82

4-1　　上机练习——绘制液面报警器符号 ……………………… 92
4-2　　上机练习——绘制旋涡泵符号 …………………………… 93
4-3　　上机练习——绘制方形散流器符号 ……………………… 96
4-4　　上机练习——绘制轴流通风机符号 ……………………… 97
4-5　　上机练习——绘制弹簧安全阀符号 ……………………… 99
4-6　　上机练习——绘制离心水泵符号 ………………………… 101
4-7　　上机练习——绘制道路平面图 …………………………… 104
4-8　　上机练习——绘制路缘石立面 …………………………… 106
4-9　　上机练习——绘制除污器符号 …………………………… 110
4-10　 上机练习——绘制变更管径套管接头 …………………… 113
4-11　 实例精讲——桥中墩墩身及底板钢筋图 ………………… 117

5-1　　上机练习——绘制坡口平焊的钢筋接头 ………………… 133
5-2　　实例精讲——绘制 A3 样板图 …………………………… 140

6-1　实例精讲——卫生间给水管道平面图 ………………………………… 168

7-1　上机练习——绘制指北针图块 …………………………………………… 187
7-2　上机练习——标注标高符号 ……………………………………………… 192
7-3　实例精讲——建立图框集 ………………………………………………… 202

8-1　设置绘图环境 ……………………………………………………………… 212
8-2　绘制轴线 …………………………………………………………………… 215
8-3　绘制墙体和柱子 …………………………………………………………… 218
8-4　绘制门窗 …………………………………………………………………… 223
8-5　绘制楼梯和台阶 …………………………………………………………… 225
8-6　绘制卫生间 ………………………………………………………………… 232
8-7　绘制设备 …………………………………………………………………… 236
8-8　平面标注 …………………………………………………………………… 242
8-9　绘制指北针和剖切符号 …………………………………………………… 257
8-10　插入图框 ………………………………………………………………… 259
8-11　设置绘图环境 …………………………………………………………… 262
8-12　绘制定位辅助线 ………………………………………………………… 263
8-13　绘制立面图 ……………………………………………………………… 265
8-14　绘制装饰部分 …………………………………………………………… 272
8-15　添加文字说明 …………………………………………………………… 273
8-16　标注尺寸 ………………………………………………………………… 274
8-17　绘制标高 ………………………………………………………………… 278
8-18　插入图框 ………………………………………………………………… 278
8-19　设置绘图环境 …………………………………………………………… 280
8-20　图形整理 ………………………………………………………………… 281
8-21　绘制辅助线 ……………………………………………………………… 282
8-22　绘制墙线 ………………………………………………………………… 283
8-23　绘制楼板 ………………………………………………………………… 285
8-24　绘制门窗 ………………………………………………………………… 286
8-25　绘制楼梯和台阶 ………………………………………………………… 291
8-26　绘制屋顶 ………………………………………………………………… 292
8-27　绘制剩余图形 …………………………………………………………… 295
8-28　添加文字说明 …………………………………………………………… 296
8-29　标注尺寸 ………………………………………………………………… 296
8-30　绘制标高符号 …………………………………………………………… 302
8-31　插入图框 ………………………………………………………………… 302
8-32　排水沟样图 ……………………………………………………………… 304
8-33　楼梯甲大样图 …………………………………………………………… 308

Note

9-1　终端废水处理工程工艺流程图框 ……………………………………… 315

9-2　配置绘图环境 …………………………………………………………… 320

9-3　绘制墙体 ………………………………………………………………… 325

9-4　绘制门 …………………………………………………………………… 327

9-5　绘制设备 ………………………………………………………………… 328

9-6　布置设备 ………………………………………………………………… 334

9-7　绘制钢梯 ………………………………………………………………… 339

9-8　绘制剩余图形 …………………………………………………………… 340

9-9　添加文字说明 …………………………………………………………… 343

9-10　标注尺寸 ……………………………………………………………… 344

9-11　绘制标高和剖切符号 ………………………………………………… 347

9-12　插入图框 ……………………………………………………………… 348

9-13　绘制设备表 …………………………………………………………… 349

9-14　配置绘图环境 ………………………………………………………… 352

9-15　图形整理 ……………………………………………………………… 357

9-16　绘制辅助线 …………………………………………………………… 357

9-17　绘制墙线和板 ………………………………………………………… 357

9-18　绘制钢梯 ……………………………………………………………… 361

9-19　绘制设备 ……………………………………………………………… 361

9-20　绘制剩余图形 ………………………………………………………… 364

9-21　绘制标高 ……………………………………………………………… 366